Standortplanung für thermische
Abfallbehandlungsanlagen

W0246347

Springer
Berlin
Heidelberg
New York
Barcelona
Budapest
Hongkong
London
Mailand
Paris
Santa Clara
Singapur
Tokio

L. Schimmelpfeng
S. Gessenich (Hrsg.)

Standortplanung für thermische Abfallbehandlungsanlagen

Administrative Vorgaben,
Konzepte zur Standortplanung,
technische Verfahrensalternativen,
politische Durchsetzbarkeit

Mit 67 Abbildungen und 17 Tabellen

Fachhochschule Magdeburg
Bibliothek
Brandenburger Straße 10
39104 Magdeburg
Zugangs-Nr. *97.5021*
Signatur. *WW 858 - 48*

2 6. JULI 2021

1, Ex.

Springer

Lutz Schimmelpfeng
Stefan Gessenich
Umweltinstitut Offenbach GmbH
Nordring 82 B
D-63067 Offenbach am Main

Die Deutsche Bibliothek - CIP-Einheitsaufnahme

Standortplanung für thermische Abfallbehandlungsanlagen /
Lutz Schimmelpfeng ; Stefan Gessenich (Hrsg.). - Berlin ;
Heidelberg ; New York ; Barcelona ; Budapest ; Hongkong ;
London ; Mailand ; Paris ; Santa Clara ; Singapur ; Tokio :
Springer, 1996
    ISBN 3-540-60896-6
NE: Schimmelpfeng, Lutz [Hrsg.]

ISBN 3-540-60896-6 Springer-Verlag Berlin Heidelberg New York

Dieses Werk ist urheberrechtlich geschützt. Die dadurch begründeten Rechte, insbesondere die der Über-
setzung, des Nachdrucks, des Vortrags, der Entnahme von Abbildungen und Tabellen, der Funksendung,
der Mikroverfilmung oder der Vervielfältigung auf anderen Wegen und der Speicherung in Datenverarbei-
tungsanlagen, bleiben, auch bei nur auszugsweiser Verwertung, vorbehalten. Eine Vervielfältigung dieses
Werkes oder von Teilen dieses Werkes ist auch im Einzelfall nur in den Grenzen der gesetzlichen Bestimmungen des Urheberrechtsgesetzes der Bundesrepublik Deutschland vom 9. September 1965 in der
jeweils geltenden Fassung zulässig. Sie ist grundsätzlich vergütungspflichtig. Zuwiderhandlungen unterliegen den Strafbestimmungen des Urheberrechtsgesetzes.

© Springer-Verlag Berlin Heidelberg 1997
Printed in Germany

Die Wiedergabe von Gebrauchsnamen, Handelsnamen, Warenbezeichnungen usw. in diesem Werk
berechtigt auch ohne besondere Kennzeichnung nicht zu der Annahme, daß solche Namen im Sinne der
Warenzeichen- und Markenschutz-Gesetzgebung als frei zu betrachten wären und daher von jedermann
benutzt werden dürften.

Einbandgestaltung: E. Kirchner, Heidelberg
Satz: Reproduktionsfertige Vorlage von den Herausgebern

SPIN: 10532083   30/3136 - 5 4 3 2 1 0 – Gedruckt auf säurefreiem Papier

Vorwort

Thermische Abfallbehandlungsanlagen, von abfallwirtschaftlichen Akteuren sowie der interesierten Öffentlichkeit hinreichend kontrovers diskutiert, müssen vor dem Hintergrund administrativer Regelungen (z.b. TA-Siedlungsabfall) auch künftig als zentrale Komponente der Entsorgungswirtschaft angesehen werden.

Das vorliegende Buch behandelt in erster Linie Fragestellungen, die die Planung thermischer Abfallentsorungsanlagen betreffen. Hierzu werden von unterschiedlichen fachkompetenten Referenten der abfallwirtschaftlichen Praxis Sachstandsberichte, Erfahrungsberichte, kritische Analysen sowie Prognosen zu erwartender Entwicklungen der Abfallwirtschaft behandelt.

Ziel des vorliegenden Buches ist es, durch ein Gegenüberstellen unterschiedlicher derzeit diskutierter Meinungen und Positionen, dem Leser ein möglichst differenziertes Bild zu Fragen der Standortplanung thermischer Abfallbehandlungsanlagen zu vermitteln. Zur Umsetzung dieses Vorhabens, kommen Referenten aus den verschiedensten abfallwirtschaftlichen Arbeitsbereichen mit einschlägigen Erfahrungswerten und Einschätzungen zu Wort.

Die folgenden Beiträge sind teilweise überarbeitete und ergänzte Textfassungen der Vorträge, die im Rahmen der Fachtagung „Standortplanung für thermische Abfallbehandlungsanlagen" vom Umweltinstitut Offenbach GmbH veranstaltet wurde. An den Teilnehmern dieser Fachtagung wurde deutlich, daß Mitarbeiter von Ingenieur- Planungs- und Beratungsbüros, Fach- und Verwaltungsbehörden, betroffene Standortgemeinden, Industrie und Gewerbe sowie die interessierte Fachöffentlichkeit sich angesprochen fühlten.

Innerhalb der zweitägigen Fachtagung konnten selbstverständlich nicht alle relevanten Aspekte bezüglich Planung, Umsetzung und Folgewirkungen thermischer Abfallbehandlungsanlagen angesprochen werden. Aufgrund weiterhin bestehenden Diskussionsbedarfes, wird vom Umweltinstitut Offenbach GmbH die Tagungsreihe „Thermische Abfallbehandlungsanlagen" fortgesetzt.

Offenbach am Main, im September 1996   Lutz Schimmelpfeng
                                              Stefan Gessenich

Inhalt

Autorenverzeichnis

Dipl.-Ing. Lothar Barniske
   Umweltbundesamt
   Bismarckplatz 1
   14193 Berlin

Dr. Werner Bayer
   SE-Systems Engineering GmbH
   Nieburstr. 4
   10629 Berlin

Dipl.-Ing. Jürgen Dürkop
   Bundesministerium für Umwelt, Energie und Reaktorsicherheit
   Kennedyallee 5
   53175 Bonn

Dipl. Geogr. Matthias Fleischhauer
   TÜV Energie und Umwelt GmbH
   Raiffeisenstr. 30
   70794 Filderstadt

Prof. Dr. Johannes Jager
   TH Darmstadt
   Petersenstr. 13
   64287 Darmstadt

Dipl. Ökonomin Christine Kamm
   Luitpoldstr. 26
   86157 Augsburg

Kerstin Kuchta
   TH Darmstadt
   Petersenstr. 13
   64287 Darmstadt

Wetterdienstassessor Helmut Kumm
  Tulpenhofstr. 45
  63067 Offenbach

Dipl.-Ing. Wolfgang Pfaff-Simoneit
  Infrastruktur und Umwelt
  Julius-Reiber-Str. 17
  64293 Darmstadt

Dipl. Ing. Bettina Oppermann
  Akademie für Technikfolgenabschätzung Baden Württemberg
  Industriestr. 5
  70565 Stuttgart

Prof. Dr. Ortwin Renn
  Akademie für Technikfolgenabschätzung Baden Württemberg
  Industriestr. 5
  70565 Stuttgart

Dr. Gerd Schädler
  Ingenieurbüro Dr. A. Lohmeyer
  An der Roßweid 3
  78229 Karlsruhe

Dr. Karl Schechtner
  Greenteam Consult
  Hauptplatz 2
  A-8700 Leoben

Dr. Ing. Uwe Sievers
  Landesentwicklungsgesellschaft (LEG) Baden-Württemberg mbH
  Katharinenstr. 20
  70182 Stuttgart

Dr. Hans Peter Tietz
  Fichtner GmbH & Co KG
  Sarweystr. 3
  70191 Stuttgart

Erika Wachsmann
  BUND
  Bauernfeindstr. 23
  90471 Nürnberg

Prof. Dr. Hubert Weiger
BUND
Bauernfeindstr. 23
90471 Nürnberg

Dr. Heiner Zwahr
Müllverwertung Borsigstr. GmbH
Borsigstr. 6
22113 Hamburg

Rechtliche Rahmenbedingungen für Errichtung und Betrieb von thermischen Abfallbehandlungsanlagen

Jürgen Dürkop

1 Thermische Abfallbehandlung und stoffbezogene abfallrechtliche Vorschriften

Der Begriff „Thermische Abfallbehandlung" wird unterschiedlich definiert. Technisch ist dieser Begriff weit auszulegen und umfaßt:

- die thermische Trocknung von Abfällen,
- die Entgasung oder Pyrolyse von Abfällen,
- die Vergasung von Abfällen mit den Vergasungsmitteln Wasserdampf, Kohlendioxid, Luft oder Sauerstoff,
- die Verbrennung brennbarer Abfälle mit Luft oder Sauerstoff in einer Flammen-Oxidationsreaktion gasförmiger Stoffe oberhalb der Zündtemperatur einschließlich Teilverbrennung,
- das Sintern und Einschmelzen von festen Abfällen,
- die Kombination der vorgenannten thermischen Verfahren sowie
- die Naßoxidation flüssiger Abfälle mit Luft oder Sauerstoff bei erhöhten Temperaturen und Drücken als flammenlose Oxidation.

Die stoffbezogenen Vorschriften des geltenden Abfallgesetzes (AbfG) [1] und des am 7. Oktober 1996 vollständig in Kraft tretenden Kreislaufwirtschafts- und Abfallgesetzes (Krw-/AbfG) [2] verwenden den Begriff der thermischen Behandlung von Abfällen in Abgrenzung zur energetischen Verwertung von Abfällen, wenn der Hauptzweck der Maßnahme in der Beseitigung des Schadstoffpotentials brennbarer Abfälle liegt und die Gewinnung von Energie aus Abfällen nur Nebenzweck ist (nach § 1 Abs. 2 AbfG und nach § 4 Abs. 1 Nr. 2 i.V. mit Abs. 4 Krw-/AbfG).

Die in § 6 Abs. 2 Krw-/AbfG genannten vier Bedingungen für die Zulässigkeit einer energetischen Verwertung von brennbaren Abfällen als Ersatzbrennstoff:

1. unterer Heizwert des einzelnen Abfalls von mindestens 10 000 kJ/kg (ohne Vermischung mit anderen Stoffen),
2. Feuerungswirkungsgrad von mindestens 75 %,

3. interne oder externe Nutzung entstehender Wärme und
4. Ablagerungsfähigkeit der anfallenden Abfälle (möglichst ohne weitere Behandlung)

müssen kumulativ erfüllt sein und sind bedeutsam für die Rangfragen des Vorrangs der Verwertung vor der Beseitigung nach § 4 Abs. 1 Krw-/AbfG und der stofflichen oder energetischen Verwertung nach § 6 Abs. 1 Krw-/AbfG, soweit der Vorrang einer Verwertungsart für bestimmte brennbare Abfallarten nicht in einer Rechtsverordnung nach § 6 Abs. 1 Satz 3 Krw-/AbfG festgelegt ist, was bisher noch nicht geschehen ist.

Mit den Voraussetzungen nach § 6 Abs. 2 Krw-/AbfG, die in Fachkreisen zum Teil sehr kritisch erörtert werden, soll insbesondere sichergestellt werden, daß eine thermische Abfallbehandlung brennbarer Abfälle zum Zwecke der gemeinwohlverträglichen Abfallbeseitigung nicht als energetische Verwertung umdeklariert wird.

Im übrigen bleibt nach § 4 Abs. 4 Satz 1 2. Halbsatz Krw-/AbfG die thermische Behandlung von Abfällen zur Beseitigung, insbesondere von Hausmüll, vom Vorrang der energetischen Verwertung unberührt.

Für besonders überwachungsbedürftige Abfälle i.S. des § 2 Abs. 2 AbfG [3] stellt die TA Abfall [4] stoffbezogene Anforderungen hinsichtlich der Zuordnung bestimmter Abfallarten (nach Nr. 4.4.3 Abs. 4 i.V. mit Anhang C IV der TA Abfall) zur Verbrennung (nach Nr. 4.4.2.2 der TA Abfall) und besondere Anforderungen an Verbrennungsanlagen (nach Nr. 8.4 der TA Abfall).

Bei der Abfallverbrennung der genannten Abfälle ist durch oxidative Umwandlung das schadstoffbezogene Gefährdungspotential der Abfälle zu verringern, Menge und Volumen der Abfälle sind zu reduzieren und nutzbare Energie zu verwerten (s. Nr. 8.1 Abs. 3 der TA Abfall).

Für Siedlungsabfälle und ähnliche Gewerbeabfälle, die gemeinsam mit Siedlungsabfällen oder wie diese entsorgt werden können, stellt die TA Siedlungsabfall [5] besondere Anforderungen an Anlagen zur thermischen Behandlung dieser Abfälle (nach Nr. 9.1 der TA Siedlungsabfall).

Nach der Begriffsbestimmung in Nr. 2.2.1 der TA Siedlungsabfall umfaßt die thermische Behandlung Verfahren zur thermischen Trocknung, Verbrennung, Pyrolyse oder Vergasung von Abfällen sowie Kombinationen dieser Verfahren.

Die thermische Behandlung der Siedlungsabfälle und der ähnlichen Gewerbeabfälle hat dabei gemäß Nr. 9.1 der TA Siedlungsabfall folgende Aufgaben zu erfüllen:

– schädliche oder gefährliche Inhaltsstoffe in den Abfällen zu zerstören, umzuwandeln, abzutrennen, zu konzentrieren oder zu immobilisieren,

– Volumen und Menge der Abfälle weitestgehend zu reduzieren,
– verbleibende Rückstände in verwertbare Stoffe zu überführen oder sie in die ablagerungsfähige Form zu bringen.

Dabei ist die entstehende Wärmeenergie soweit wie möglich zu nutzen.

Die nachfolgenden Darlegungen rechtlicher Rahmenbedingungen beziehen sich auf alle Anlagen zur thermischen Abfallbehandlung im Sinne der Nr. 8.1 des Anhangs der Verordnung über genehmigungsbedürftige Anlagen (4. BImSchV) [6], d.h. auf Anlagen zur teilweisen oder vollständigen Beseitigung von festen, flüssigen oder gasförmigen Stoffen oder Gegenständen durch Verbrennen.

Das betrifft neben den bekannten Müllverbrennungsanlagen (MVA), Sonderabfallverbrennungsanlagen (SVA), Klärschlammverbrennungsanlagen (KVA) und speziellen Abfallverbrennungsanlagen auch die sogenannten innovativen thermischen Abfallbehandlungsanlagen, wie beispielsweise das Schwelbrennverfahren, das Thermoselect-Verfahren oder die Sauerstoffdruckvergasung als Festbettverfahren oder Flugstromverfahren mit und ohne vorgeschaltete Pyrolyse, sofern Abfälle und ähnliche brennbare Stoffe oder daraus entstandene Stoffe im räumlichen und betriebstechnischen Zusammenhang dieser Anlagen verbrannt werden.

Die spezielle Problematik der zulässigen Mitverbrennung von Abfällen und ähnlichen brennbaren Stoffen in Anlagen nach Nr. 1.1 (Kraftwerke, Heizkraftwerke und Heizwerke), Nr. 1.2 (Feuerungsanlagen für Regelbrennstoffe), Nr. 1.3 (Feuerungsanlagen für sonstige Brennstoffe) und Nr. 2.3 (Zementofenanlagen) sowie in anderen geeigneten genehmigungsbedürftigen Anlagen des Anhangs der 4. BImSchV wird damit nicht behandelt.

Die folgenden Ausführungen beschränken sich vor allem auf die anlagenbezogenen Vorschriften des Bundes-Immissionsschutzgesetzes [7] und des EG-Rechts. Sie beziehen sich insbesondere auf die umweltrelevanten feuerungstechnischen oder Primärmaßnahmen, die Emissionsminderungsmaßnahmen durch Abgasreinigung und die anlagenbezogenen Maßnahmen zur Abfallvermeidung und Verwertung anfallender Ruckstande, die Prozeßabwasserbehandlung und gemeinwohlverträgliche Abfallbeseitigung bei den oben genannten Anlagentypen.

2 Änderungen des Zulassungsrechts für Abfallentsorgungsanlagen

Durch das am 01. Mai 1993 in Kraft getretene Investitionserleichterungs- und Wohnbaulandgesetz [8], insbesondere die Art. 6 (AbfG), 8 (BImSchG) und 9 (4. BImSchV), erfolgten wichtige Änderungen des Zulassungsrechts für Abfallentsorgungsanlagen. Für Anlagen zur Lagerung oder Behandlung von Abfällen ist eine abfallrechtliche Zulassung nicht mehr nötig. Die Zulassung von Abfallentsorgungsanlagen – bis auf Deponien – richtet sich nunmehr nach den Vorschriften des Bundes-Immissionschutzgesetzes (BImSchG) [7] und der Verordnung über genehmigungsbedürftige Anlagen (4. BImSchV) [6]. Nur die Anlagen zur Ablagerung von Abfällen (Deponien) bedürfen weiterhin einer abfallrechtlichen Zulassung nach den Vorschriften des Abfallgesetzes (AbfG) [1] in Form einer Planfeststellung nach § 7 Abs. 2 AbfG n.f. oder einer Plangenehmigung nach § 7 Abs. 3 AbfG und zukünftig nach § 31 Abs. 2 Krw-/AbfG bzw. § 31 Abs. 3 Krw-/AbfG [2].

Gemäß § 7 Abs. 1 AbfG n.F. bzw. § 31 Abs. 1 Krw-/AbfG und § 4 Abs. 1 BImSchG n.F. bedürfen die Errichtung und der Betrieb von ortsfesten Abfallentsorgungsanlagen zur Lagerung oder Behandlung von Abfällen sowie die wesentliche Änderung einer solchen Anlage oder ihres Betriebes nur einer immissionsschutzrechtlichen Genehmigung; einer weiteren abfallrechtlichen Zulassung bedarf es nicht.

Da § 7 Abs. 1 AbfG n.F. für diese Anlagen als Rechtsgrundverweisung auszulegen ist, wird nicht unmittelbar durch § 4 Abs. 1 Satz 1 BImSchG n.F. entschieden, welche Anlagen zur Lagerung oder zur Behandlung von Abfällen genehmigungsbedürftig sind, sondern nunmehr durch die Rechtsverordnung zu § 4 Abs. 1 Satz 3 BImSchG.

Für die Festlegung der Genehmigungsbedürftigkeit von Abfallentsorgungsanlagen im Einzelfall kommt es daher allein auf die Anlagenbeschreibung im Anhang der 4. BImSchV und auf die allgemeinen Auslegungsregeln der 4. BImSchV an.

Die Änderungen des Zulassungsrechts für Abfallentsorgungsanlagen haben auch Auswirkungen auf die Notwendigkeit der Umweltverträglichkeitsprüfung. Während Errichtung, Betrieb und wesentliche Änderung einer Abfallentsorgungsanlage bisher UVP-pflichtig waren, wenn sie durch Planfeststellung nach §§ 7, 8 AbfG zugelassen würden, gehören Abfallentsorgungsanlagen nach der Rechtsänderung durch Art. 11 Nr. 5 Investitionserleichterungs- und Wohnbaulandgesetz als Nr. 27 des Anhangs zu Nr. 1 der Anlage zu § 3 UVP-Gesetz [8] zu den BImSchG-Anlagen, für die die Umweltverträglichkeitsprüfung nur erforderlich ist bei

- Errichtung und Betrieb der Anlage, wenn die Genehmigung im förmlichen Genehmigungsverfahren nach § 10 BImSchG erfolgt (Spalte-1-Anlagen der 4. BImSchV) oder
- wesentlicher Änderung der Spalte-1-Anlage nach § 15 BImSchG, wenn von der Möglichkeit des Absehens von der Öffentlichkeitsbeteiligung nach § 15 Abs. 2 BImSchG nicht Gebrauch gemacht wird.

Durch die Änderung des Zulassungsrechts für Abfallentsorgungsanlagen entfallen die bisherigen Prüfungen über

- Standortalternativen,
- Bedarf für bestimmte Abfallgruppen und
- Zuverlässigkeit der für die Anlage verantwortlichen Personen,

was zur Vereinfachung und Beschleunigung der Genehmigungsverfahren wesentlich beiträgt.

Nach der Rechtsänderung durch Art. 8 Investitionserleichterungs- und Wohnbaulandgesetz gilt auch hier eine Regelfrist für Entscheidungen im Genehmigungsverfahren nach § 10 Abs. 6 a BImSchG sowie bei wesentlichen Änderungen nach § 15 Abs. 1 BImSchG von 7 Monaten im förmlichen Verfahren und von 3 Monaten im vereinfachten Verfahren.

Da die immissionsschutzrechtliche Genehmigung eine sogenannte gebundene Kontrollerlaubnis ist, haben aufgrund des geänderten Zulassungsrechts auch die Antragsteller und Betreiber von Anlagen zur Lagerung oder Behandlung von Abfällen einen Genehmigungsanspruch, wenn die Vorhaben die gesetzlichen Zulassungsvoraussetzungen von Errichtung und Betrieb aus §§ 5 Abs. 1, 6 BImSchG erfüllen.

Die immissionsschutzrechtliche Genehmigung stellt nicht auf einen bestimmten Anlagenzweck ab, wie beispielsweise den einer stoff- und mengenbezogenen Abfallentsorgung, sondern auf das umwelt- und sicherheitstechnische Gefährdungspotential dieser Anlage. Deshalb erstreckt sich die Prüfung der Genehmigungsvoraussetzungen gemäß § 6 Abs. 1 Nr. 1 i.V. mit § 5 Abs. 1 BImSchG auf die Einhaltung

- des Schutzgrundsatzes (§ 5 Abs. 1 Nr. 1 BImSchG),
- des Vorsorgegrundsatzes (§ 5 Abs. 1 Nr. 2 BImSchG),
- der Pflicht zur Reststoffvermeidung und -verwertung
  (§ 5 Abs. 1 Nr. 3 BImSchG) und
- des Gebotes der betriebsinternen Abwärmenutzung
  (§ 5 Abs. 1 Nr. 4 BImSchG).

Nach § 6 Abs. 1 i.V. mit § 5 Abs. 1 Nr. 2 BImSchG müssen genehmigungsbedürftige Anlagen im Hinblick auf Maßnahmen zur Emissionsminderung dem in § 3 Abs. 6 BImSchG definierten Stand der Technik entsprechen.

3   Versuchsanlagenregelung

Um die Entwicklung und Erprobung neuer Verfahren und Erzeugnisse nicht durch oft langdauernde Genehmigungsverfahren zu behindern, deren Dauer bei Produktionsanlagen vertretbar ist, sieht § 2 Abs. 3 der 4. BImSchV eine Erleichterung vor. Das gilt auch für Abfallverbrennungsanlagen.

Hiernach kann in Fällen, in denen eine nach Spalte 1 des Anhangs zur 4. BImSchV genannte Anlage (hier die Verbrennungsanalge Anlage nach Nr. 8.1.) als Versuchsanlage dienen soll, die erforderliche Genehmigung statt in förmlichen Verfahren nach § 10 BImSchG im vereinfachten Verfahren nach § 19 BImSchG erteilt werden.

Voraussetzung ist, daß die Betriebsdauer der Anlage auf höchstens 3 Jahre beschränkt ist. Die zeitliche Beschränkung ist notwendig, um im Interesse des Umweltschutzes eine Umgehung des förmlichen Genehmigungsverfahrens zu verhindern. Als Betriebsdauer gilt der Zeitraum ab Inbetriebnahme der Versuchsanlage bis zum Ablauf von 3 Jahren, ohne Berücksichtigung etwaiger Unterbrechungen. Soll eine in § 2 Abs. 3 der 4. BImSchV bezeichnete Anlage, die zunächst als Versuchsanlage nach dem vereinfachten Verfahren genehmigt worden ist, anschließend als Produktions- bzw. Entsorgungsanlage oder Teil einer derartigen Anlage betrieben werden, ist vor der Inbetriebnahme zu Produktions- bzw. Entsorgungszwecken die Durchfüfhrung eines förmlichen Genehmigungsverfahrens möglich.

Die zuständige Behörde kann die Geltungsdauer der im vereinfachten Verfahren erteilten Genehmigung bis zu einem weiteren Jahr verlängern. Die zuständige Behörde wird bei einem entsprechenden Verlängerungsantrag auch prüfen müssen, ob die Versuche bei sorgfältiger Planung innerhalb von 3 Jahren hätten beendet werden können.

Soll dagegen eine nach Nr. 8.1 des Anhangs der 4. BImSchV genehmigungsbedürftige Anlage errichtet werden, deren Verwendungszweck darin besteht, ständig (genehmigungsbedürftige) Versuche durchzuführen, handelt es sich also um einen auf Dauer angelegten Versuchsstand, ist bei derartigen Anlagen eine Genehmigung im förmlichen Verfahren nach § 10 BImSchG erforderlich. Sache des Betreibers ist es, den Genehmigungsantrag so weit zu fassen, daß der wechselnde Betrieb der Anlage in allen seinen Varianten von der Genehmigung erfaßt wird, so das bei dem jeweiligen Betriebswechsel keine Änderungsgenehmigung nach § 15 BImSchG mehr erforderlich ist. Eine so weit gespannte Genehmigung wird allerdings nicht erteilt werden können, wenn die Auswirkungen der Anlage unter den Gesichtspunkten des § 5 BImSchG nicht mehr zuverlässig beurteilt werden können.

Nach der Kompetenzregelung des Grundgesetzes ist der Vollzug des BImSchG und seiner Rechtsverordnungen Aufgabe der Länder und ihrer dafür zuständigen Behörden. Das gilt auch für die Anwendung des § 2 Abs. 3 der 4. BImSchV.

4 Anlagenbezogene Vorschriften zur Abfallverbrennung

Für die Errichtung, die Beschaffenheit und den Betrieb von Verbrennungsanlagen, in denen

1. feste oder flüssige Abfälle oder
2. ähnliche feste oder flüssige brennbare Stoffe, die nicht als sogenannte Regelbrennstoffe in Nr. 1.2 des Anhangs der 4. BImSchV [6] aufgeführt sind,

verbrannt werden, sind die materiellen Anforderung der am 1. Dezember 1990 in Kraft getretenen Verordnung über Verbrennungsanlagen für Abfälle und ähnliche brennbare Stoffe (17. BImSchV) [9] einzuhalten.

Auf die nähere Darlegung dieser Anforderungen der 17. BImSchV [9] hinsichtlich der

- Anlieferung und Zwischenlagerung der Einsatzstoffe (§ 3),
- Feuerung (§ 4),
- Emissionsgrenzwerte (§ 5),
- Ableitbedingungen für Abgase (§ 6),
- Behandlung von Reststoffen (§ 7),
- Wärmenutzung (§ 8),
- Messung und Überwachung (§§ 9-16),
- Übergangsregelungen für Altanlagen (§ 17),
- Unterrichtung der Öffentlichkeit (§ 18),
- Zulassung von Ausnahmen und weitergehenden Anforderungen (§§ 19 und 20)

soll hier verzichtet werden.

Auf der Grundlage der Rahmenrichtlinie für Industrieanlagen 84/360/EWG [10] und mit Bezug auf die Richtlinie 75/442/EWG des Rates vom 15. Juli 1975 über Abfälle [11] sowie auf die Richtlinie 91/156/EWG des Rates vom 18. März 1991 zur Änderung der Richtlinie 75/442/EWG über Abfälle [12] wurden auch anlagenbezogene europarechtliche Regelungen und Konkretisierungen für Abfallverbrennungsanlagen erlassen. Das erfolgte durch die Richtlinie 89/369/EWG vom 08. Juni 1989 über die Verhütung der Luftverunreinigung durch neue Verbrennungsanlagen für Siedlungsmüll [13] und die Richtlinie 89/429/EWG vom 21. Juni 1989 über die Verringerung der Luftverunreinigung durch bestehende Verbrennungsanlagen für Siedlungsmüll [14]. Mit der 17. BImSchV [9] wurden diese anlagenbezogenen EG-Richtlinien in nationales Recht umgesetzt.

Eine weitere Richtlinie ist die Richtlinie des Rates über die Verbrennung gefährlicher Abfälle 94/67/EG vom 16. Dezember 1994 [15]. Diese Richtlinie ist bis zum 31. Dezember 1996 von den Mitgliedstaaten in das jeweilige nationale Recht umzusetzen. Weil sich die neue Richtlinie wie die bisherigen Richtlinien 89/369/EWG und 89/429/EWG auf Art. 130 s EWG-Vertrag stützt, stellen auch die neuen EG-Regelungen im Hinblick auf die nach Art. 130 t EWG-Vertrag zulässige „verstärkte Schutzmaßnahme" Mindestanforderungen für die Mitgliedstaaten dar.

Die neue Richtlinie über die Verbrennung gefährlicher Abfälle hat sich weitgehend an den fortschrittlichen Anforderungen der deutschen Verordnung über Verbrennungsanlagen für Abfälle und ähnlich brennbare Stoffe (17. BImSchV) [9] orientiert.

Für Dioxine und Furane wurde ein Grenzwert von 0,1 ng TE/m^3 (TE: Internationale Toxizitätsäquivalenz) festgelegt. Dieser Grenzwert gilt bei Neuanlagen ab 01. Januar 1997 für alle Mitgliedstaaten, sofern bis Ende 1996 ein EG-einheitliches Meßverfahren in einer CEN-Norm vorliegt.

Auch für die übrigen luftverunreinigenden Stoffe, deren Emissionen in der 17. BImschV begrenzt sind, wurden mit Ausnahme der Stickstoffoxide die in der Tabelle 1 aufgeführten Emissionsgrenzwerte festgelegt.

Die Emissionsbegrenzungen der EG-Richtlinie in Art. 6 Abs. 5, Art. 7 und Art. 11 entsprechen den Werten der 17. BImSchV, wobei für Schwermetalle bei bestehenden Anlagen weniger strenge Anforderungen gelten. Bei den Anforderungen für kurzfristige Emissionen von Gesamtstaub, Gesamtkohlenstoff und den sauren Abgaskomponenten als Halbstundenmittelwerte werden in Art. 11 Abs. 3 zwei Alternativen gleichwertig nebeneinandergestellt. In der Spalte A wurden die immer einzuhaltenden Halbstundenmittelwerte der 17. BImSchV übernommen und in der Spalte B die niedriger erscheinenden Halbstundenwerte des Kommissionsvorschlages, die jedoch nur zu 97 % aller Zeit eines Jahres eingehalten werden müssen.

Die Mitgliedstaaten haben nun die Wahl, ob Spalte A mit 100 %-Einhaltung oder Spalte B mit nur 97 %-Einhaltung die strengere Regelung ist.

Nach Art. 6 Abs. 2 muß die Mindesttemperatur mindestens 1100 °C betragen, wenn gefährliche Abfälle mit einem Gehalt von mehr als 1 Gew.-% an halogenierten organischen Stoffen (berechnet als Chloride) verbrannt werden.

Tabelle 1. Emissionsgrenzwerte der EG-Richtlinie über die Verbrennung gefährlicher Abfälle

1. Kontinuierliche Messungen (Angaben in mg/m³)			
	Tagesmittelwerte	Halbstundenmittelwerte	
		A^a	B^b
Kohlenmonoxid[c]	50		
Gesamtstaub	10	30	10
Gesamtkohlenstoff	10	20	10
Chlorwasserstoff	10	60	10
Fluorwasserstoff	1	4	2
Schwefeldioxid	50	200	50

2. Einzelmessungen (mindestens 2mal jährlich)[d]		
	Neue Anlagen	Bestehende Anlagen
	(0,5 ... 8-Stundenmittelwerte in mg/m³)	
Cadmium und Thallium	0,05	0,1
Quecksilber	0,05	0,1
Antimon, Arsen, Blei, Chrom, Cobalt, Vanadium und Zinn; insgesamt	0,5	1,0
	(6 ... 8-Stundenmittelwerte in mg/m³)	
Dioxine und Furane	0,1	0,1

[a] Alle Halbstundenwerte dürfen innerhalb eines Jahres den Grenzwert nicht überschreiten.

[b] 97 % der Halbstundenwerte dürfen innerhalb eines Jahres den Grenzwert nicht überschreiten.

[c] Zusätzlich gilt ein gleitender 24-Stunden-Wert, wobei 95 % der Zehnminutenmittelwerte einen Grenzwert von 150 mg/m³ oder alle Halbstundenwerte einen Grenzwert von 100 mg/m³ nicht überschreiten dürfen.

[d] Im Verlauf der ersten 12 Betriebsmonate 2monatliche Messungen; kontinuierliche Messungen sind vorgesehen, sobald geeignete Meßverfahren in der EG verfügbar sind.

Die neue Richtlinie stellt auch neue Anforderungen, die über die der 17. BImSchV hinausgehen. So werden in Art. 5 der EG-Richtlinie dem Anlagenbetreiber bestimmte Pflichten auferlegt über Anforderungen an die Annahme der Abfälle, die Prüfung der Begleitpapiere nach der Richtlinie 91/689/EWG und gegebenenfalls nach der EG-Abfallverbringungsverordnung 259/93 [16] und an die Probenahme bei der Anlieferung der Abfälle.

Nach Art. 8 Abs. 2 der EG-Richtlinie können Abwässer aus der Abgasreinigung nach gesonderter Behandlung nur mit einer Sonderbestimmung in der Genehmigung abgeleitet werden, sofern die Ableitung ordnungsgemäß erfolgt und die zur Ableitung in das Wasser genehmigte Masse von Schwermetallen sowie von Dioxinen und Furanen insgesamt geringer ist als die Masse, deren Ableitung in die Luft genehmigt wurde. Diese Bestimmung dient der Vermeidung eines Schadstofftransfers. Unbeschadet davon ist nach Art. 8 Abs. 3 der EG-Richtlinie vorgesehen, daß der Rat auf Vorschlag der Kommission spätestens bis Ende 1996 spezifische Grenzwerte für die Schadstoffe in den abzuleitenden Abwässern aus der Abgasreinigung festlegt.

Die neue Richtlinie bestimmt in Art. 9, daß die Rückstände aus dem Betrieb der Verbrennungsanlage gemäß Abfallrahmenrichtlinie 91/156/EWG [12] und Richtlinie 91/689/EWG [15] zu verwerten oder zu beseitigen sind, was eine Vorbehandlung der Rückstände erfordern kann. Sie bestimmt ferner, daß vor der Festlegung von Verfahren für die Beseitigung oder Verwertung die physikalischen und chemischen Eigenschaften und das Verschmutzungspotential der verschiedenen Verbrennungsrückstände durch angemessene Analysen über Eluatwerte und Schwermetalle ermittelt werden. Für bestehende Anlagen gelten die Bestimmungen der neuen Richtlinie spätestens 3 Jahre und 6 Monate nach Ablauf der Umsetzungsfrist, d.h. im Jahre 2000 für alle Mitgliedstaaten.

Die medienübergreifenden Anforderungen und viele weitere von der geltenden 17. BImSchV abweichende Detailregelungen der neuen Richtlinie machen eine Novellierung der 17. BImSchV spätestens bis 31. Dezember 1996 erforderlich. Dabei wird auch der auf Expertenebene diskutierte Kommissionsvorschlag für eine weitere Richtlinie des Rates über die Verbrennung von Abfällen und der Vorschlag für eine Richtlinie über die integrierte Vermeidung und Verminderung der Umweltverschmutzung (die sogenannte IPPC- oder IVU-Richtlinie) [18] zu beachten sein.

Der Kommissionsentwurf über die Verbrennung von nichtgefährlichen Abfällen in der vorliegenden Fassung vom August 1994 [17] orientiert sich an der neuen Richtlinie über die Verbrennung gefährlicher Abfälle, ergänzt diese (auch unter Bezug auf den vorliegenden Vorschlag für die IVU-Richtlinie) und soll die geltenden Richtlinien 89/369/EWG [13] und 89/429/EWG [14] für Siedlungsmüll ersetzen.

Der Vorschlag für die IVU-Richtlinie [18], die die geltende Richtlinie 84/360/EWG [10] als neue Rahmenrichtlinie für Industrieanlagen ersetzen soll, regelt auch das Zulassungsverfahren für Anlagen zur Verbrennung nichtgefährlicher fester und flüssiger Abfälle. Das im IVU-Richtlinienvorschlag beschriebene Zulassungsverfahren für Industrieanlagen soll dem integrierten Schutz der Umweltmedien Luft, Wasser und Boden dienen. Der im Zusammenhang mit den Bestimmungen der Art. 8 und 9 der Richtlinie über die Verbrennung gefährlicher Abfälle bereits vorliegende integrierte Ansatz soll also weiter vertieft werden.

Die Berücksichtigung der Gesamtbelange des Umweltschutzes ist ein Grundprinzip des europäischen Abfallrechts entsprechend Art. 4 der Abfallrahmenrichtlinie 91/156/EWG [12] und wird daher auch bei den neuen anlagenbezogenen EG-Richtlinien immer mehr in den Vordergrund rücken.

5   Fortentwicklung des Standes der Technik bei der Emissionsminderung

Der Stand der Technik auf dem Gebiet der Emissionsminderung in der Bundesrepublik Deutschland wird durch die veröffentlichten VDI-Richtlinien beschrieben. Dabei wird die Luftreinhaltung im Zusammenhang mit dem Schutz von Wasser und Boden gesehen.

Für Siedlungsabfallverbrennungsanlagen, in denen Hausmüll, Sperrmüll, hausmüllähnliche Abfälle, Klärschlamm aus kommunalen Anlagen (bis maximal 50 % des aufgegebenen Verbrennungsgutes) und ähnliche Abfälle verbrannt werden, gilt die Richtlinie VDI 2114 [19]. Für Sonderabfallverbrennungsanlagen gilt die Richtlinie VDI 3460 [20]. Das Verbrennen von Abfällen aus Krankenhäusern und sonstigen Einrichtungen des Gesundheitswesens wird in der Richtlinie VDI 2301 [21] behandelt.

Die VDI-Richtlinien gelten nicht für Anlagen zur thermischen Abfallbehandlung durch Pyrolyse oder Vergasung sowie für eine Kombination dieser Verfahren mit Verbrennung. Derartige Anlagen befinden sich derzeit in der Bundesrepublik Deutschland noch in der Entwicklung und Erprobung. Die VDI-Richtlinien gelten weiterhin auch nicht für spezielle Verbrennungsanlagen, wie Klärschlammverbrennungsanlagen mittels Wirbelschichtverfahren oder Etagenöfen. Sie können jedoch auch hier mit Einschränkungen genutzt werden, beispielsweise für bestimmte Anlagenteile wie die Abgasreinigung oder für relevante Anforderungen hinsichtlich Emissionswerten, Emissionsmessungen und gegebenenfalls der anfallenden Rückstände.

Die fortschrittlichen und umfassenden Anforderungen der 17. BImSchV [9], insbesondere die Emissionsbegrenzung für Dioxine und Furane auf 0,1 ng TE/m^3,
haben zu ständigen Fortschritten bei der Anwendung und Optimierung von Sanie-
rungstechniken und abgasreinigenden Maßnahmen einschließlich Abwasser- und
Reststoffbehandlung geführt und damit zu einer Fortentwicklung des Standes der
Technik auf dem Gebiet der Emissionsminderung.

Der anspruchsvolle Emissionsgrenzwert für Dioxine und Furane, die gegenüber
der TA Luft 1986 strengeren Grenzwerte für die Schwermetalle, insbesondere für
Quecksilber mit 0,1 mg/m^3, und für Gesamtstaub, Gesamtkohlenstoff, Chlorwasserstoff und Stickstoffoxide führten zu sogenannten Mitnahmeeffekten, die sich in
den bekanntgewordenen Garantiewerten, aber vor allem auch in den veröffentlichten Meßergebnissen widerspiegeln. Freiwillige weitergehende Betreiberzusagen
bei der Planung und Genehmigung von Abfallverbrennungsanlagen im Zusammenhang mit dem Akzeptanzproblem und auch die Umsetzung weitergehender
Anforderungen der zuständigen Behörden nach § 20 17. BImSchV [8] oder Auflagen aufgrund der besonderen örtlichen Situation sowie nicht zuletzt das Sicher-
heitsbedürfnis von Anlagenlieferanten und Anlagenbetreiber führten im Ergebnis
zu dem derzeitigen Sachstand bei der Emissonsminderung neuer und modernisierter Abfallverbrennungsanlagen; vgl. hierzu die in der Tabelle 2 angeführten Emissionswerte [22, 23].

Tabelle 2. Emissionswerte neuer und modernisierter Abfallverbrennungsanlagen

Anlagen Abgasreinigung	17. BImSchV (1990)	Bonn SNCR Flugstrom	Ingolstadt SCR Flugstrom	Herten SCR Koksfilter	Zirndorf Flugstrom
Tagesmittelwerte (mg/m^3)					
Kohlenmonoxid	50	11	o.A.	< 25	11,2
Gesamtstaub	10	0,02	< 1,5	< 1	< 0,3
Gesamtkohlenstoff	10	< 2	< 1	< 0,5	< 2
Chlorwasserstoff	10	< 0,2	< 1	< 2	< 1
Fluorwasserstoff	1	n.n.	< 0,02	< 0,5	0,05
Schelfeldioxid	50	< 5	< 1	< 3	< 1
Sickstoffoxide	200	180	< 40	< 130	o.A.
0,5-bis 2-Stundenmittelwerte (mg/m^3)					
Cadmium und Thallium	0,05	< 0,00005	< 0,001	< 0,017	< 0,001
Quecksilber	0,05	0,017	< 0,009	< 0,016	< 0,01
übrige Schwermetalle	0,5	< 0,0006	< 0,09	< 0,23	< 0,0059
6- bis 8-Stundenmittelwerte (mg/m^3)					
Dioxine und Furane	0,1	0,0036	0,006	< 0,043	0,006

Die Versuchung ist groß, den derzeit großen Sicherheitsabstand dieser Meßergebnisse zu den geltenden Emissionsgrenzwerten der 17. BImSchV für eine weitere Verschärfung bei der anstehenden Novellierung der 17. BImSchV zu nutzen und diese mit der bereits vollzogenen Fortentwicklung des Standes der Technik zu begründen.

Der Verordnungsgeber wird dabei aber folgendes zu berücksichtigen haben: Ein fortgeschrittener Stand der Emissionsminderungstechnik gilt nicht nur für Neuanlagen, sondern grundsätzlich auch für alle bestehenden Anlagen. Die laufende Sanierung der bestehenden Anlagen in der Bundesrepublik Deutschland ist noch nicht abgeschlossen. Die Frist nach § 17 Abs. 1 und 2 17. BImSchV [9] ist spätestens der 01. Dezember 1996 und die Anlagenbetreiber haben auch nach dieser Frist einen Anspruch auf einen entsprechenden Bestandsschutz ihrer Genehmigungen.

Unabhängig davon ist die Angemessenheit von umweltschützender Wirksamkeit aus dynamisierten Emissionsgrenzwerten im Verhältnis zum investiven und betriebswirtschaftlichen Mehraufwand zu prüfen (Grundsatz der generellen Verhältnismäßigkeit). Die Angemessenheit weiterer Emissionsbegrenzungen für bestimmte luftverunreinigende Stoffe ist weiterhin auch im Verhältnis zu den Schadstoffbegrenzungen und Schadstofffrachten vergleichbarer Anlagenarten zu prüfen (Grundsatz der Gleichbehandlung und Prinzip der risikoproportionalen Vorsorge). Das Ergebnis dieser sorgfältig zu erfolgenden Prüfungen steht natürlich noch aus, doch sollten auch im Hinblick auf die oben behandelten neuen EG-Richtlinien zur Abfallverbrennung die Anstrengungen zunächst mehr auf die feuerungstechnischen und medienübergreifenden Anforderungen insbesondere zur Vermeidung eines Schadstofftransfers über die Abwässer oder die anfallenden Rückstände ausgerichtet werden.

6   Pflicht zur Abfallvermeidung und -verwertung und stoffbezogene Anforderungen

Nach der Grundpflicht des § 5 Abs. 1 Nr. 3 Bundes-Immissionsschutzgesetz (BImSchG) sind genehmigungsbedürftige Anlagen so zu errichten und betreiben, daß Reststoffe vermieden werden, es sei denn, sie werden ordnungsgemäß und schadlos verwertet oder, soweit Vermeidung und Verwertung technisch nicht möglich oder unzumutbar sind, als Abfälle ohne Beeinträchtigung des Wohls der Allgemeinheit beseitigt. Diese Grundpflicht dient dazu, bereits das Entstehen von Industrie- und Gewerbeabfällen und von Prozeßabwässern zu begrenzen.

§ 5 Abs. 1 Nr. 3 BImSchG fordert primär, daß Anlagen zur thermischen Abfallbehandlung so geplant, errichtet und betrieben werden, daß im Hinblick auf ihren Anlagenzweck

– zur weitgehenden Vernichtung und Immobilisierung des Schadstoffpotentials und zur erheblichen Reduzierung von Volumen und Menge von Abfällen als Hauptzweck und
– zur möglichen energetischen Nutzung des Energiepotentials der eingesetzten Abfälle als Nebenzweck

unerwünschte Reststoffe als fest oder schlammförmige Rückstände, Prozeßabwässer oder gefaßte gasförmige Stoffe vermieden werden.

Soweit diese Stoffe nicht vermieden werden, kann eine Genehmigung zur Errichtung und zum Betrieb einer Anlage zur thermischen Abfallbehandlung auch erteilt werden, wenn sichergestellt ist, daß diese Stoffe ordnungsgemäß und schadlos verwertet werden.

Anlagen zur thermischen Abfallbehandlung dürfen auch ohne Verwertung der anfallenden Reststoffe errichtet und betrieben werden, wenn feststeht, daß sowohl die Vermeidung als auch die Verwertung dieser Stoffe technisch nicht möglich ist oder daß beide Alternativen für den Anlagenbetreiber unzumutbar sind, und wenn gleichzeitig sichergestellt ist, daß eine gemeinwohlverträgliche Beseitigung dieser Abfälle durch eine entsprechende Nachbehandlung oder eine zulässige Ablagerung (Deponierung) bzw. Abwasereinleitung möglich ist.

Maßnahmen, die zu unlösbaren Abfallproblemen führen, sind grundsätzlich nicht genehmigungsfähig. Das gilt auch für nichtverhältnismäßige Versorgungsmaßnahmen zur Emissionsminderung. Da die Reststoffvorschrift des § 5 Abs. 1 Nr. 3 BImSchG anders als das Wärmenutzungsgebot nach § 5 Abs. 1 Nr. 4 BImSchG keine Nachrangklausel enthält, muß von einer Gleichrangigkeit mit dem Schutzgrundsatz nach § 5 Abs. 1 Nr. 1 BImSchG ausgegangen werden. Erst wenn die Einhaltung aller dieser Grundpflichten sichergestellt ist, darf die entsprechende Anlage errichtet und betrieben werden.

Die Abfallvermeidungspflicht nach § 5 Abs. 1 Nr. 3 BImSchG gilt als dynamische Grundpflicht auch für bestehende thermische Abfallbehandlungsanlagen. Die immissionsschutzrechtliche Überwachung nach § 52 Abs. 1 BImSchG ist anlagenbezogen und erstreckt sich auf die Prüfung aller technischen und organisatorischen Maßnahmen zur Einhaltung dieser Grundpflicht beim Betrieb der thermischen Abfallbehandlungsanlage und nur bis zur Prüfung, ob der Anlagenbetreiber die anfallenden Reststoffe bzw. Abfälle einer ordnungsgemäßen und schadlosen Verwertung bzw. der gemeinwohlverträglichen Beseitigung außerhalb der Anlage zugeführt hat.

Die Überwachung des Verwerters bzw. des Beseitigers und die Art der Verwertung bzw. Beseitigung von Abfällen durch den hierfür Verantwortlichen ist der stoffbezogenen abfallrechtlichen Überwachung vorbehalten.

Um die Einhaltung der Reststoffvermeidungs- und -verwertungspflicht bei der Prüfung der Anträge auf Erteilung einer Genehmigung zur Errichtung und zum Betrieb einer Anlage (§ 6 BImSchG) und zur wesentlichen Änderung (§ 15 BImSchG) stärker sicherzustellen, wurden in der Novelle der Verordnung über das Genehmigungsverfahren (9. BImSchV) vom 29. Mai 1992 [24] Inhalt und Umfang der erforderlichen Antragsunterlagen speziell zur Erfüllung der Reststoffvorschrift in § 4 c der Verordnung wesentlich erweitert und konkretisiert.

Die behördliche Prüfung dieser Antragsunterlagen im Genehmigungsverfahren und bei bestehenden Anlagen die Vorbereitung und Erteilung nachträglicher Anordnung nach § 17 BImSchG bei festgestellten Verstößen gegen § 5 Abs. 1 Nr. 3 BImSchG stellen sehr hohe verfahrensrechtliche und fachtechnische Anforderungen an die Immissionsschutzbehörden und erfordern ausreichende Kenntnisse über anlagentypbezogene Reststoffvermeidungs- und -verwertungsmöglichkeiten.

Zur Sicherstellung einer einheitlichen Auslegung der Reststoffvorschrift des BImSchG wurde zunächst eine norminterpretierende und Verfahrensregelungen enthaltende Muster-Verwaltungsvorschrift erarbeitet, die vom Länderausschuß für Immissionsschutz (LAI) bereits im Oktober 1988 verabschiedet wurde [25] und die durch ansprechende Ländererlasse weitgehend in der Verwaltungspraxis Anwendung findet.

Der LAI hat weiterhin einen besonderen Bund-Länder-Arbeiteskreis unter maßgeblicher Beteiligung des Bundesumweltministeriums und des Umweltbundesamtes mit der Aufgabe betraut, schrittweise für bedeutende genehmigungsbedürftige Anlagenarten die rechtlich und tatsächlich möglichen Vermeidungs- und Verwertungsmaßnahmen für alle relevanten Reststoffarten als Technisches Regelwerk für den bundeseinheitlichen Vollzug zu ermitteln.

Der Bund-Länder-Arbeitskreis zur Reststoffvermeidung und -verwertung stützt sich vor allem auf vorliegende Vollzugserfahrungen der Länder, eingeholte Sachverständigengutachten, Vorarbeiten und Informationen der beteiligten Verbände, Ergebnisse der Förderung von Forschungs- und Entwicklungsvorhaben und Demonstrationsprojekten zur Reststoffvermeidung und -verwertung sowie auf vorliegende Technische Regeln und Merkblätter, beispielsweise die der Länderarbeitsgemeinschaft Abfall (LAGA) [26, 27].

Das unter Federführung des Umweltbundesamtes erarbeitete Technische Regelwerk zur Vermeidung und Verwertung von Reststoffen nach § 5 Abs. 1 Nr. 3 BImSchG bei Anlagen nach Nr. 8.1 des Anhangs zur 4. BImSchV liegt als LAI-

Musterverwaltungsvorschrift vor [28]. Der vorliegende Entwurf gilt für alle Anlagen zur teilweisen oder vollständigen Beseitigung von festen, flüssigen und gasförmigen Stoffen oder Gegenständen durch Verbrennen und benennt und konkretisiert in einheitlicher Tabellenform getrennt nach Vermeidung und Verwertung

- Bezeichnung und Anfallort für 10 relevante Reststoffarten,
- Voraussetzung und Anwendungsbereich der 34 erfaßten technisch möglichen Maßnahmen,
- Zumutbarkeit und Vermeidungsrate der 6 technisch möglichen Vermeidungsmaßnahmen und
- Zumutbarkeit und Schadlosigkeit der 28 technisch möglichen Verwertungsmaßnahmen.

Diese Musterverwaltungsvorschrift enthält weiterhin notwendige Begriffsbestimmungen und Qualitätsanforderungen und Richtwerte zur Beurteilung der Umweltverträglichkeit.

Für das Einleiten von Abwässern aus Anlagen zur thermischen Abfallbehandlung sind auch die stoffbezogenen Anforderungen des Wasserhaushaltsgesetzes (WHG) [29] zu beachten, insbesondere die Mindestanforderungen für das Einleiten von Abwasser aus der Rauchgaswäsche aus Feuerungsanlagen und speziell aus Hausmüllverbrennungsanlagen nach Anhang 47 der Rahmen-Abwasser-Verwaltungsvorschrift [30].

Das neue Kreislaufwirtschafts- und Abfallgesetz (Krw-/AbfG) [2] wird mit einer Übergangsfrist von 2 Jahren ab 07. Oktober 1996 in Kraft treten. Kreislaufwirtschaft statt Abfallbeseitigung ist die Kernaussage des neuen Abfallrechts. Mit dem Zentralbegriff „Abfall" und mit den Begriffsbestimmungen in § 3 Krw-/AbfG in Verbindung mit den Anhängen I (Abfallgruppen), II A (Beseitigungsverfahren) und II B (Verwertungsverfahren) setzt das neue Abfallrecht auch die EG-Abfallrahmenrichtlinie 91/156/EWG [3] in begrifflicher Hinsicht voll um. Durch die Vorschrift des Art. 2 des Gesetzes zur Vermeidung, Verwertung und Beseitigung von Abfällen [2] wird auch der bisherige Begriff „Reststoffe" durch den Begriff „Abfälle" ersetzt; die Vorschrift des § 5 Abs. 1 Nr. 3 BImSchG bleibt im übrigen unverändert.

Die Schnittstellen zwischen dem anlagenbezogenen Immissionsschutzrecht und dem stoffbezogenen neuen Abfallrecht werden in § 9 Krw-/AbfG (Grundpflichten der Anlagenbetreiber) neu bestimmt.

§ 9 Satz 1 Krw-/AbfG bestimmt, daß die Abfallvermeidung im Bereich der genehmigungsbedürftigen und nichtgenehmigungsbedürftigen Anlagen und die Zuführung von entstehenden Abfällen zu einer ordnungsgemäßen und schadlosen Verwertung oder gemeinwohlverträglichen Beseitigung immissionsschutzrechtlich zu regelnde Betreiberpflichten darstellen. Durch § 9 Satz 1 Krw-/AbfG erhält die

Grundpflicht nach § 5 Abs. 1 Nr. 3 BImSchG einen spezialgesetzlichen Vorrang vor den allgemeinen Abfallerzeuger- und Abfallbetreiberfpflichten des Krw-/AbfG.

Die notwendige Verzahnung der speziellen anlagenbezogenen Pflicht der § 5 Abs. 1 Nr. 3 BImSchG zu den stoffbezogenen materiellen Anforderungen des Krw-/AbfG erfolgt durch § 9 Satz 2 und 3 Krw-/AbfG.

§ 9 Satz 2 Krw-/AbfG stellt klar, daß die abfallspezifischen stoffbezogenen Anforderungen an das Wie der Verwertung und Beseitigung von Abfällen (z.b. die Prüfung des Vorrangs der Verwertung) den Vorschriften und Maßnahmen des Krw-/AbfG zu entnehmen sind.

Dagegen können nach § 9 Satz 3 Krw-/AbfG abfallspezifische stoffbezogene Anforderungen an die sogenannte „anlageninterne Verwertung" (beispielsweise mittels Nebeneinrichtungen genehmigungsbedürftiger Anlagen) nur durch Rechtsverordnungen nach §§ 6 Abs. 1 und 7 Krw-/AbfG festgelegt werden.

Inwieweit der Verordnungsgeber von den Ermächtigungen zum Erlaß von Rechtsverordnungen nach §§ 6 Abs. 1 und 7 Krw-/AbfG Gebrauch machen wird, um abfallspezifische stoffbezogene Anforderungen im Zusammenhang mit der thermischen Abfallbehandlung festzulegen, ist derzeit noch nicht abzusehen.

Literatur

[1] Gesetz über die Vermeidung und Entsorgung von Abfällen (Abfallgesetz – AbfG) vom 27. August 1986 (BGBl. I S. 1410, 1501), zuletzt geändert am 17. Juni 1994 (BGBl. I S. 1440)

[2] Gesetz zur Förderung der Kreislaufwirtschaft und Sicherung der umweltverträglichen Beseitigung von Abfällen (Kreislaufwirtschafts- und Abfallgesetz – Krw-/AbfG), verkündet als Artikel 1 des Gesetzes zur Vermeidung, Verwertung und Beseitigung von Abfällen vom 27. September 1994 (BGBl. I S. 2705)

[3] Verordnung zur Bestimmung von Abfällen nach § 2 Abs. 2 des Abfallgesetzes (Abfallbestimmungs-Verordnung – AbfBestV) vom 3. April 1990 (BGBl. I S. 614), geändert am 27. Dezember 1993 (BGBl. I S. 2378, 2409)

[4] Zweite allgemeine Verwaltungsvorschrift zum Abfallgesetz (TA Abfall), Teil 1: Technische Anleitung zur Lagerung, chemischen/physikalischen und biologischen Behandlung und Verbrennung von besonders überwachungsbedürftigen Abfällen vom 12. März 1991 (GMBl. S. 139), berichtigt am 21. März 1991 (GMBl. S. 469)

[5] Dritte Allgemeine Verwaltungsvorschrift zum Abfallgesetz (TA Siedlungsabfall), Technische Anleitung zur Verwertung, Behandlung und sonstigen Entsorgung von Siedlungsabfällen vom 14. Mai 1993 (BAUZ S. 4967, Beilage Nr. 99)

[6] Vierte Verordnung zur Durchführung des Bundes-Immissionsschutzgesetzes (Verordnung über genehmigungsbedürftige Anlagen – 4. BImSchV) vom 24. Juli 1985 (BGBl. I S. 1586), zuletzt geändert durch Artikel 3 der Verordnung vom 26. Oktober 1993 (BGBl. I S. 1782)

[7] Gesetz zum Schutz vor schädlichen Umwelteinwirkungen durch Luftverunreinigungen, Geräusche, Erschütterungen und ähnliche Vorgänge (Bundes-Immissionsschutzgesetz – BImSchG) in der Fassung der Bekanntmachung vom 14. Mai 1990 (BGBl. I S. 880), zuletzt geändert durch das Gesetz vom 19. Juli 1995 (BGBl. I S. 930)

[8] Gesetz über die Umweltverträglichkeitsprüfung vom 12. Februar 1990 (BGBl. I S. 205), zuletzt geändert durch Art. 11 des Investitionserleichterungs- und Wohnbaulandgesetzes vom 22. April 1993 (BGBl. I S. 466)

[9] Siebzehnte Verordnung zur Durchführung des Bundes-Immissionsschutzgesetzes (Verordnung über Verbrennungsanlagen für Abfälle und ähnliche brennbare Stoffe – 17. BImSchV) vom 23. November 1990 (BGBl. I S. 2545, 2832)

[10] Richtlinie des Rates vom 28. Juni 1984 zur Bekämpfung der Luftverunreinigungen durch Industrieanlagen (84/360/EWG), Amtsblatt der EG, Nr. L 188 vom 16.07.1984, S. 20

[11] Richtlinie des Rates vom 15. Juli 1975 über Abfälle (75/442/EWG), Amtsblatt der EG, Nr. L 194 vom 25.07.1975, S. 47

[12] Richtlinie des Rates vom 18. März 1991 zur Änderung der Richtlinie 75/442/EWG über Abfälle (91/156/EWG), Amtsblatt der EG, Nr. L 78 vom 26.03.1991, S. 32

[13] Richtlinie des Rates vom 08. Juni 1989 über die Verhütung der Luftverunreinigung durch neue Verbrennungsanlagen für Siedlungsmüll (89/369/EWG), Amtsblatt der EG, Nr. L 163 vom 14.06.1989, S. 32

[14] Richtlinie des Rates vom 21. Juni 1989 über die Verunreinigung durch bestehende Verbrennungsanlagen für Siedlungsmüll (89/429/EWG), Amtsblatt der EG, Nr. L 203 vom 15.07.1989, S. 50

[15] Richtlinie des Rates vom 16. Dezember 1994 über die Verbrennung gefährlicher Abfälle (94/67/EG), Amtsblatt der EG, Nr. L 365 vom 31.12.1995, S. 34

[16] Verordnung (EWG) Nr. 259/93 des Rates vom 01. Februar 1993 zur Überwachung und Kontrolle der Verbringung von Abfällen in der, in die und aus der Europäischen Gemeinschaft, Amtsblatt der EG, Nr. L 301 vom 06.02.1993, S. 1

[17] Vorschlag für eine Richtlinie des Rates über die integrierte Vermeidung und Verminderung der Umweltverschmutzung in der Fassung des gemeinsamen Standpunktes des Rates vom 27. November 1995, Dokument 9742/95 ENV 194

[18] Entwurf der Generaldirektion XI Umwelt, Nukleare Sicherheit und Katastrophenschutz der Europäischen Kommission vom August 1994 für eine Richtlinie zur Verbrennung von Abfällen (unveröffentlicht)

[19] Richtlinie VDI 2114 vom Juni 1992, Emissionsminderung; Thermische Abfallbehandlung; Verbrennen von Hausmüll und hausmüllähnlichen Abfällen

[20] Richtlinie VDI 3460 vom Dezember 1991, Emissionsminderung; Thermische Abfallbehandlung; Verbrennung von Sonderabfällen

[21] Richtlinie VDI vom Januar 1993, Emissionsminderung; Verbrennen von Abfällen aus Krankenhäusern und sonstigen Einrichtungen des Gesundheitswesens

[22] Plaßmann, E., Jokel, F. (1994) Emissionssituation bei modernen Abfallverbrennungsanlagen Energieanwendung, Energie und Umwelttechnik 43. Jg., Heft 1, S. 11-15

[23] Schöner, P. (1994) Stand der Technik für Rauchgasreinigungsanlagen hinter Müllverbrennungsanlagen, Umwelt '94, Jahrbuch für Umwelttechnik und ökologische Modernisierung, 3. Ausgabe, Dezember 1993/Januar 1994, Media-Partner-Verlagsagentur, Gütersloh

[24] Neunte Verordnung zur Durchführung des Bundes-Immissionsgesetzes (Verordnung über das Genehmigungsverfahren – 9. BImSchV) vom 29. Mai 1992 (BGBl. I S. 1001), zuletzt geändert durch Art. 10 des Investitionserleichterungs- und Wohnbaulandgesetzes (BGBl. I S. 466)

[25] Entwurf des Länderausschusses für Immissionsschutz für eine Verwaltungsvorschrift (VwV) zur Vermeidung, Verwertung und Beseitigung von Reststoffen nach § 5 Abs. 1 Nr. 3 BImSchG, Neue Zeitschrift für Verwaltungsrecht 1989, Heft 2, S. 130-133

[26] Länderarbeitsgemeinschaft Abfall (LAGA), Anforderungen an die stoffliche Verwertung von mineralischen Reststoffen/Abfällen; Technische Regeln, Stand: 01. März 1994 (unveröffentlicht)

[27] Länderarbeitsgemeinschaft Abfall (LAGA), Merkblatt; Entsorgung von Abfällen aus Verbrennungsanlagen für Siedlungsabfälle, Stand: 01. März 1994 (unveröffentlicht)

[28] Musterverwaltungsvorschrit des Länderausschusses für Immissionsschutz (LAI) zur Vermeidung und Verwertung von Reststoffen nach § 5 Abs. 1 Nr. 3 BImSchG bei Anlagen nach Nr. 8.1 des Anhangs der 4. BImSchV (Anlagen zur teilweisen oder vollständigen Beseitigung von festen, flüssigen oder gasförmigen Stoffen oder Gegenständen durch Verbrennen), September 1995, Vermeidung und Verwertung von Reststoffen nach § 5 Abs. 1 Nr. 3 BImSchG, Musterverwaltungsvorschriften des LAI, Erich-Schmide-Verlag Berlin (Loseblattsammlung)

[29] Gesetz zur Ordnung des Wasserhaushalts (Wasserhaushaltsgesetz – WHG) in der Fassung der Bekanntmachung vom 23. September 1986 (BGBl. I S. 1529, 1654), zuletzt geändert durch Art. 5 des Gesetzes vom 12. Februar 1990 (BGBl. I S. 205)

[30] Anhang 47 (Wäsche von Rauchgasen aus Feuerungsanlagen) der Allgemeinen Rahmen-Verwaltungsvorschrift über Mindestanforderungen an das Einleiten von Abwasser in Gewässer – Rahmen-Abwasser VwV – in der Fassung der Bekanntmachung vom 25. November 1992 (BAnz. Nr. 233 b vom 11. Dezember 1992), zuletzt geändert durch die Allgemeine Verwaltungsvorschrift zur Änderung der Rahmen-Abwasser VwV vom 31. Januar 1994 (GMBl. S. 498, 545)

Künftige Rolle der thermischen Abfallbehandlung

Lothar Barniske

1 Bedeutung der Verbrennung in bezug auf die TA Siedlungsabfall

Nach heutigen Erkenntnissen ist die Entsorgung von Abfällen, auch der bei konsequenter Anwendung von Vermeidungs- und Verwertungsmaßnahmen verbleibenden Restabfälle, ohne jede Umweltbelastung, insbesondere ohne Dioxinrisiko, nicht möglich, und dies unabhängig von der Art der Entsorgung (auch im Kompost werden Dioxine nachgewiesen). Die Restabfälle sind als Folge der fortschreitenden „Chemisierung" unserer Produkte in hohem Maße schadstoffbelastet.

Eine Optimierung der Umweltverträglichkeit von Abfallentsorgungskonzepten ist im Vergleich mit vergangenen Methoden und Techniken nicht absolut darstellbar. Eventuell ist die Differenz der Umweltrisiken bei den Alternativen so gering, daß sie für eine Entscheidungsfindung unbedeutend wird. Es ist auch fraglich, ob hierzu in absehbarer Zeit klare Antworten gefunden werden.

Alle bisherigen Erkenntnisse machen aber deutlich, daß die Verbrennung von Abfällen, wenn sie mit fortschrittlichen Verfahren betrieben wird, eine verantwortbare Methode zur Entsorgung von Restabfällen ist, von der nach derzeitiger Einschätzung ein wesentlich geringeres Wirkungsrisiko ausgeht als von der Ablagerung unbehandelter Abfälle, dies unter besonderem Hinweis auf die seit 1990 anzuwendende 17. BImSchV. Die Bedeutung der Emissionen aus Hausmüllverbrennungsanlagen in bezug auf die Gesamtemissionen vermittelt Tabelle 1.

Die Verbrennung von Abfällen hat folgende Entsorgungsaufgaben zu erfüllen:

- schädliche oder gefährliche Inhaltsstoffe in den Restabfällen zu zerstören, umzuwandeln, abzutrennen, zu konzentrieren oder zu immobilisieren,
- Volumen und Menge der Restabfälle weitestgehend zu reduzieren,
- verbleibende Rückstände in verwertbare Reststoffe zu überführen oder sie in eine ablagerungsfähige Form zu bringen,
- entstehende Wärmeenergie soweit wie möglich zu nutzen.

Diese Vorgaben umreißen einen wesentlichen Rahmen der TA Siedlungsabfall.

Tabelle 1. Vergleich der geschätzten Gesamtemissionen (z.B. Emissionen aus Kraftwerken, Industrie und Gewerbe, Haushalt, Verkehr und anderen Quellen) mit den Emissionen aus Hausmüllverbrennungsanlagen (MVA) in der Bundesrepublik Deutschland (Bewertungsraum 1992-1995) (Quelle: Umweltbundesamt 1995)

Schadstoff	Gesamtemissionen (t/a)	Emissionen aller MVA (t/a)	Anteil der Emissionen aus MVA an der Gesamtemission (%)
CO_2	$927 \cdot 10^6$	$10,5 \cdot 10^6$	~ 1
NO_x	$2904 \cdot 10^3$	$10,8 \cdot 10^3$	< 1
SO_2	$3896 \cdot 10^3$	$6,0 \cdot 10^3$	< 1
CO	$9135 \cdot 10^3$	$6,0 \cdot 10^3$	< 0,1
Organische Verbindungen	$2791 \cdot 10^3$	$~ 0,6 \cdot 10^3$	< 0,1
Staub	$1336 \cdot 10^3$	$~ 0,6 \cdot 10^3$	< 0,1
Hg	~ 32 19	~ 19	~ 6
Cd	~ 10	~ 0,076	<
Pb	~ 825	~ 2,36	< 1
TCDD-Äquivalent	$1,2 \cdot 10^{-3}$	$~ 0,03 \cdot 10^{-3}$	< 3

Nach der TA Siedlungsabfall müssen Siedlungsabfälle, die abgelagert werden, die Anforderungen des Anhangs B erfüllen, die dort für die beiden Deponieklassen I und II definiert sind. Entscheidender Parameter ist hier der Glühverlust, der mit 3 % (Deponieklasse I) bzw. 5 % (Deponieklasse II) festgelegt ist. Gleichwertiger Parameter ist der TOC (total organic carbon). Der TOC soll kleiner sein als 1 % (Deponieklasse I) bzw. als 3 % (Deponieklasse II).

Beide Werte können nach heutigem Stand der Verfahrenstechnik nur erreicht werden, wenn der Restabfall durch thermische Verfahren behandelt wird. Die thermische Behandlung des Restmülls entspricht somit dem Stand der Technik, wie er in Kapitel 2.1 der TA Siedlungsabfall definiert ist.

Andere Vorbehandlungsverfahren, also insbesondere mechanisch-biologische Restmüllbehandlung, können zwar weitgehend die Zuordnungskritierien des Anhangs B für die Deponieklasse II, teilweise auch für die Deponieklasse I, einhalten oder unterschreiten – in keinem Falle aber die Zuordnungskriterien Glühverlust und TOC.

Deshalb entsprechen diese Verfahren nicht dem Stand der Technik im Sinne der TA Siedlungsabfall. Diese Tatsache gilt allerdings als unbefriedigend, weil Glühverlust und TOC nicht geeignet sind, das Deponieverhalten oder das Immissionsverhalten von Restmülldeponien hinreichend zuverlässig abzubilden.

2   Thermische Behandlung im Rahmen des neuen Kreislaufwirtschafts- und Abfallgesetzes – KrW-/AbfG

Gemäß KrW-/AbfG sind Abfälle in erster Linie zu vermeiden und in zweiter Linie zu verwerten; grundsätzlich ist jeder Erzeuger oder Besitzer von Abfällen verpflichtet, diese vorrangig zu verwerten.

In rechtlicher Hinsicht besteht grundsätzlich kein Zielkonflikt zwischen thermischer Behandlung und stofflicher Verwertung, da es sich bei der thermischen Behandlung von Restabfällen um eine Beseitigung handelt, die grundsätzlich nachrangig ist gegenüber der Verwertung allgemein und damit auch gegenüber der stofflichen Verwertung.

Die Einordnung der thermischen Behandlung wird weiterhin dadurch gekennzeichnet, daß sie vom Vorrang der energetischen Verwertung unberührt bleibt. Damit soll zum Ausdruck gebracht werden, daß die thermische Behandlung von Abfällen zur Beseitigung keine energetische Verwertung ist entsprechend dem Hauptzweck der Maßnahme, der in der Mengen- und Schadstoffreduktion sowie der Inertisierung des Abfalls besteht.

Eine „energetische Verwertung" von Abfällen liegt vor, wenn diese als „Ersatzbrennstoff" eingesetzt werden. Die Bezeichnung Ersatzbrennstoff bezieht sich auf die energetische Verwertung eines unvermischten Abfalls. Danach kann man beispielsweise bei Holz, Papier und Pappe, Kunststoff- oder Gummiabfällen sowie bei Altöl den Begriff „energetische Verwertung" im Sinne des KrW-/AbfG anwenden. Ansonsten liegt in der Regel eine thermische Behandlung mit Energienutzung vor, bei der der Hauptzweck die Schadstoffreduzierung und/oder -inertisierung ist und die Energienutzung nur einen Nebenzweck darstellt.

3   Bedarf an Anlagen zur thermischen Behandlung

Aufgrund des Inkrafttretens der TA Siedlungsabfall wird in der Öffentlichkeit in zunehmenden Maße über die Zahl neu zu errichtender Anlagen zur thermischen Behandlung diskutiert. Häufig wird dabei versäumt, die für die Schätzung derartiger Bedarfszahlen notwendigen Voraussetzungen anzugeben, z.B. Gesamtabfallmenge, erwartete Vermeidungs- und Verwertungsquoten, Anwendung alternativer Behandlungsmaßnahmen und mittlere Anlagengröße. Unter Berücksichtigung unterschiedlicher Vorgaben zur Abfallmengenreduzierung lassen sich die Spannen zum theoretisch erforderlichen Bedarf an neuen Anlagen zur thermischen Abfallbehandlung in Deutschland abschätzen (Tabelle 2 und 3).

Wichtig erscheint vor allem, daß bei konsequenter Verfolgung der Ziele der TA Siedlungsabfall und bei Einhaltung ihrer Anforderungen die Möglichkeiten der Kombination alternativer Behandlungsverfahren (u.a. auch biologische Verfahren) mit der thermischen Behandlung ausgeschöpft werden, um den Zusatzbedarf an neuen Anlagen zur thermischen Behandlung so gering wie möglich zu halten. Diesem Ziel sollten auch Bestrebungen dienen, die in den alten Bundesländern vorhandenen Verbrennungskapazitäten angesichts der Vorgaben der TA Siedlungsabfall überregional effektiver zu nutzen.

In den neuen Bundesländern erscheint es allerdings vorrangig notwendig, den Grundbedarf an neuen Abfallbehandlungsanlagen, u.a. auch Anlagen zur thermischen Behandlung, kurzfristig zu realisieren (s. Tabelle 3). In konkreten Entscheidungsprozessen, die die thermische Behandlung vorsehen, wird die Frage nach dem „richtigen" Verfahren, ob herkömmliche Verbrennung mit Rostfeuerung oder andere neue Verfahren bzw. Verfahrenskombinationen besser geeignet seien, noch heftig diskutiert.

Tabelle 2. Abschätzung des Bedarfs an Neuanlagen zur thermischen Behandlung von Siedlungsabfällen in Abhängigkeit von der Entwicklung der Restabfallmengen und der Anwendung kombinierter Behandlungskonzepte – Neue Bundesländer

Basisdaten (Bezugsjahr 1994):

Siedlungsabfall, Deutschland gesamt	45 Mio. t/Jahr
(Schätzung gem. Daten Statist. Bundesamt)	
davon Siedlungsabfall Neue Bundesländer	8,6 Mio. t/Jahr
(Schätzung gem. Einwohnerzahl, Daten Statist Bundesamt 1992)	
vorhandene Verbrennungskapazität	keine
Zahl der existierenden Verbrennungsanlagen	keine
mittlere Kapazität von Neuanlagen	100 000/200 000* t/Jahr

Vermeidungs- und Verwertungsquote für Siedlungsabfälle (in %)	40	50	60
resultierende Menge an Restabfällen (in Mio. t/a)	5,2	4,3	3,4
Neuanlagenbedarf bei vollständiger thermischer Behandlung der Restabfälle	52/26*	43/22*	34/17*
Neuanlagenbedarf bei 20 %iger Reduzierung der Restabfälle durch Kombination mit mechanisch-biologischer Behandlung	42/21*	34/17*	27/14*
Neuanlagenbedarf bei 40 %iger Reduzierung der Restabfälle durch Kombination mit mechanisch-biologischer Behandlung	31/16*	26/13*	20/10*

Tabelle 3. Abschätzung des Bedarfs an Neuanlagen zur thermischen Behandlung von Siedlungsabfällen in Abhängigkeit von der Entwicklung der Restabfallmengen und der Anwendung kombinierter Behandlungskonzepte – Alte Bundesländer

Basisdaten (Bezugsjahr 1994):

Siedlungsabfall, Deutschland gesamt	45 Mio. t/Jahr
(Schätzung gem. Daten Statist. Bundesamt)	
davon Siedlungsabfall Alte Bundesländer	36,4 Mio. t/Jahr
(Schätzung gem. Einwohnerzahl, Daten Statist. Bundesamt 1992)	
vorhandene Verbrennungskapazität	ca. 10,9 Mio.t/Jahr
Zahl der existierenden Verbrennungsanlagen	52
mittlere Kapazität von Neuanlagen	100 000/200 000*t/Jahr

Vermeidungs- und Verwertungsquote für Siedlungsabfälle (in %)	40	50	60
resultierende Menge an Restabfällen (in Mio. t/a)	21,8	18,2	14,6
Neuanlagenbedarf bei vollständiger thermischer Behandlung der Restabfälle	109/55*	73/36*	37/19*
Neuanlagenbedarf bei 20 %iger Reduzierung der Restabfälle durch Kombination mit mechanisch-biologischer Behandlung	65/33*	37/19*	8/4*
Neuanlagenbedarf bei 40 %iger Reduzierung der Restabfälle durch Kombination mit mechanisch-biologischer Behandlung	22/11*	0	0

4   Neue thermische Verfahren

In den vergangenen 20 Jahren wurden in der Bundesrepublik Deutschland zahlreiche neue Verfahren der thermischen Abfallbehandlung, insbesondere Pyrolyse und Vergasung und entsprechende Kombinationen, entwickelt und erprobt. Von diesen Verfahren wurden prinzipiell Vorteile gegenüber herkömmlichen thermischen Behandlungsverfahren erwartet:

- unkomplizierte Verfahren, die auch bei geringen Durchsatzleistungen (bis etwa 10 t/h) kostengünstig arbeiten;
- optimale Möglichkeit der Energie- und Rohstoffrückgewinnung;
- Flexibilität gegenüber unterschiedlichen und wechselnden Abfallzusammensetzungen, d.h. Behandlungsmöglichkeiten auch für Klärschlamm und ausgewählte Sonderabfälle;
- weitergehende Vermeidung von Umweltbeeinträchtigungen.

Als grundsätzliche Verfahrensprinzipien hatten sich zunächst nur 2 Systeme als großtechnisch einsetzbar herauskristallisiert, das indirekt beheizte Drehrohr und die indirekt beheizte Wirbelschicht. Nur eine Pyrolyseanlage für vorbehandelte Siedlungsabfälle arbeitet seit ca. 8 Jahren im Entsorgungsmaßstab.

Mehrere relativ neue Entwicklungen, die die Verfahrensprinzipien der Pyrolyse und Hochtemperaturverbrennung oder Hochtemperaturvergasung in bestimmten Kombinationen miteinander verknüpfen, haben in letzter Zeit – teils aufgrund interessanter ingenieurmäßiger Ideen, teils aber auch durch intensive PR-Arbeit – die öffentliche Diskussion über alternative thermische Verfahren neu bestimmt. Zu diesen Verfahren gehören u.a. die von der Fa. KWU/Siemens entwickelte Schwelbrenntechnik, das Thermoselect-Verfahren, das Noell-Konversionsverfahren und das aus der konventionellen Rostfeuerung von der Firma von Roll weiterentwickelte Duotherm-Verfahren.

Im Vergleich zur Verbrennung auf Rosten, die bereits eine lange Entwicklung und Erprobung hinter sich hat, fehlt bei den neuen thermischen Abfallbehandlungsverfahren eine großtechnische Erfahrung.

Zur Beurteilung, wie weit die Entwicklung des jeweiligen Abfallbehandlungsverfahrens fortgeschritten ist und unter welchen Bedingungen das Verfahren als Teil eines kommunalen Abfallwirtschaftskonzeptes ggf. zu empfehlen ist, kann die Betrachtung verschiedener Entwicklungs- oder Erprobungsstufen hilfreich sein.

Beurteilungskriterien zum Erprobungsstand neuer thermischer Verfahren:

➡ *Erste Stufe:*
   Inbetriebnahme einer Versuchsanlage in verfahrenstechnisch logischer Folge und anschließendem kurzzeitigen Dauerbetrieb bei unterschiedlichen Betriebszuständen.

➡ *Zweite Stufe:*
   Stationärer Betrieb der Versuchsanlage oder einer größeren Technikumsanlage unter Nennlast über einen längeren Zeitraum mit einem begleitenden Meß- und Analysenprogramm.

➡ *Dritte Stufe:*
   Stationärer Betrieb einer Pilotanlage oder einer großtechnischen Anlage über 1-2 Jahre mit fachgerechter Beurteilung der Betriebssicherheit, der Umweltrelevanz, der Verfügbarkeit und der Kosten des Behandlungsverfahrens.

Die skizzierte höchste Erprobungsstufe hat bisher keine der in letzter Zeit mit besonderer Öffentlichkeitswirkung diskutierten Entwicklungen erreicht. Den genannten Erprobungsstufen muß die konzeptionelle Entwicklung des neuen Verfahrens sowie die Durchführung labortechnischer Untersuchungen vorgelagert sein.

Literatur

Barniske, L. et al. (1994) Thermische Behandlung von Abfällen, Kennzahl 18/4, Mai 1994, in: Handbuch Abfallbeseitigungsrecht für die betriebliche Praxis, WEKA-Verlag, Fachverlag für Verwaltung und Industrie, Augsburg

Dritte Allgemeine Verwaltungsvorschrift zum Abfallgesetz: Technische Anleitung zur Verwertung, Behandlung und sonstigen Entsorgung von Siedlungsabfällen (TA Siedlungsabfall) vom 14. Mai 1993, Bundesanzeiger Nr. 99a, Jahrgang 45

Gesetz über die Vermeidung und Entsorgung von Abfällen (Abfallgesetz – AbfG) vom 27.08.1986 (BGBl. I, S. 1410, ber. S. 1501), zuletzt geändert durch Gesetz vom 22.04.1993 (BGBl. I, S. 466)

Gesetz zur Vermeidung, Verwertung und Beseitigung von Abfällen (Kreislaufwirtschafts- und Abfallgesetz – KrW-/AbfG) vom 27.09.1994 (BGBl. I, S. 2705)

Johnke, B., Schoembs, H. (1995) Entwicklungstendenzen der thermischen Restabfallbehandlung, Umwelt Technologie Aktuell, 6. Jahrgang, 4/95, S. 304/316

Umweltbundesamt-Jahresbericht 1994, Abschnitt 17

17. Verordnung zur Durchführung des BImSchG (Verordnung über Verbrennungsanlagen für Abfälle und ähnliche brennbare Stoffe, 17. BImSchV) vom 23.11.1990, (BGBl. I, S. 2545)

Kapazitätsermittlung für thermische Abfallbehandlungsanlagen unter Berücksichtigung der Kostenrisiken

Wolfgang Pfaff-Simoneit

1 Problemstellung

Die Erfüllung der Zuordnungskriterien der TA Siedlungsabfall für die Ablagerung von Abfällen zwingt die große Mehrzahl der entsorgungspflichtigen Gebietskörperschaften (künftig: öffentlich-rechtliche Entsorgungsträger), sich intensiv mit der Frage der Vorbehandlung des Restmülls zu befassen, wobei faktisch durch die TA Siedlungsabfall eine thermische Behandlung gefordert wird. Obwohl die Anlagen erst im Jahr 2005 bereitstehen müssen, sind aufgrund der i.d.R. langen Planungs- und Realisierungszeiträume von Abfallentsorgungsanlagen bereits heute Entscheidungen zu treffen, die erhebliche Auswirkungen auf die Kosten haben.

Die Realisierung thermischer Abfallbehandlungsanlagen erfordert große Investitionen und ist mit hohen Kostenrisiken verbunden. Die Kosten thermischer Abfallbehandlungsanlagen sind in hohem Maße (90 % und darüber) fix, d.h. sie verringern sich bei einer Reduktion der Müllmengen kaum. Die möglichst genaue Prognose der Restmüllmengen und die möglichst optimale Auslastung der Anlage haben daher entscheidende Bedeutung im Hinblick auf die Begrenzung der Kosten der thermischen Restmüllbehandlung.

Mit den Regelungen des Kreislaufwirtschafts- und Abfallgesetzes (KrW-/AbfG), das am 7. Oktober 1996 in Kraft treten wird, sind erhebliche Verunsicherungen bzgl. der künftig noch bei den öffentlich-rechtlichen Entsorgungsträgern verbleibenden Aufgaben eingetreten. Die mit dem KrW-/AbfG vollzogene grundlegende Abkehr vom bisherigen öffentlichen Entsorgungsmonopol kann weitreichende Auswirkungen auf das künftig öffentlich zu entsorgende Restmüllaufkommen haben. Neben den bisher zu berücksichtigenden Auswirkungen der Vermeidung und Verwertung von Abfällen ist somit als zusätzlicher Freiheitsgrad die dann mögliche Eigenentsorgung der gewerblichen Abfallerzeuger zu berücksichtigen.

Aufgrund der erheblichen Bedeutung der Neuregelungen des Kreislaufwirtschafts- und Abfallgesetzes im Hinblick auf das künftige Abfallaufkommen und die möglichen Veränderungen bei den Abfallentsorgungsstrukturen werden in diesem Beitrag diejenigen Regelungen, die voraussichtlich weitreichende Auswirkungen auf die kommunale Abfallwirtschaft haben werden, diskutiert. Es werden Handlungsmöglichkeiten und -notwendigkeiten der öffentlich-rechtlichen Entsorgungsträger aufgezeigt, um die Unsicherheiten bzgl. der künftig zu behandelnden Restmüllmengen und damit die Kostenrisiken zu begrenzen. Zuvor werden grundlegende Zusammenhänge bzgl. der Kosten und Kostenstrukturen der thermischen Restmüllbehandlung und die Einflußfaktoren bei der Kapazitätsermittlung dargestellt.

2   Kosten und Kostenstrukturen der thermischen Restmüllbehandlung

Abbildung 1 zeigt die Investitionskosten einer thermischen Abfallbehandlungsanlage am Beispiel der Rostverbrennung in Abhängigkeit von der Anzahl und Größe der Verbrennungslinien und der verfügbaren Jahreskapazität. In Abb. 2 sind die spezifischen Behandlungskosten in Abhängigkeit vom tatsächlichen Jahresdurchsatz bei unterschiedlicher Anzahl von Verbrennungslinien dargestellt, wobei eine (vergleichsweise große) Durchsatzleistung von 25 Mg/h pro Linie und eine Verfügbarkeit von 85 % angenommen wurde.

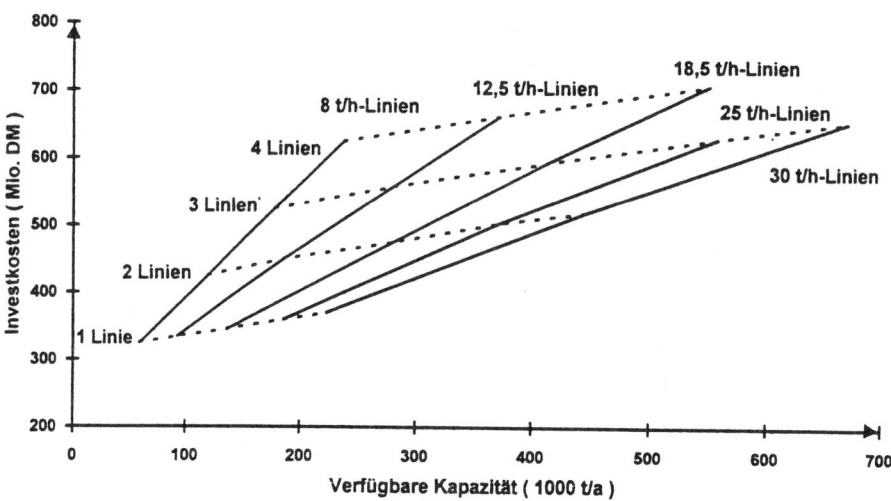

Abb. 1. Investitionskosten einer thermischen Restmüllbehandlungsanlage (Quelle: Horch 1995)

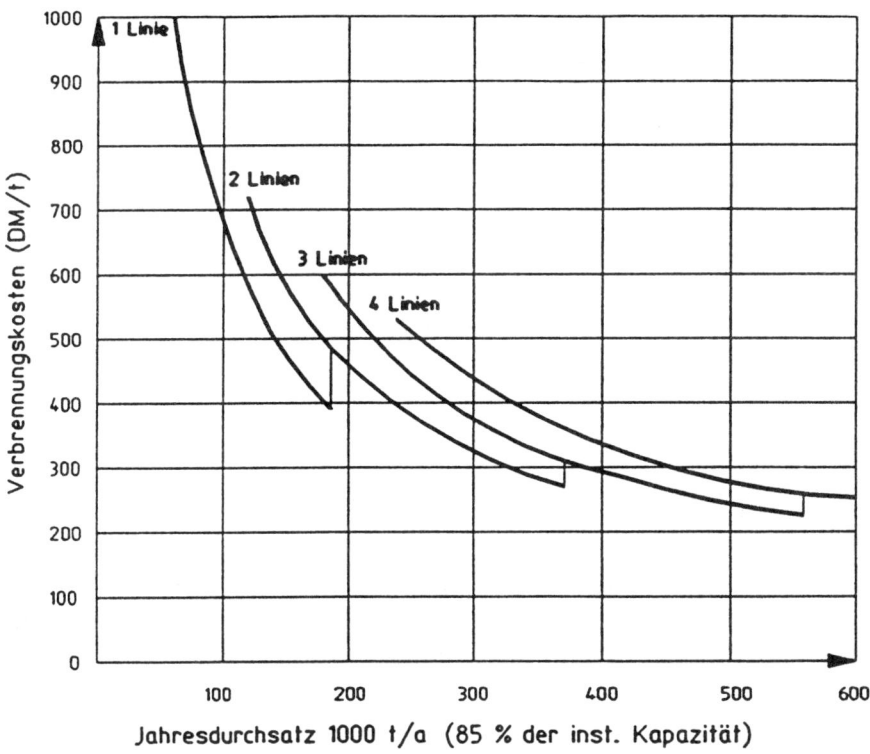

Jahresdurchsatz 1000 t/a (85 % der inst. Kapazität)

Abb. 2. Spezifische Kosten einer thermischen Restmüllbehandlungsanlage (Quelle: Horch 1995)

Die laufenden oder jährlichen Kosten einer thermischen Restmüllbehandlungsanlage sind in hohem Maße fix. Sie setzen sich etwa aus folgenden Anteilen zusammen:

- Kapitalkosten: ca. 50-60 % der Jahreskosten
- Personal- und Verwaltungskosten: ca. 10-15 % der Jahreskosten
- Reparatur, Wartung, Unterhaltung: ca. 15-20 % der Jahreskosten
- Betriebsmittel, Fremdenergie,
  Reststoffentsorgung: ca. 8-12 % der Jahreskosten
- Steuern, Versicherungen, Sonstiges: ca. 5- 8 % der Jahreskosten

Lediglich die Kosten für Betriebsmittel und Reststoffentsorgung sind abhängig vom Anlagendurchsatz. Personalkosten können bei deutlich verringerten Durchsätzen ggf. in geringem Maße eingespart werden. Allerdings darf der Personalbestand ein unabdingbares Maß nicht unterschreiten, um die Verfügbarkeit und sichere Betriebsführung nicht zu gefährden. 90 % der Vorhalte- und Nutzungskosten fallen somit unabhängig vom Anlagendurchsatz an. Eine Verminderung des

Durchsatzes erfordert nahezu eine zur Mengenreduktion umgekehrt proportionale Erhöhung der Anlieferungsgebühren, wenn die Kosten allein auf die angelieferte Abfallmenge umgelegt werden.

Aus den Abbildungen 1 und 2 und der dargestellten Kostenstruktur werden folgende Zusammenhänge deutlich:

* Die Investitionskosten steigen mit der Zahl der Verbrennungslinien.
* Die spezifischen Investitionskosten sind bei großen Anlagen (ca. 1500 DM/Mg installierter Kapazität) deutlich geringer als bei kleinen Anlagen (ca. 3000 DM/Mg installierter Kapazität).
* Die Kostenrisiken im Fall der Unterauslastung steigen aufgrund der hohen Fixkostenanteile mit der Größe der Anlage.

3   Kriterien zur Festlegung der Anlagenkapazitäten

Betrachtet man die Kosten für die Realisierung und den Betrieb von thermischen Restmüllbehandlungsanlagen isoliert, so wären Anlagen mit hoher Durchsatzkapazität und entsprechend großen Einzugsbereichen vorzusehen, die dann mehrere Land- bzw. Stadtkreise bzw. kreisfreie Städte umfassen müßten. Der ökonomischen Vernunft stehen jedoch zumeist erhebliche Umsetzungsprobleme gegenüber:

* Schwierigkeiten bei der Standortfindung und -entscheidung;
* Akzeptanzprobleme
  – bei Entscheidungsträgern,
  – bei der/den Standortgemeinde(n),
  – bei der betroffenen Bevölkerung;
* politische Forderungen nach fairer Lastenteilung lassen sich oft kaum erfüllen.

Kreisübergreifende, regionale Lösungen erscheinen nach den vorliegenden Erfahrungen offensichtlich nur dort realisierbar, wo vorhandene Anlagen aufgrund zurückgegangener Abfallmengen nicht mehr ausgelastet sind und durch eine Ausdehnung des Einzugsbereichs weitere Kostensteigerungen vermieden werden können. Bei der Neuplanung von thermischen Restmüllbehandlungsanlagen, die in der überwiegenden Zahl der entsorgungspflichtigen Gebietskörperschaften ansteht, sind kreisübergreifende Lösungen aufgrund der genannten Schwierigkeiten bislang eher die Ausnahme.

Aus den genannten Rahmenbedingungen ergeben sich vergleichsweise geringe erforderliche Anlagenkapazitäten von etwa 50 000-100 000 Mg/Jahr. Bei Zugrundelegung üblicher Durchsatzkapazitäten je Behandlungslinie (10-20 Mg/h) stehen die Planungsträger damit vor der Entscheidung, ob sie eine thermische Restmüllbehandlungsanlage mit einer oder mit zwei Linien realisieren sollen. 2-Linien-Anlagen gewährleisten i.d.R. eine höhere Verfügbarkeit, erfordern jedoch höhere

Investitionen und bergen ein größeres Kostenrisiko in sich. 1-Linien-Anlagen sind zumeist kostengünstiger, erfordern jedoch zur Überbrückung von Stillstandszeiten weitreichendere Vorkehrungen als mehrlinige Anlagen (große Zwischenlager, ggf. Stabilisierung des Restmülls, Ausfallverbund mit anderen Anlagen).

Entscheidende Bedeutung im Hinblick auf die Kapazität einer geplanten thermischen Restmüllbehandlung haben folgende Faktoren:

- erwartetes und tatsächliches Mengenaufkommen/Auslastung der Anlage;
- optimale Größe der Anlage/Einzugsbereich;
- technische Konzeption: Verfahrenskonzept/Anzahl und Größe der Linien;
- von besonderer Bedeutung ist ferner der Aspekt Gewährleistung der Entsorgungssicherheit/Reservehaltung.

Aus Gründen der Entsorgungssicherheit kommen 1-Linien-Anlagen i.d.R. nur in einem Anlagenverbund in Frage. Sofern kein Anlagenverbund existiert und eine Zwischenlagerung von Abfällen nicht oder nur begrenzt möglich ist, muß für den Fall eines Ausfalls einer Linie eine Reservelinie zur Verfügung stehen. Dies erhöht die Investitions- und Vorhaltekosten enorm. Bei einem gut organisierten Anlagenverbund kann es genügen, eine Reservelinie für mehrere Anlagen vorzuhalten.

Die Minimierung der Kostenrisiken gebietet, eine unter den im betrachteten Entsorgungsgebiet gegebenen bzw. künftig erwarteten Rahmenbedingungen möglichst optimale Dimensionierung vorzunehmen, die eine hohe Auslastung der Anlage gewährleistet. Die Ermittlung der erforderlichen Kapazität einer thermischen Restmüllbehandlungsanlage stellt somit eine Optimierungsaufgabe dar, bei der

- abfallwirtschaftlich-konzeptionelle Kriterien:
  Restmüllmengen nach Vermeidung und Verwertung von Abfällen,
  Restmüllbehandlungskonzept;
- politische Rahmenbedingungen:
  kreisübergreifende Zusammenarbeit, Standortfragen, Akzeptanz;
- technisch-wirtschaftliche Kriterien:
  Behandlungsverfahren, Anzahl und Kapazität der Linien/Kosten

zu berücksichtigen sind.

4   Auswirkungen des Kreislaufwirtschafts- und Abfallgesetzes auf das künftige Restmüllaufkommen

Wie bereits eingangs dargelegt, können die Neuregelungen des Kreislaufwirtschafts- und Abfallgesetzes erhebliche Auswirkungen auf das künftige öffentlich zu entsorgende Restmüllaufkommen haben. Im einzelnen sind folgende Regelungen von besonderer Bedeutung:

Wegfall des öffentlichen Entsorgungsmonopols – private Kreislaufwirtschaft
Ziel des KrW-/AbfG ist es, die Entsorgung vorrangig den Erzeugern und Besitzern
von Abfällen zuzuordnen, um so dem Verursacherprinzip Rechnung tragen zu
können und spürbare Anreize für die Schaffung einer Kreislaufwirtschaft zu bilden. Es wird eine grundlege Abkehr von dem bisherigen im Abfallgesetz festgeschriebenen öffentlichen Entsorgungsmonopol vollzogen, das sich in der Überlas-
sungspflicht der Abfälle an die entsorgungspflichtige Gebietskörperschaft und
einem Anschluß- und Benutzungszwang ausdrückte. Überlassungspflichten insbesondere für gewerbliche Abfälle bestehen künftig dann nicht, wenn eine Eigenver-
wertung oder -beseitigung, insbesondere durch Übertragung

- auf Dritte (§ 16 KrW-/AbfG),
- auf Verbände der Abfallerzeuger und -besitzer (§ 17 KrW-/AbfG),
- auf Einrichtungen von Selbstverwaltungskörperschaften der Wirtschaft
  (§ 18 KrW-/AbfG)

gesichert ist und nicht „überwiegend öffentliche Interessen" eine Überlassung
erfordern.

Energetische Verwertung von Abfällen
Erhebliche Auswirkungen sind – gerade in Verbindung mit den o.g. Möglichkeiten
der Übertragung der Entsorgungspflichten – aus der Normierung der energetischen
Verwertung von Abfällen zu erwarten. Ein Vorrang der stofflichen vor der energetischen Verwertung ist nicht festgeschrieben. § 6 Abs. 1 Satz 2 KrW-/AbfG bestimmt lediglich, daß „die besser umweltverträgliche Verwertungsart" Vorrang hat.
Auch wenn die energetische Verwertung gemäß § 6 KrW-/AbfG an bestimmte
Voraussetzungen geknüpft ist, um sie gegenüber der thermischen Restmüllbehandlung abzugrenzen (u.a. muß der Heizwert der Abfälle mindestens 11 MJ/kg und
der Feuerungswirkungsgrad mindestens 75 % betragen), kann davon ausgegangen
werden, daß gewerbliche Abfallerzeuger diesen Entsorgungsweg nutzen werden,
wenn ihre Abfälle die Voraussetzungen hierfür erfüllen und diese Form der Entsorgung Kostenvorteile hat.

Künftige Entsorgungspflichten der öffentlich-rechtlichen Entsorgungsträger
Die öffentlich-rechtlichen Entsorgungsträger sind nach § 15 KrW/AbfG künftig
lediglich noch zur Verwertung und Beseitigung von Abfällen aus privaten Haushalten verpflichtet. Diese Pflichten können sie – im Gegensatz zu den zur eigenverantwortlichen Entsorgung Verpflichteten (gemeint sind insbesondere Gewerbebetriebe) – nicht auf Dritte übertragen, sondern sich ihrer lediglich bei der Erfüllung der Aufgaben bedienen. Sofern die Entsorgung von gewerblichen und indu-
striellen Abfällen auf Dritte oder private Entsorgungsträger übertragen worden ist,
sind die öffentlich-rechtlichen Entsorgungsträger von der Entsorgungspflicht befreit. Die Übertragung ist an mehrere Voraussetzungen geknüpft. Unter anderem
dürfen keine überwiegenden öffentlichen Interessen der Übertragung entgegenste-
hen, und die öffentlich-rechtlichen Entsorgungsträger müssen zustimmen. Umgekehrt können die öffentlich-rechtlichen Entsorgungsträger gewerbliche und indu-

strielle Abfälle ausschließen, wenn diese nicht mit den in privaten Haushalten anfallenden Abfällen beseitigt werden können.

Rückgabe- und Rücknahmeverpflichtungen
Die erweiterten Möglichkeiten zur Festlegung von Rücknahme- bzw. Rückgabepflichten durch Rechtsverordnung nach § 24 KrW-/AbfG können zu einer Verringerung der bislang überwiegend öffentlich entsorgten Produktabfälle und/oder einer Abwälzung der z.t sehr hohen Kosten (insbesondere Elektro- und Kühlgeräte) auf die Hersteller und Vertreiber führen. Hiervon werden jedoch eher marginale Veränderungen des Aufkommens der bislang öffentlich entsorgten Abfälle erwartet.

Folgerungen für die Kapazitätsermittlung

Mit den Regelungen des KrW-/AbfG ist eine Prognose der Restmüllmengen ungleich schwieriger, und die Ergebnisse sind unsicherer. Die alte Aufgabenverteilung, bei der die Wirtschaft produziert und die öffentliche Hand die Verpflichtung zur Entsorgung der Abfälle hat, gilt künftig nicht mehr. Die heute anstehenden Planungen für thermische Restmüllbehandlungsanlagen werden jedoch entscheidend davon beeinflußt, ob und in welchem Maße Kapazitäten für die Mitbehandlung gewerblicher Abfälle vorgehalten werden sollen. Aus Kostengründen ist eine gemeinsame Behandlung von Abfällen aus privaten Haushalten und gewerblichen Abfällen, die gemeinsam mit Hausmüll beseitigt werden können, anzustreben. Allerdings können die öffentlich-rechtlichen Entsorgungsträger angesichts der hohen Kosten von Anlagen zur thermischen Restmüllbehandlung nicht Kapazitäten für gewerbliche Abfälle vorhalten, ohne daß die Anlieferung dieser Abfälle gesichert bzw. die anteiligen Kosten von den jeweiligen Abfallerzeugern getragen werden. Das hiermit verbundene Kostenrisiko ist von den öffentlich-rechtlichen Entsorgungsträgern nicht tragbar.

5   Maßnahmen zur Kapazitätsermittlung für thermische Restmüllbehandlungsanlagen

Die entsorgungspflichtigen Gebietskörperschaften werden mit den Regelungen des KrW-/AbfG vor die Frage gestellt, welche Abfälle sie künftig entsorgen

müssen
können
sollten
wollen.

Während sich die Frage des *Müssens* eindeutig aus den Verpflichtungen des Gesetzes beantwortet – auf jeden Fall sind die öffentlichen Entsorgungsträger zur

Entsorgung von Abfällen aus privaten Haushalten verpflichtet –, können die anderen Fragen nur nach intensiver Befassung mit den örtlichen Gegebenheiten und Klärung der Rahmenbedingungen beantwortet werden.

Dabei bestimmt sich das „Können" (im Sinne von „welche Entsorgungsangebote können den Erzeugern und Besitzern von Abfällen gemacht werden?") weitgehend danach, welche Infrastruktur (Anlagen, Einrichtungen, Standorte, Personal) zur Verfügung steht bzw. zur Verfügung gestellt werden könnte.

Welche Abfälle auch weiterhin öffentlich entsorgt werden *sollten*, ist neben den Aspekten der regionalen Wirtschaftspolitik auch von Überlegungen und Beurteilungen darüber abhängig, welches die umweltverträglichere Art der Entsorgung ist.

Welche Abfälle eine Gebietskörperschaft entsorgen *will*, beurteilt sich neben Kosten- und Wirtschaftlichkeitsüberlegungen letztlich daraus, wie die in der Region ansässigen sonstigen zur Entsorgung Verpflichteten ihren Verpflichtungen nachkommen wollen bzw. welche Aktivitäten zur Schaffung von Verbänden und Einrichtungen diese entfalten.

Die Neuregelungen des KrW-/AbfG machen es erforderlich, daß sich die öffentlich-rechtlichen Entsorgungsträger mit den zur eigenverantwortlichen Entsorgung verpflichteten Erzeugern und Besitzern von Abfällen abstimmen. Das Erfordernis, die Grundlagen und Rahmenbedingungen in einer Region sorgfältig zu ermitteln, stellt sich in noch stärkerem Maße als bisher. Für die entsorgungspflichtigen Gebietskörperschaften ergeben sich daraus die im folgenden dargestellten erforderlichen Maßnahmen.

5.1   Analyse der derzeit anfallenden Abfälle und ihrer Herkunft

Zur Abschätzung der möglichen Veränderungen in den Entsorgungsstrukturen und zur Ermittlung der Handlungsmöglichkeiten und Entscheidungsgrundlagen ist es erforderlich, eine genauere Analyse der Arten, Mengen und Zusammensetzungen der Abfälle und deren Herkunft vorzunehmen. Auf dieser Grundlage können zumindest die Größenordnungen der möglichen Stoffstromverlagerungen aufgrund der Regelungen des KrW-/AbfG und auch der TA Siedlungsabfall abgeschätzt werden. Dazu muß sorgfältig analysiert werden:

– Welche Abfälle fallen überhaupt an?
– Welche Eigenschaften (im Hinblick auf Behandlungserfordernisse und -möglichkeiten) haben sie?
– Wo stammen sie her bzw. bei wem fallen sie an?
– Wie könnten sie künftig unter den Bedingungen des KrW-/AbfG entsorgt werden?

Angesichts der – im Vergleich zu den heutigen Deponiegebühren – erheblich höheren Kosten der thermischen Behandlung des Restmülls werden die zur Entsorung verpflichteten Erzeuger und Besitzer von Abfällen verstärkt kostengünstigere Alternativen suchen. Um zumindest die Größenordnungen der möglichen Stoffstromverlagerungen ermitteln zu können, sind die im Restmüll enthaltenen Reduktionspotentiale zu ermitteln. Parallel hierzu ist zu prüfen, unter welchen Voraussetzungen diese Potentiale mobilisiert werden. Daraus können die für die thermische Restmüllbehandlung potentiell verbleibenden Abfälle abgeschätzt werden.

Bei der Analyse können folgende Klassen gebildet werden:

• **Anteil der noch im Restmüll enthaltenen vermeidbaren und verwertbaren Stoffe – Reduktionspotentiale für eine stoffliche Verwertung**
Es ist zu erwarten, daß bei steigenden Entsorgungskosten die Bereitschaft zur Intensivierung von Aktivitäten zur Vermeidung und stofflichen Verwertung wächst. Für die einzelnen Abfallsorten und -fraktionen sind die derzeit erkennbaren zusätzlichen Möglichkeiten zur Vermeidung und Verwertung und deren Auswirkungen auf das Restabfallaufkommen abzuschätzen und mit Hilfe von Szenarienrechnungen zu quantifizieren.

• **Anteil der für eine anderweitige, i.d.R. energetische Verwertung geeigneten Abfälle außerhalb der öffentlichen Entsorgungseinrichtungen**
Der Wegfall des öffentlichen Entsorgungsmonopols und die Möglichkeit der Beauftragung Dritter wird voraussichtlich zur Folge haben, daß insbesondere monostrukturierte, heizwertreiche Abfälle künftig zunehmend energetisch verwertet werden. Die Erzeuger und Besitzer von Abfällen, die die Voraussetzungen für eine energetische Verwertung erfüllen, werden bei steigenden Entsorgungskosten bestrebt sein, diese entsprechenden Nutzungen zuzuführen, z.B. in Zementwerken, Kraftwerken, Hochöfen und anderen geeigneten Anlagen, sofern dies kostengünstiger als die Entsorgung in einer öffentlichen Anlage ist und eine ausreichende Entsorgungssicherheit gewährleistet werden kann.

Bereits heute bieten insbesondere Zementwerke und Hochofenbetreiber ihre Anlagen für die Entsorgung von speziellen Abfallarten zu Preisen an, die deutlich unter den zu erwartenden Kosten für die thermische Restmüllbehandlung liegen. Einige streben eine Ausweitung auf andere Abfallarten bzw. heizwertreiche Fraktionen an. Inwieweit die derzeitigen Preise bei steigender Nachfrage auf diesem im Vergleich zur thermischen Restmüllbehandlung relativ niedrigen Niveau bleiben werden, kann derzeit nicht abgeschätzt werden.

Im Zuge der künftigen Neuregelungen der rechtlichen Rahmenbedingungen werden große Industriebetriebe und private Entsorger vermutlich prüfen, ob für die genannten Abfälle eine eigene Reststoffverbrennungsanlage Kostenvorteile hätte. Aufgrund der homogenen Zusammensetzung der genannten Reststoffe sind solche Anlagen technologisch weniger aufwendig (insbesondere für Altholz) und

damit voraussichtlich kostengünstiger zu betreiben als eine thermische Restmüllbehandlungsanlage, die für ein großes Abfallspektrum geeignet sein muß. Rechtlich bestehen hierzu mit der Änderung des Anlagenzulassungsrechts (Verlagerung
vom Abfallrecht zum Immissionsschutzrecht) und dem künftig geltenden Abfallrecht gute Voraussetzungen.

Im Interesse der möglichst genauen Ermittlung des *Bedarfs für eine öffentliche
thermische Behandlungsanlage* ist daher abzuschätzen, welche gewerblichen Abfälle bzw. welche gewerblichen Abfallerzeuger künftig ggf. andere Entsorgungs-
wege gehen könnten und ihre Abfälle dann nicht mehr der öffentlichen Abfallentsorgung andienen. Die Möglichkeiten einer künftigen Eigenentsorgung der Gewerbebetriebe werden danach beurteilt, inwieweit die Abfälle für eine energetische
Verwertung gemäß KrW-/AbfG in Frage kommen. Als geeignet für eine eigenver-
antwortliche Entsorgung sind insbesondere Abfälle anzusehen, die folgende Kriterien erfüllen:

- monostrukturierte, heizwertreiche Abfälle (Holz-, Papier/Pappe-, ggf. auch
  Kunststoffabfälle, z.T. auch Verbunde),
- weitgehend sortenreine und in größeren Mengen konzentriert anfallende
  Abfälle,
- von größeren Abfallerzeugern stammende Abfälle, bei denen die entsprechenden organisatorischen und personellen Voraussetzungen für eine nachhaltige
  Neuorganisation der betrieblichen Abfallentsorgung erwartet werden kann.

- **Anteil der thermisch nicht bzw. nicht sinnvoll behandelbaren (d.h. der mineralischen) Abfälle bzw. Fraktionen**

Ein erheblicher Anteil der gegenwärtig auf öffentlichen Entsorgungsanlagen angelieferten Abfallmengen besteht überwiegend aus mineralischen Abfällen, die für
eine thermische Behandlung ungeeignet sind und direkt oder nach entsprechender
Aufbereitung abgelagert werden könnten. Hierdurch wird die thermische Restmüllbehandlung entlastet bzw. die Verbrennungseigenschaften verbessert. Gegebenenfalls ist auch bei entsprechender Aufbereitung eine stoffliche Verwertung
möglich.

Nach Realisierung einer thermischen Restmüllbehandlungsanlage stellen die
nicht verwertbaren mineralischen Abfälle den größten Anteil des abzulagernden
Restmülls dar, sofern die Schlacken aus dieser Anlage verwertet werden können.
Diese Mengen sind i.d.R. allerdings so gering, daß Deponien auf Kreisebene kaum
wirtschaftlich betrieben werden können. Hier ist sehr sorgfältig zu prüfen, wie
diese Abfälle künftig entsorgt werden können.

- **Anteil des vorzubehandelnden Restmülls**

Die nach Abzug der o.g. Mengenströme verbleibende Menge stellt die in der Ent-
sorgungsregion voraussichtlich anfallende Restmüllmenge dar, für die thermische
Behandlungskapazitäten zu realisieren sind. Im Interesse der Verringerung der

spezifischen Behandlungskosten sollte jedoch geprüft werden, ob die Erzeuger und Besitzer von Abfällen, die potentiell für eine Eigenentsorgung geeignet sind, auch weiterhin beabsichtigen, diese der öffentlichen Abfallentsorgung anzudienen (s. unten).

• **Fallbeispiel**

Abbildung 3 zeigt am Beispiel eines Landkreises die möglichen Verlagerungen der Abfallströme nach der Realisierung einer Anlage zur thermischen Restmüllbehandlung. Die bereits der Verwertung zugeführten Abfälle sind nicht dargestellt. Es handelt sich somit um noch im Restmüll enthaltene Verwertungspotentiale, die aufgrund geplanter Maßnahmen zur getrennten Sammlung bzw. aufgrund höherer Entsorgungskosten künftig voraussichtlich nicht mehr als Restmüll entsorgt werden.

Zur Ermittlung der erforderlichen Kapazität der thermischen Restmüllbehandlungsanlage wurden unterschiedliche Szenarien betrachtet. Im Szenario „Optimale Verwertung" wurden 58 000 Mg/Jahr thermisch zu behandelnden Restmülls ermittelt, im Szenario „Fortschreibung des Status-quo" ca. 80 000 Mg/Jahr. Hinzuzurechnen sind hier jeweils noch ca. 14 000 bzw. 15 000 Mg/Jahr aus einer weiteren entsorgungspflichtigen Gebietskörperschaft, so daß die Gesamtmenge des thermisch zu behandelnden Restmülls zwischen ca. 72 000 und 95 000 Mg/Jahr liegt.

Die Kapazität einer Linie des gewählten Verfahrens (hier: Thermoselect) beträgt 75 000 Mg/Jahr. Im Szenario „Optimale Verwertung" wäre dies ausreichend, bei einer „Fortschreibung des Status-quo" müßte die Anlage über zwei Linien verfügen, was allerdings eine wesentliche Überdimensionierung darstellen würde. Die Entscheidung ist somit danach zu treffen, ob die (mengenmäßig bedeutenden) gewerblichen Abfallerzeuger auch künftig ihre Abfälle der öffentlichen Entsorgung überlassen wollen und bereit sind, anteilig die Vorhaltekosten zu übernehmen.

Abbildung 4 zeigt die Jahreskosten der Restmüllentsorgung in Abhängigkeit der Restmüllmenge. Dies beinhaltet die Kosten für Vorhaltung und Nutzung der Restmüllbehandlungsanlage und für die Ablagerung der thermisch nicht behandelbaren Abfälle und Reststoffe. Es bedeuten:

Variante 1:   2-Linien-Anlage

Variante 2:   1-Linien-Anlage, wobei bei Überschreitung der Kapazität externe Behandlungsmöglichkeiten in Anspruch genommen werden müssen; hierfür wurden DM 600/Mg angesetzt.

Variante 3:   1-Linien-Anlage mit vorgeschalteter mechanisch-biologischer Behandlung.

Dabei zeigt sich, daß eine 1-Linien-Anlage unter den gegebenen Rahmenbedingungen die Lösung mit den geringsten Kosten und Kostenrisiken darstellt. Dies gilt jedoch nur, wenn keine weitere Gebietskörperschaft mit einbezogen wird. In diesem Fall wäre die 2-Linien-Anlage zu bevorzugen.

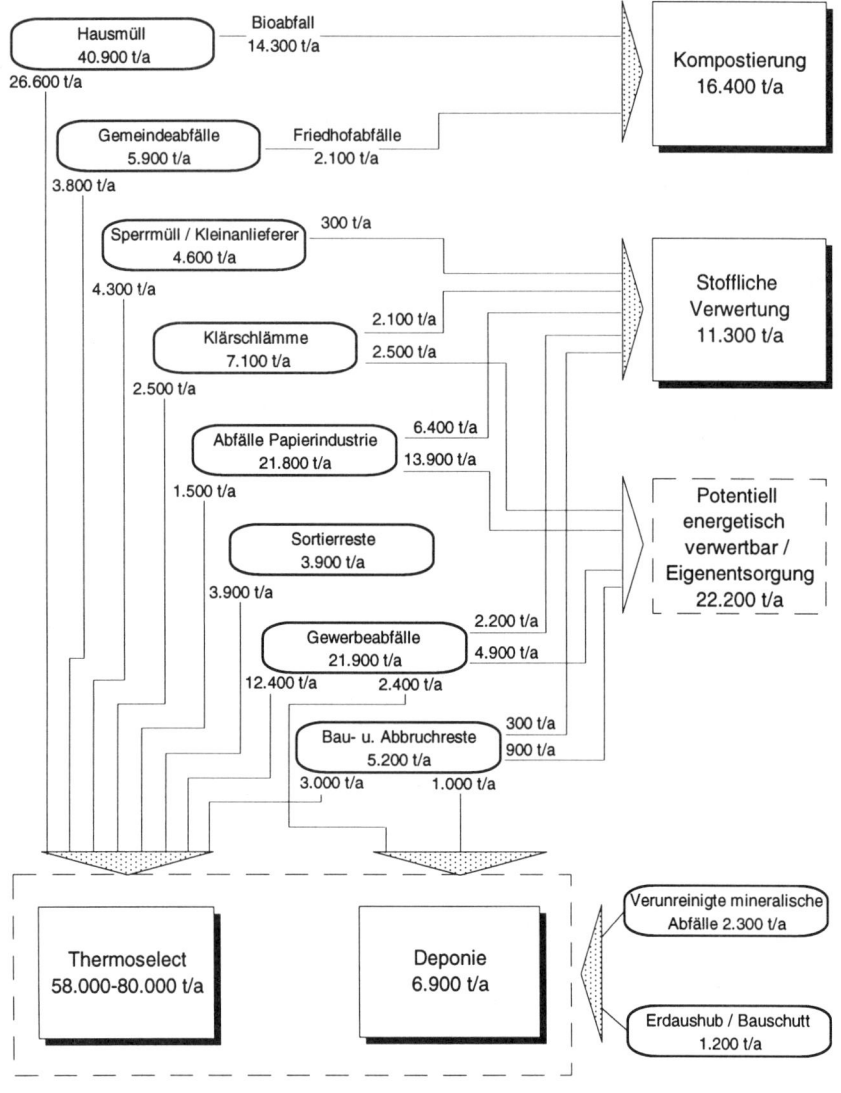

Abb. 3. Verlagerung der Abfallströme nach Realisierung einer thermischen Behandlungsanlage am Beispiel eines Landkreises (bereits der Verwertung zugeführte Mengen sind nicht dargestellt, es handelt sich um die noch im Restmüll enthaltenen Potentiale)

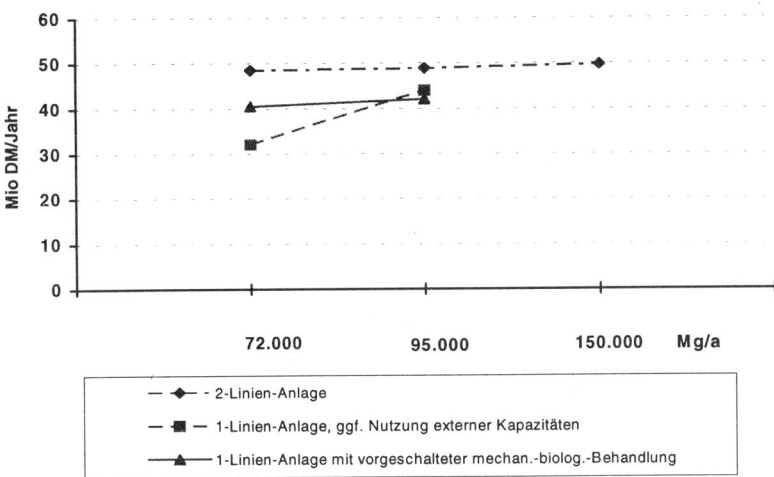

Abb. 4. Jahreskosten in Abhängigkeit der zu entsorgenden Restmüllmenge

5.2   Abstimmung mit relevanten gewerblichen Abfallerzeugern und potentiellen Akteuren der künftigen Abfallentsorgung

Da die Besitzer und Erzeuger von gewerblichen Abfällen künftig selbst für deren Entsorgung verantwortlich sind, sind zumindest mit den regional bedeutsamen Gewerbebetrieben und Branchenvertretern (z.B. Innungsvertretern) Fachgespräche über die künftigen Entsorgungsstrukturen aufzunehmen. Vielen Gewerbebetrieben sind die möglichen Auswirkungen des KrW-/AbfG noch gar nicht bewußt bzw. die Voraussetzungen für eine Entscheidung darüber, wie sie ihre Abfälle künftig entsorgen wollen, sind oft nicht gegeben.

Darüber hinaus kennen viele Gewerbebetriebe ihre Abfälle nur ungenügend bis gar nicht. Die Erfahrungen zeigen, daß

– betriebliche Abfallbilanzen eher die Ausnahme sind,
– betriebliche Abfallwirtschaftskonzepte bestenfalls in Großbetrieben existieren und umgesetzt wurden,
– Branchenlösungen für kleinere und mittlere Betriebe bislang nur vereinzelt umgesetzt wurden, zumeist zur getrennten Erfassung und Verwertung von Abfällen bzw. zur Entsorgung von Problemabfällen.

Hier besteht erheblicher Nachholbedarf.

Aufgrund der hohen Kosten der Restmüllentsorgungsanlagen und ihrer hohen Fixkostenanteile kann künftig die jeweilige tatsächliche Anlieferungsmenge allein nicht mehr Bemessungsgrundlage für das Anlieferungsentgelt sein. Sowohl die öffentlich-rechtlichen Betreiber von Entsorgungsanlagen, aber auch private Be-

treiber werden zumindest einen Teil ihrer Kosten durch die Erhebung von Grund-
gebühren, die unabhängig von der tatsächlichen Anlieferungsmenge zu bezahlen
sind, decken müssen. Dazu werden *Entsorgungsverträge* abzuschließen sein, in der
Mengen und Kosten für einen bestimmten Zeitraum festgelegt werden. Die zur
Entsorgung Verpflichteten (d.h. künftig für Gewerbebetriebe: Sie selbst) müssen
sich daher im vorhinein Gedanken darüber machen, welche Restmüllmengen sie
künftig erwarten. Hierzu sind betriebliche bzw. branchenbezogene Abfallwirtschaftskonzepte erforderlich, deren Enwicklung jedoch einige Zeit braucht.

Die öffentlich-rechtlichen Entsorgungsträger sollten hierzu *Fristen setzen*, um
die Entscheidungen über die künftigen Entsorgungsstrukturen voranzubringen.
Sofern die entsprechenden Erklärungen der Besitzer und Erzeuger von gewerblichen Abfällen nicht in der gebotenen Zeit vorgelegt werden, muß zur Begrenzung
der Kostenrisiken ernsthaft erwogen werden, deren *Abfälle von der Entsorgung
auszuschließen*.

Die bisher in vielen entsorgungspflichtigen Gebietskörperschaften erstellten und
in Hessen aufgrund der Vorgaben des Landesabfallentsorgungsplans vorgeschriebenen kommunalen Gewerbeabfallkataster erhalten damit eine zusätzliche bedeutende Funktion. Sie stellen quasi den potentiellen „Kundenstamm" im gewerblichen Bereich für die öffentliche Abfallentsorgung dar.

5.3   Fachgespräche mit den Selbstverwaltungskörperschaften der Wirtschaft

Neben mit den zur eigenverantwortlichen Abfallentsorgung Verpflichteten sind
Fachgespräche mit den Selbstverwaltungskörperschaften der Wirtschaft über die
möglichen und anzustrebenden künftigen regionalen Entsorgungsstrukturen zu
führen. Die Gespräche erscheinen zunächst weniger im Hinblick auf eine mögliche
aktive Rolle dieser Körperschaften bei der künftigen Abfallentsorgung gemäß
§ 18 KrW-/AbfG erforderlich. Hier ist ohnehin fraglich, ob und inwieweit sie bereit und in der Lage sein werden, sich den Aufgaben zu stellen. Zunächst fällt diesen insbesondere die Aufgabe zu, ihren Mitgliedern die sich aus dem KrW-/AbfG
ergebenden Konsequenzen und Verpflichtungen sowie die daraus resultierenden
Handlungserfordernisse zu vermitteln und die Beratungs- und Entscheidungspro-
zesse voranzutreiben.

Die Fachgespräche sollten zum Ziel haben, gemeinsam die Handlungsmöglichkeiten und -notwendigkeiten zu identifizieren und eine Abstimmung über die
künftge Aufgaben- und Arbeitsteilung herbeizuführen. Es sollte im Interesse aller
Beteiligten liegen, die Entsorgung in der Region sicherzustellen und hierfür unter
Berücksichtigung der regionalen Gegebenheiten und Möglichkeiten möglichst
optimale Lösungen zu finden.

Die Regelungen des KrW-/AbfG können zu einer grundlegenden Veränderung der bestehenden Entsorgungsstrukturen führen. Auch wenn dies für die entsorgungspflichtigen Gebietskörperschaften zunächst einige offensichtliche Risiken insbesondere im Hinblick auf die Auslastung und Finanzierbarkeit von vorhandenen und zusätzlich erforderlichen Anlagen in sich birgt, so eröffnen sich doch auch deutliche Chancen für die öffentliche Abfallwirtschaft:

• Die künftige Eigenverantwortlichkeit für die Abfallentsorgung zwingt die Erzeuger und Besitzer von gewerblichen Abfällen, sich intensiver und zielgerichteter mit ihren Abfällen zu befassen. Dadurch werden die Kenntnisse über diese Abfälle und die künftigen Entsorgungsbedürfnisse besser bestimmbar.

• Unsicherheiten über künftige Anlieferungen einzelner Gewerbebetriebe können durch den Abschluß von Entsorgungsverträgen oder den Ausschluß von Abfällen von der öffentlichen Entsorgung vermieden und Kostenrisiken vermindert werden.

• Die neuen organisatorischen Möglichkeiten bieten die Chance, daß für spezielle Aufgaben zur Verwertung und Entsorgung gewerblicher Abfälle besser geeignete Strukturen und technische Lösungen (z.b. branchenbezogene Konzepte für branchentypische Abfallarten) gefunden werden können. Dadurch kann die kommunale Abfallwirtschaft von Aufgaben entlastet werden, für die diese weniger geeignete Voraussetzungen bietet.

Die Bestimmung der Kapazität einer thermischen Restmüllbehandlungsanlage erfordert somit umfangreiche Vorarbeiten. Die bisher angewandten Methoden der Mengenprognose und Planung allein werden den Anforderungen nicht mehr gerecht. Benötigt wird ein umfassendes „Entsorgungsmanagement", das an die Stelle der bisherigen „Entsorgungsplanung" tritt. Dabei gilt es zu entscheiden, ob und in welchem Maße in einer Region

– Entsorgungsaufgaben auf Dritte übertragen werden,
– welche Aufgaben weiterhin öffentlich erledigt werden,
– welche Arbeitsteilungen zwischen Dritten und öffentlich-rechtlichen Entsor gungsträgern möglich und sinnvoll sind.

Das bedeutet für die öffentlich-rechtlichen Entsorgungsträger: Sie müssen

• sich intensiver als bisher um die in der Region anfallenden Abfälle kümmern,
• sich über ihre Ziele und Möglichkeiten bzgl. der künftigen Restmüllentsorgung klar werden,
• mit vorhandenen und potentiellen Akteuren Verhandlungen führen,
• die organisatorischen Voraussetzungen für ihre neue Rolle in der regionalen Abfallwirtschaft schaffen,
• auch weiterhin Standortvorsorge betreiben,
• und sie sollten im Interesse der Entsorgungssicherheit und der Realisierung möglichst umweltverträglicher Lösungen die Schaffung neuer Strukturen aktiv gestalten.

Literatur

Gesetz zur Vermeidung, Verwertung und Beseitigung von Abfällen vom 27. September 1994, Bundesgesetzblatt 1994, Teil 1

Horch, K. (1995) Wege zur Minimierung der Kosten der thermischen Restmüllbehandlung, in: VDI Berichte 1192 Thermische Abfallentsorgung – Konzepte · Kosten · Verfahren, Düsseldorf

Pfaff-Simoneit, W. (1995) Kommunale Entsorgungsplanung unter den Bedingungen des Kreislaufwirtschafts- und Abfallgesetzes – Chancen und Risiken, Chefseminar „Umsetzung des Kreislaufwirtschaftsgesetzes" des Instituts für kommunale Wirtschaft und Umweltplanung, Darmstadt, 10. Oktober 1995 in Frankfurt

Standortsuchverfahren für thermische Abfallbehandlungsanlagen

Hans Peter Tietz

1 Anlagentyp

Die Anlagentechnik für die gesuchte Abfallbehandlungsanlage muß noch nicht abschließend festgelegt sein. Es reicht für die Standortsuche aus, wenn der Anlagentyp „thermische Anlage" festgelegt ist.

Standortsuchverfahren für andere Anlagentypen zur Restabfallbehandlung (z.B. mechanisch-biologische Anlagen) unterscheiden sich in bestimmten Kriterien, können jedoch in eine Standortsuche thermische Anlage als paralleler Suchlauf integriert werden (insbesondere bei größeren, technologisch hochwertigen Anlagen).

2 Anlagengröße

Die Anlagengröße ist für die Standortsuche lediglich auf eine gewisse Bandbreite einzugrenzen. Definitiv festgelegt werden muß jedoch die minimal zu erwartende Anlagengröße. Diese bestimmt im Rahmen der Kartierung, welche Standorte grundsätzlich zurückzustellen sind, weil sie zu klein sind.

Bei Verkleinerung der Anlagenkapazität gegenüber der festgelegten Mindestgröße einer durchgeführten Standortsuche ist es möglich, solche Standortalternativen durch eine Rückkopplungsschleife nachzuermitteln, die der neuen, kleineren Flächengröße entsprechen. Die Erfahrungen hierbei zeigen, daß in der Regel hierdurch nur „schlechte" Standortalternativen in die Untersuchung nachträglich einzogen werden, die dann im Laufe der weiteren Untesuchungsschritte aufgrund anderer Standortnachteile in anderen Kriterien zurückzustellen sind.

Eine mögliche Vergrößerung der Anlagenkapazität kann im Rahmen der Standortuntersuchung durch ein Kriterium „Erweiterbarkeit" berücksichtigt werden.

3   Untersuchungsgebiet

Die rechtliche Erfordernis einer Standortsuche ist seit Gültigkeit des Investitionser-
leichterungsgesetzes durch die jetzt geltende Genehmigung nach Bundes-
Immissionsschutzgesetz entfallen. Damit entfällt auch der Nachweis, daß es im gesamten Entsorgungsgebiet gegenüber dem beantragten Standort keinen anderen
Standort gibt, der sich „aufdrängt".

Um eine politische Akzeptanz zu erhalten, ist es jedoch nach wie vor sinnvoll,
zu zeigen, welcher Standort im Entsorgungsgebiet insgesamt (unter definierten und
akzeptierten Randbedingungen) der geeignetste ist. Dabei sind nun weniger rechtliche Aspekte dafür ausschlaggebend, welches Untersuchungsgebiet ausgewählt
wird, sondern eher Aspekte der Aufgaben- bzw. Lastenteilung innerhalb von Ent-
sorgungsgebieten, insbesondere wenn diese aus mehreren Gebietskörperschaften
bestehen. Das „ausgewählte" *Untersuchungsgebiet* sollte jedoch in bezug auf das
gesamte *Entsorgungsgebiet* plausibel hergeleitet und begründet werden.

4   Raumordnungsverfahren

Da bei thermischen Anlagen nur noch für Standorte im Außenbereich ein Raumordnungsverfahren zwingend vorgeschrieben ist (Raumordnungsverordnung des
Bundes), entfällt dieser Verfahrensschritt, wenn Standorte im Innenbereich ausgewählt werden. Die Suchstrategie kann daher auf diesen Aspekt abheben und
Standorte speziell nur an solchen Positivstandorten ermitteln.

Wenn zu erwarten ist, daß es im Untersuchungsgebiet nur wenige „Positivstandorte" gibt, sollte diese Strategie nicht alleine angewendet werden – insbesondere
wenn es nur sehr wenige Standorte gibt, die eine Möglichkeit einer Wärmenutzung
bieten, zugunsten derer in der Regel in Kauf genommen werden muß, daß diese
Standorte siedlungsnah liegen. Es bleibt bei einer alleinigen Beschränkung auf die
Positivstandorte nicht nur bei den Betroffenen der permanente Verdacht, daß es
andere, bessere Standorte in den Freiflächen geben könnte, als der in den Positv-
flächen ausgewählte. Dies sollte zumindest überprüft sein.

Werden Standorte im Außenbereich ermittelt, wird dann kein Raumordnungsverfahren erforderlich, wenn diese statt dessen bauleitplanerisch ausgewiesen werden.
Dies setzt jedoch die aktive Mitarbeit der Standortgemeinde voraus. Um die Belange der Raumordnung und Landesplanung dennoch frühzeitig einzubeziehen,
sollten solche Kriterien, welche die Ziele der Raumordnung und Landesplanung
abbilden, zusätzlich zu den Umweltkriterien und den technischen Kriterien in der
Standortuntersuchung berücksichtigt werden.

5   Umweltverträglichkeit

Aufgrund des nun geltenden Genehmigungsverfahrens nach dem Bundes-Immissionsschutzgesetz ist die Umweltverträglichkeitsprüfung erst im Rahmen dieses Verfahrens durchzuführen, zu einem Zeitpunkt, an dem im Prinzip alles entschieden ist: die Größe der Anlage, die Technik – und der Standort. Der Standortsuche kommt daher die entscheidende Funktion der Umweltverträglichkeitsvorprüfung zu – auch um dem Antragsteller die Sicherheit zu geben, daß sein Antrag Chancen auf Genehmigung hat.

Die Umweltverträglichkeit kann im Rahmen einer Standortsuche zunächst nur standortbezogen geprüft werden. Für eine anlagenbezogene Prüfung reichen die Kenntnisse über die vorgesehene Anlage in der Regel noch nicht aus. Es gilt also der Vorsorgegrundsatz: je besser der Standort (je unempfindlicher im Hinblick auf mögliche Wirkungen), desto geringer die Wirkungen jeder Art der Anlage. Entsprechend den zu erwartenden Wirkungen der aktuell angebotenen Anlagentechniken können allerdings deren Wirkungen anhand vergleichbarer Untersuchungen für andere Standorte bereits grob abgeschätzt werden.

Die im Rahmen einer Standortsuche mögliche Untersuchungstiefe läßt vergleichende Aussagen, jedoch keine abschließenden Erkenntnisse über die Umweltbedingungen zu, die direkt in das Genehmigungsverfahren nach Bundesimmissionsschutzgesetz übertragen werden könnten.

Ausschlaggebend für die Beurteilung im Rahmen der Standortsuche sollten insbesondere die umwelterheblichen Kriterien einer thermischen Anlage sein. Dabei hat die allgemeine Entwicklung der Anlagentechnik bewirkt, daß z.B. die Wirkungen auf das Grundwasser oder durch die Luftemissionen nur noch sehr gering sind und somit im Rahmen der Standortuntersuchung höhere Empfindlichkeiten des Standortes zugelassen werden können.

6   Sozialverträglichkeit

Es wird immer wieder gefordert, Kriterien der Sozialverträglichkeit in die Standortuntersuchung aufzunehmen. Sozialverträglich ist ein Standort per Definition dann, wenn er den gesellschaftlichen Zielen und Normen entspricht. Daher ist ein Standort dann automatisch sozialverträglich, wenn er die fachtechnischen Ziele sowie die räumlich konkret ausgewiesenen Ziele der Raumordnung und Landesplanung erfüllt. Diese Logik trägt in der öffentlichen Diskussion jedoch nicht. Gemeint sind eher die sozialen Belange des einzelnen. Dies ist jedoch viel mehr über den Begriff der Akzeptanz zum Ausdruck zu bringen. Das heißt, im Rahmen der Standortsuche sind Standortanforderungen zu berücksichtigen, die weit über die definierten fachgesetzlichen Anforderungen der Raumordnung, der Umweltverträglichkeit und der Technik hinausgehen müssen.

7   Methodik

Es hat sich allgemein die Methodik durchgesetzt, daß die Standortsuche nach der Beschreibung und Analyse der Randbedingungen, der Ermittlung der erheblichen Wirkungen der gesamten Anlage sowie einer Raumanalyse in drei Stufen durchgeführt wird

- Kartierung der Positiv-/Negativflächen,
- Vorauswahl einer begrenzten Zahl von Standorten, die gewisse Mindestanforderungen erfüllen (besser geeignete Standorte),
- detaillierte Bewertung der besser geeigneten Standorte.

Eine festgelegte Methode gibt es nicht. Diese sollte jeweils auf die durch eine Raumanalyse im Untersuchungsgebiet ermittelten Verhältnisse unter Berücksichtigung der voraussichtlichen Anlagenwirkungen angepaßt werden.

Die Vorgehensweise sollte vor der endgültigen Ausführung vorab mit dem Auftraggeber (möglichst auch mit dessen Entscheidungsgremien) soweit festgelegt werden, wie dies im Rahmen der bestehenden Kenntnisse des Untersuchungsgebietes möglich ist. Die Methode im einzelnen ist bestimmt durch die einzelnen Kriterienausprägungen für die Standorte und die Standortunterschiede zwischen den in der Untersuchung verbleibenden Standorte. Veränderungen sind später sorgfältig zu begründen, damit nicht der Vedacht aufkommt, die methodischen Korrekturen seien zugunsten bestimmter Standorte vorgenommen worden.

Die Vorgehensweise insgesamt ist abhängig von

- der Art und Größe der Anlage,
- der Struktur des Untersuchungsraums,
- dem Zusammenwirken der Standorte untereinander,
- den Anforderungen der sich anschließenden Genehmigungsverfahren,
- den Anforderungen des politischen Entscheidungsprozesses,
- den Anforderungen durch begleitende Verfahren der Bürgerbeteiligung.

8   Beispiel für die einzelnen Bearbeitungsstufen

Ein Überblick geben die nachstehenden Abbildungen (S. 49-62).

Prinzip der Standortsuche

➡ Kriterien berücksichtigen die raumstrukturellen Gegebenheiten des Untersuchungsgebietes

➡ Vom Groben ins Feine
(zunehmende Untersuchungstiefe bei abnehmender Untersuchungsfläche)

→ Ermittlung der Standortpotentiale des Untersuchungsgebiets

→ Rückstellung der insgesamt weniger geeigneten Standorte

→ Vertiefte Überprüfung der verbleibenden Standorte

Ablauf der Standortuntersuchung

Plausibilitätsprüfung

Gesamter Untersuchungsraum

flächendeckend

I. Phase
Flächendeckende Kartierung nach Positiv- und Negativkriterien

und schrittweise

II. Phase
Vorauswahl von Standorten nach Mindestanforderungen

vom Groben

III. Phase
Standortbewertung nach wesentlichen Auswirkungen der Anlage

ins Feine

Wenige geeignete Standorte

Mögliche Auswirkungen der Anlage
beim Bau / beim Betrieb / im Störfall / beim Rückbau

FLÄCHENVERBRAUCH (Boden, Pflanzen, Tiere)

➡ Nutzung bestehender, bereits ausgewiesener Standorte

➡ Flächenoptimierung

OPTISCHE WIRKUNG (Stadt-/Landschaftsbild)

➡ Zuordnung zu Industriegebiet/Kraftwerk usw.

➡ Architektonische Gestaltung

LOKALE AUSWIRKUNGEN AUF KLIMA DURCH ABWÄRME

➡ Abwärmenutzung (Kraft-Wärme-Kopplung)

➡ gute Ausbreitungsbedingungen

Mögliche Auswirkungen der Anlage
beim Bau / beim Betrieb / im Störfall / beim Rückbau

LOKALE AUSWIRKUNGEN DURCH STAUB, LÄRM, GERUCH

→ technische Maßnahmen
  (Unterdruck in Anlieferungshalle)
→ Abstandsoptimierung
→ Bahn-/bzw. Großraumtransporte

GROSSRÄUMIGE AUSWIRKUNGEN DURCH ABGASE/VERKEHR

→ Reduzierung des Abgasstroms (innovative Techniken)
→ Rauchgasreinigung
→ Zentrale Lage (Verkehr)

ZERSCHNEIDUNG VON FREIFLÄCHEN DURCH INFRASTRUKTURANBINDUNG

→ Anbindung an bestehende Straßen/Bahnlinien
→ Erdkabel anstatt Freileitung

Ergebnis der Standortsuche

➡ Gruppe der geeignetsten Standorte

➡ Nachvollziehbare Darstellung der Auswahlentscheidung

➡ Begründung der angewendeten Kriterien

➡ Aufzeigen der Standortvor- und nachteile

➡ Darlegung des politischen Entscheidungs-spielraums

➡ Empfehlung des Gutachters

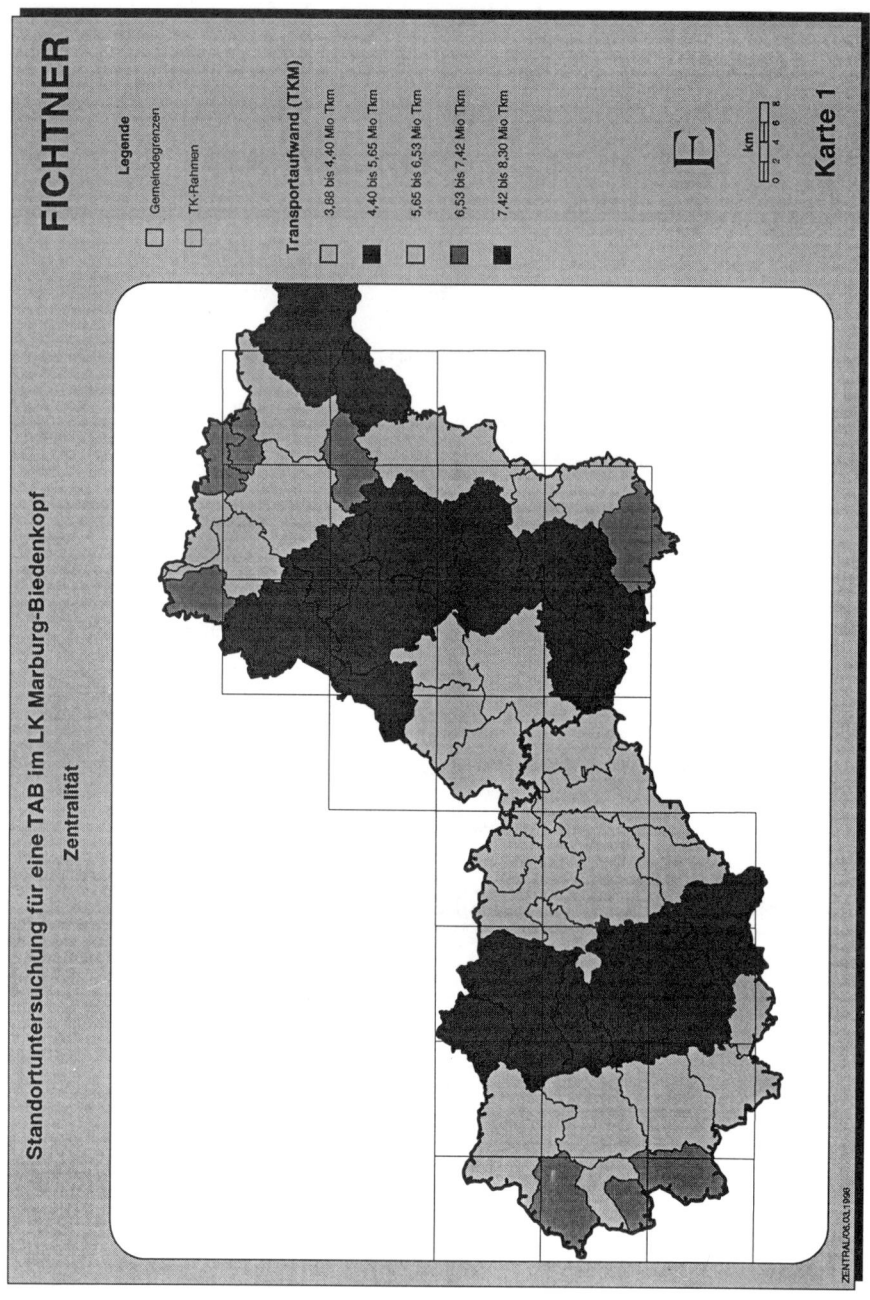

FICHTNER

Standortuntersuchung für eine TAB im LK Marburg-Biedenkopf
Zentralität

Legende

Gemeindegrenzen

TK-Rahmen

Transportaufwand (TKM)

3,88 bis 4,40 Mio Tkm

4,40 bis 5,65 Mio Tkm

5,65 bis 6,53 Mio Tkm

6,53 bis 7,42 Mio Tkm

7,42 bis 8,30 Mio Tkm

km
0 2 4 6 8

Karte 1

ZENTRAL/06.03.1996

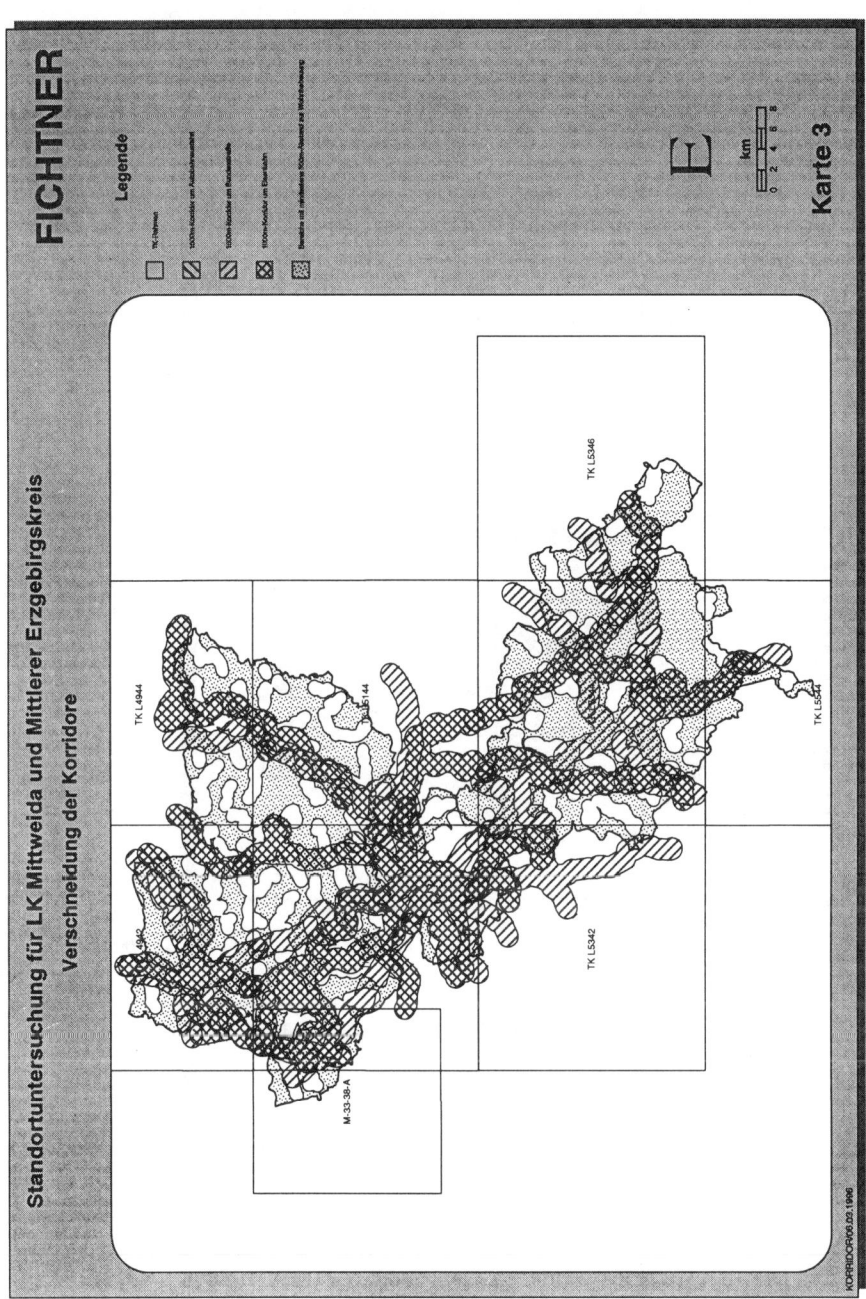

FICHTNER

Standortuntersuchung für LK Mittweida und Mittlerer Erzgebirgskreis
Verschneidung der Korridore

Legende

Karte 3

KORRIDOR06.03.1996

2. Stufe: Schritt 3

Definition Vorauswahlkriterium Zentralität

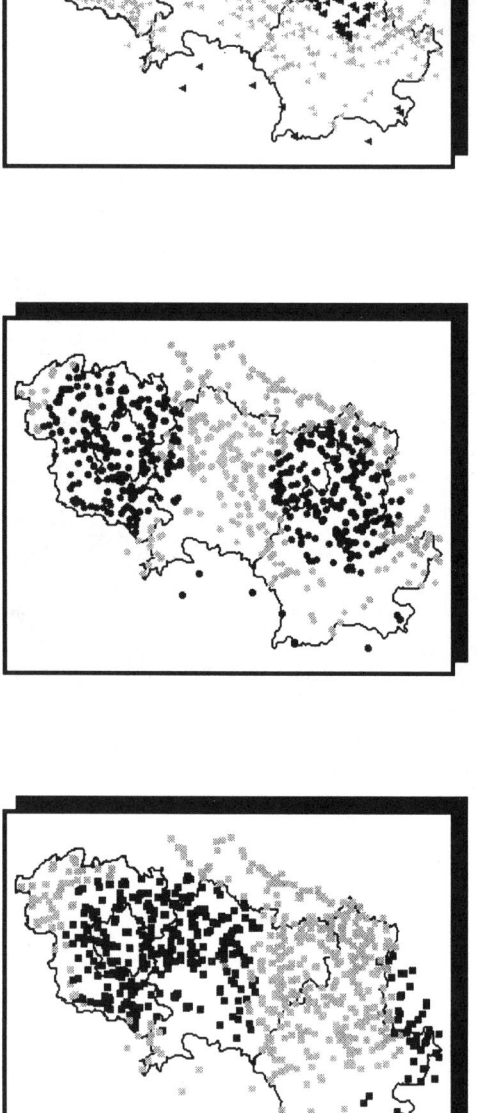

I ein zentraler
   Standort

II zwei dezentrale
    Standorte

III drei dezentrale
     Standorte

2. Stufe: Schritt 4

Entscheidungserhebliche Kriterien

mechanisch-biologische Anlage

→ Lage zur Wohnbebauung
→ Straßenanschluß
→ Fachplanung Natur- und Landschaft
→ bauleitplanerische Ausweisung

→ Regionalplanung (Freiraumsicherung)
→ Lage zu besonderen Nutzungen
→ Zentralität
→ Flächengröße
→ Bahnanschluß

thermische Anlage

→ Wärmeabnahmemöglichkeit
→ Bahnanschluß
→ Lage zur Wohnbebauung
→ bauleitplanerische Ausweisung
→ Straßenanschluß
→ Fachplanung Natur- und Landschaft
→ Regionalplanung (Freiraumsicherung)

→ Lage zu besonderen Nutzungen
→ Zentralität
→ Flächengröße

2. Stufe: Schritt 4

Mindestanforderungen für die entscheidungserheblichen Kriterien

	mechanisch-biologische Anlage	thermische Anlage
Lage zur Wohnbebauung:	größer 500 m	größer 50 m
bauleitplanerische Ausweisung auf dem Standort:	Außenbereich (Autobahnmeisterei, best. Deponie), Steinbruch, GE, GI usw.	kein Außenbereich, aber: GE, GI usw.
Fachplanung Natur- und Landschaft:	außerhalb NSG, LSG, WSG Zone II	außerhalb NSG, LSG, WSG Zone II
Straßenanschluß:	keine Durchfahrt durch ein Gewerbegebiet keine OD, Abstand Bundesstraße > 3km	keine Durchfahrt durch Gewerbegebiet, keine OD, Abstand Bundesstraße > 3km
Wärmeabgabe möglich:	-	Wärmepotential in bestehenden oder geplanten Gewerbegebieten denkbar
Bahnanschluß:	-	Bahnanschluß über benachbarte vorhandene Schienenstrecke oder benachbarte Entladestelle denkbar
Regionalplanung (Freiraumsicherung)	-	angrenzend, außerhalb RG, GZ

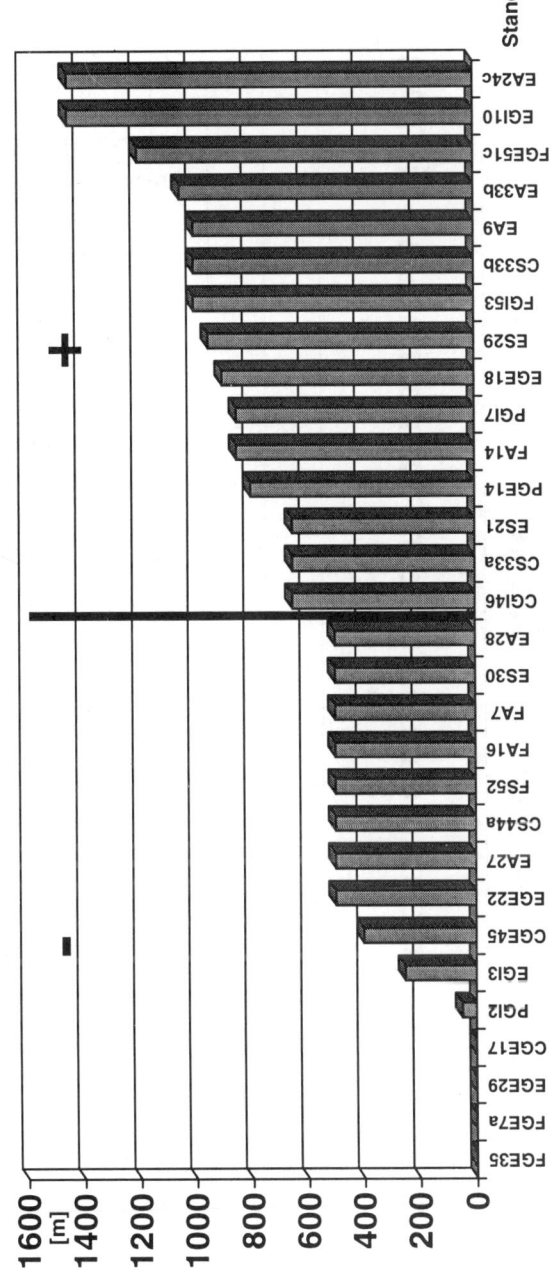

2. Stufe: Schritt 4

Definition Mindestanforderungen Lage zur Wohnbebauung für MBA

2. Stufe: Schritt 4

Definition Mindestanforderungen **Lage zur Wohnbebauung für TAB**

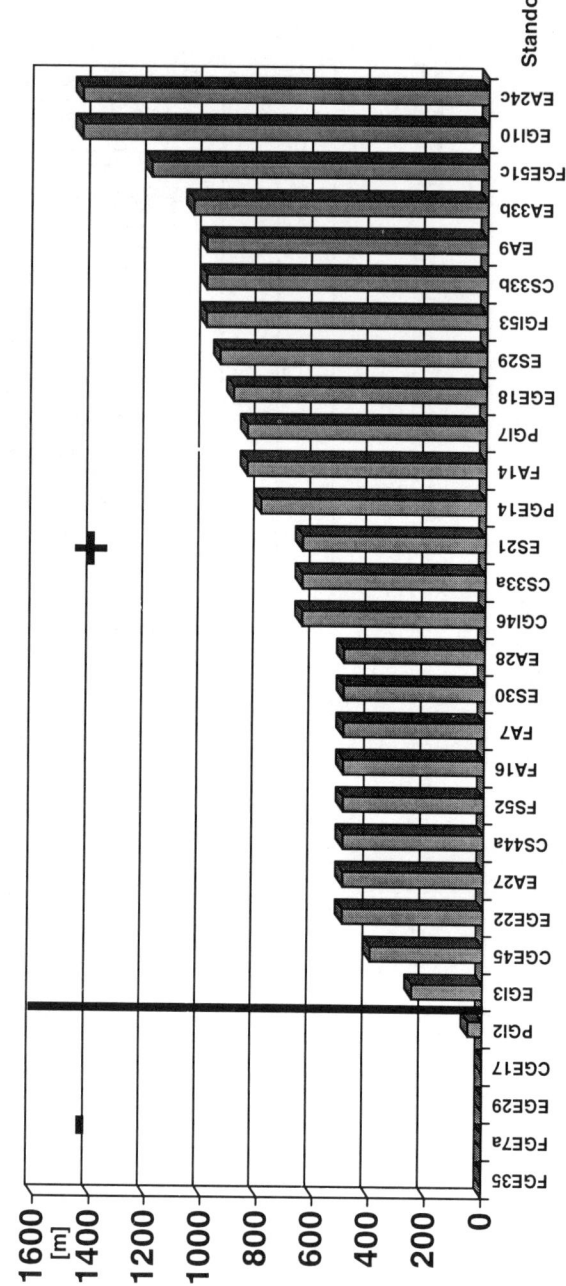

2. Stufe: Schritt 4

Definition Mindestanforderungen Ausweisung auf dem Standort (MBA)

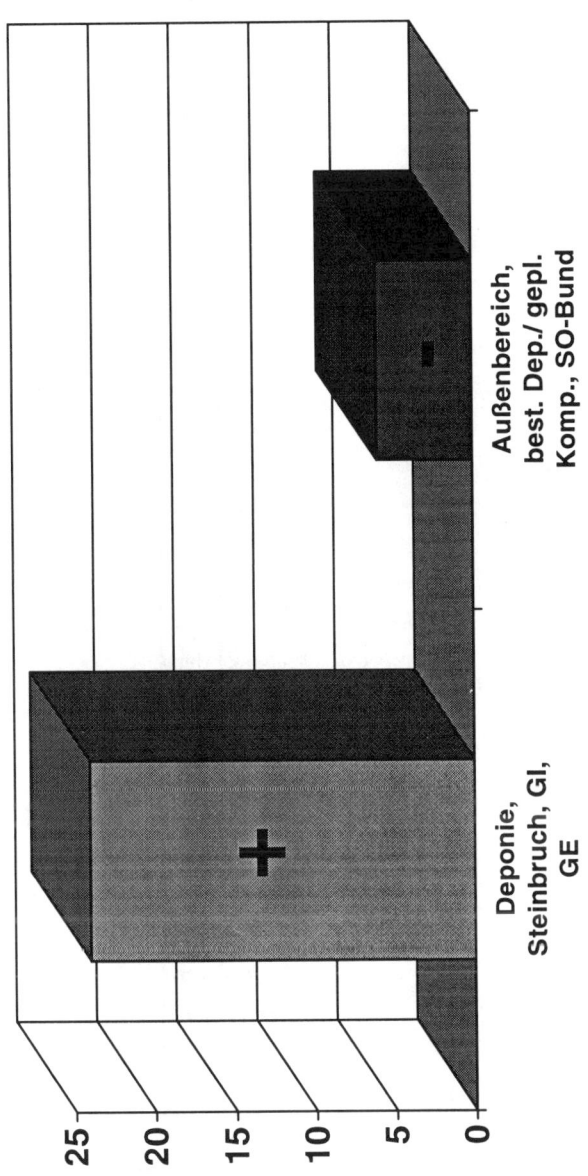

2. Stufe: Schritt 4

THERMISCHE ANLAGE	Wärmeabnehmer	Bahnanschluß	Lage Wohnen	Ausweisung a.d. STO	Straßenanschluß	Bew. Fachplanung	Bew. Regionalplanung
FGE51c · GE Heiligenfeld · Horb	-	+	+	+	+	+	+
PGI2 · HKW · Pforzheim	+	+	-	+	+	+	+
EGE18 · GE Waldäcker · Mühlacker	+	-	+	+	+	+	+
PGI7 · GI Wilferdinger Höhe · Pforzheim	+	-	+	+	+	+	+
PGE14 · GE · PF-Obsthof	+	-	+	+	+	+	+
FGI53 · GE Neuer Bhf · Eutingen	-	+	+	+	+	+	+
EA33b · gepl. Deponie · Hochberg	+	+	+	-	+	+	-
EGE22 · GE gepl. · Birkenfeld	+	-	+	+	+	-	-
CGI46 · GI Wolfsberg · Nagold	-	-	+	+	+	+	+
CGE45 · GE Wolfsberg · Nagold	-	-	+	+	+	+	+
FS52 · GE · Göttelfingen	-	-	+	+	+	+	+
EGI3 · GI · Wilferdingen	-	+	+	-	-	-	+
EGE29 · GE gepl. · Ötisheim	-	+	-	+	-	+	+
FGE7a · GE · Freudenstadt	-	+	-	+	-	+	+
CS44a · StoUbPl · Nagold	-	-	+	-	+	+	+
CS33a · Mill. Fl. 1 · Simmersfeld	-	-	+	-	+	+	+
CS33b · Mill. Fl. 2 · Simmersfeld	-	-	+	-	+	+	+
ES29 · gepl. Komp. · Mönsheim	-	-	+	-	+	+	+
EA24c · Autob.mster. · Heimsheim	-	-	+	-	+	+	+
FA14 · Deponie · Bengelbruck	-	-	+	-	+	+	+
ES30 · Steinbruch · Mönsheim	-	-	+	-	+	+	+
EA9 · Deponie · Hochberg	-	-	+	-	+	+	-
FGE35 · GE Ost gepl. · Freudenstadt	-	+	-	+	-	+	-
FA7 · Deponie · Rexingen	-	-	+	-	+	+	-
CGE17 · GE gepl. · Ostelsheim	-	+	-	+	-	-	+
EA28 · Steinbruch · Illingen	-	-	+	-	+	+	-
EA27 · Deponie · Hamberg	-	-	+	-	+	+	-
ES21 · gepl. Kompo. · Brötzingen	-	-	+	-	+	+	-
FA16 · Steinbruch · Dornstetten	-	-	+	-	+	+	-

Fachplanung: Naturschutzgebiet, Landschaftsschutzgebiet, Überschwemmungsgebiet, Wasserschutzgebiet Zone I und II
Regionalplanung: Regionaler Grünzug, Grünzäsur, Schutzbedürftiger Bereich

Begründung der Kriterien: siehe Kapitel 4.1.5.2

Inhalt der Umweltverträglichkeitsuntersuchung im Genehmigungsverfahren nach BImSchG

Matthias Fleischhauer

1 Einleitung

Die rechtliche Notwendigkeit zur Durchführung von Umweltverträglichkeitsprüfungen (UVP) für die Errichtung und den Betrieb thermischer Abfallbehandlungsanlagen ist in § 3 des UVP-Gesetzes vom 12. Februar 1990 verankert. Die sachliche Begründung zur Notwendigkeit der Durchführung einer UVP liegt in Art und Ausmaß möglicher Umwelteinflüsse, die durch Existenz und Betrieb von thermischen Abfallbehandlungsanlagen entstehen können. Ob bzw. in welchem Ausmaß Wirkungen auftreten, ist hierbei abhängig von der verwendeten Technologie, der Art und Menge des umgesetzten Abfalls sowie standortspezifischen Gegebenheiten.

Definitionsgemäß ist die Umweltverträglichkeitsprüfung (UVP) ein unselbständiger Teil verwaltungsbehördlicher Verfahren, die der Entscheidung über die Zulässigkeit von Vorhaben dienen. Ziel der UVP ist die Ermittlung, Beschreibung und Bewertung der erheblichen Auswirkungen von Vorhaben auf Menschen, Tiere und Pflanzen, Boden, Wasser, Luft, Klima und Landschaft einschließlich der jeweiligen Wechselwirkungen sowie auf Kultur- und sonstige Sachgüter. Zur Ermittlung dieser erheblichen Auswirkungen auf die Umwelt legt der Träger des Vorhabens der Genehmigungsbehörde ein Gutachten – meist Umweltverträglichkeitsuntersuchung (UVU), -studie (UVS) oder UVP-Gutachten genannt – vor. Dieses Gutachten enthält einen Bewertungsvorschlag. Dies bedeutet also, daß der Antragsteller bzw. sein Gutachter lediglich einen Vorschlag zur Bewertung der Umweltauswirkungen macht. Die letztendliche Bewertung und Prüfung – die eigentliche UVP – bleibt der Genehmigungsbehörde vorbehalten.

Die nachfolgenden Ausführungen befassen sich insbesondere mit dem Verfahrensablauf von Umweltverträglichkeitsprüfungen sowie den inhaltlichen Anforderungen an Umweltverträglichkeitsuntersuchungen im Zulassungsverfahren. Auf Aspekte möglicherweise vorgelagerter Standortsuchen bzw. Raumordnungsverfahren wird – da rechtlich zwingend meist nicht erforderlich – nicht eingegangen. Es ist jedoch an dieser Stelle auf die besondere Bedeutung der Standortsuche hinzu-

weisen, da bei einer gegebenen technischen Planung ausschließlich die Empfindlichkeit bzw. Schutzwürdigkeit und damit Eignung des Standorts darüber entschei-
det, ob und in welchem Ausmaß der zukünftige Anlagenbetrieb zu Umweltwirkun-
gen führt.

2   Rechtlicher Hintergrund

Den Rahmen für die Durchführung von Umweltverträglichkeitsprüfungen bilden
grundsätzlich die

> EG-Richtlinie vom 27. Juni 1985 über die
> Umweltverträglichkeitsprüfung bei bestimmten
> öffentlichen und privaten Projekten

sowie das

> UVP-Gesetz der Bundesrepublik Deutschland
> vom 12. Februar 1990,
> zuletzt geändert durch Artikel 11 des
> Gesetzes zur Erleichterung von Investitionen
> und der Ausweisung und Bereitstellung
> von Wohnbauland (Investitionserleichterungs-
> und Wohnbaulandgesetz) vom 22. April 1993.

Die Entscheidung über die Zulassung thermischer Abfallbehandlungsanlagen erfolgte bis Ende April 1993 im Rahmen eines Planfeststellungsverfahrens – dem
klassischen Zulassungsverfahren für öffentliche Infrastrukturprojekte. Das Planfeststellungsverfahren läßt der entscheidenden Behörde relativ viel Spielraum für
planerische Abwägungen. Seit Inkrafttreten des Investitionserleichterungs- und
Wohnbaulandgesetzes am 01. Mai 1993 ist für thermische Abfallbeseitigungsanla-
gen ein immissionsschutzrechtliches Genehmigungsverfahren durchzuführen, das
auf die Zulassung von Industrieanlagen ausgerichtet ist. In diesem Verfahren hat
der Antragsteller eine starke Rechtsposition. Er hat einen Rechtsanspruch auf Genehmigung, wenn die gesetzlichen Anforderungen erfüllt sind (§ 6 BImSchG).
Anders als bei der Planfeststellung haben Betroffene, die es versäumt haben, im
Rahmen der Öffentlichkeitsbeteiligung Einwendungen zu erheben, nicht mehr das
Recht, gegen die Genehmigung durch Widerspruch bzw. Klage vorzugehen.

Somit sind die Voraussetzungen für eine Genehmigung im Sinne einer – gebunde-
nen Entscheidung – klar definierbar und fixiert in der

> Neunten Verordnung zur Durchführung des
> Bundes-Immissionsschutzgesetzes
> (Grundsätze des Genehmigungsverfahrens,
> 9. BImSchV) vom 18. Februar 1977, zuletzt
> geändert am 20. April 1993 (BGBl. I, S. 494).

Die notwendigen Unterlagen für die Prüfung der Umweltverträglichkeit und damit die Inhalte der UVU sind in § 4e der 9. BImSchV aufgeführt.

Diese Ausführung zum rechtlichen Hintergrund mag zunächst den Eindruck erwecken, als sei die Durchführung eines Genehmigungsverfahrens für thermische Abfallbehandlungsanlagen nach den Anforderungen des BImSchG eine strikt geregelte Routineangelegenheit. Die Praxis zeigt jedoch, daß Genehmigungsverfahren für thermische Abfallbehandlungsanlagen starke individuelle Züge tragen. Dies ist insbesondere geprägt durch das Vorgehen der Behörde und durch Standortfaktoren.

So ist neben der „eigentlichen" Genehmigung nach BImSchG generell eine Vielzahl von weiteren Zulassungen für die Erschließung erforderlich. Es sind dies solche Entscheidungen, die nicht von der Konzentrationswirkung von § 13 BImSchG erfaßt sind.

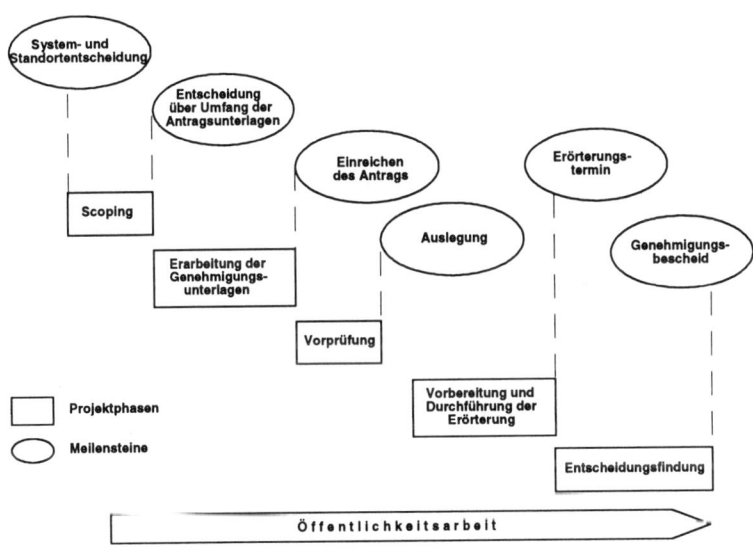

Abb. 1. Projektphasen des Genehmigungsverfahrens

3   Ablauf des Genehmigungsverfahrens

In Abb. 1 ist der Ablauf des Genehmigungsverfahrens im weiteren Sinne dargestellt. Dieses Phasenmodell verdeutlicht, daß die Umweltverträglichkeitsuntersuchung nichts Statisches ist, sondern die gesamte Genehmigungsphase begleitet.

Die wesentlichen Aufgabenstellungen für den UVU-Gutachter sind hierbei:

- Vorschlag eines geeigneten Untersuchungsumfanges im Rahmen des „Scoping",
- Erarbeitung der entscheidungserheblichen Unterlagen über die Umweltauswirkungen des Vorhabens als Bestandteil der Genehmigungsunterlagen,
- fachliche Begleitung der Vorprüfung und Erörterung.

Als verfahrensbegleitendes Instrument ist die UVU in der Lage, einen Beitrag zur Vorhabensoptimierung –geringstmögliche Umwelteinwirkungen durch standortangepaßte, optimierte Technik – zu leisten.

4   Scoping

Der erste Schritt im Rahmen einer Umweltverträglichkeitsuntersuchung ist die Festlegung des Untersuchungsrahmens, die nach der amerikanischen Terminologie „Scoping" genannt wird.

Die Wirkungen, welche von einer thermischen Abfallbehandlungsanlage ausgehen, lassen je nach Vorbelastung und Empfindlichkeit der vorhandenen Umweltbereiche und der verwendeten Technik unterschiedliche Veränderungen in den betroffenen Ökosystemen erwarten. Sämtliche denkbaren Umwelteinwirkungen können nicht in allen Einzelheiten erfaßt werden. So fordern auch § 6 Abs. (3) 4 UVPG sowie § 4e der 9. BImSchV eine Beschreibung der *erheblichen* Auswirkungen des Vorhabens auf die Umwelt unter Berücksichtigung des allgemeinen Kenntnisstandes und der allgemein anerkannten Prüfungsmethoden.

Folglich müssen im Rahmen einer UVU eine Abgrenzung von wesentlichen und unwesentlichen Wirkungen und notwendige Untersuchungen zu deren Bewertung erfolgen. Bei dieser Abgrenzung sind insbesondere die nachfolgenden Aspekte zu diskutieren:

- Inhaltlicher Untersuchungsrahmen
  Zur Entfrachtung des Genehmigungsverfahrens von entscheidungsunerheblichen Sachverhalten ist es bereits im Scoping notwendig, den Verzicht auf die Betrachtung unerheblicher Wirkungspfade begründet und abschließend darzustellen. Für die verbleibenden, untersuchungserheblichen Wirkungspfade empfiehlt sich eine ausführliche Beschreibung der vorgesehenen Untersuchungen.

- Räumlicher Untersuchungsrahmen
  Größe und Abgrenzung des Untersuchungraumes richten sich nach dem Radius, für den noch Auswirkungen durch das Vorhaben zu erwarten sind. Neben dem eigentlichen Flächenbedarf stehen bei thermischen Abfallbehand-

lungsanlagen mögliche Einwirkungen über den Luftpfad im Vordergrund der Betrachtung. Dieser Wirkungspfad ist somit bestimmend für die Ausdehnung des Untersuchungsraumes.

Diese Festlegung des Untersuchungsrahmens kann nach Sichtung, Sammlung und Auswertung der anlagen- und standortbezogenen Unterlagen vorgenommen werden. Hierbei ist folgendes Vorgehen üblich:

- Aufstellung eines Untersuchungsprogramms
  Der Projektträger erstellt mit Unterstützung des UVU-Gutachters das geplante Untersuchungsprogramm der UVU.

- Mitteilung durch den Projektträger
  Der Projektträger unterrichtet die zuständige Behörde über das geplante Vorhaben. Aus Sicht der Gutachterpraxis kann es zweckmäßig sein, das geplante Untersuchungsprogramm der Genehmigungsbehörde zu übermitteln, um diese zu entlasten.

- Besprechung des voraussichtlichen Untersuchungsrahmens
  Das vorgesehene Untersuchungsprogramm wird in einer Besprechung zwischen Genehmigungsbehörde und Projektträger erläutert (Scoping-Termin). An diesem Termin können Dritte – Gutachter, andere Behörden, Standortgemeinden, Naturschutzverbände etc. – beteiligt werden.

- Unterrichtung über den voraussichtlichen Untersuchungsrahmen
  Basierend auf den Ergebnissen des Scoping-Termins und ggf. Abstimmungen mit weiteren beteiligten Behörden erarbeitet die Genehmigungsbehörde ein Unterrichtungsschreiben, das die wichtigsten Arbeitsinhalte der UVU fixiert (Scoping-Papier).

Die gründliche Durchführung des Scoping-Prozesses trägt dazu bei, ein Untersuchungsprogramm festzulegen, das den Ansprüchen aller Beteiligten und Betroffenen gerecht wird. Das Risiko zusätzlicher Erhebungen in einem späten Projektstadium mit zeitverzögernden Konsequenzen wird hierdurch deutlich verringert.

5   Beschreibung und Beurteilung der geplanten Anlage

Neben den spezifischen Standortbedingungen ist für den UVU-Gutachter die Quantifzierung der von der geplanten Anlage ausgehenden Einflüsse eine Grundvoraussetzung seiner Bewertung.

Beeinträchtigungen der Umwelt können durch Flächenbedarf, Gebäudekörper, Stoff- und Wärmeabgaben sowie Wasserverbrauch entstehen. Weiterhin sind Emissionen des Transportverkehrs vom und zum Anlagenstandort in die Betrachtung mit einzubeziehen.

Diese Einflüsse lassen sich durch geeignete Maßnahmen reduzieren. Die dann noch verbleibenden Einflüsse sind zu quantifizieren und stellen die Grundlage für die Wirkungsprognose des Projekts dar (Abb. 2).

Hierbei ist zeitlich zu differenzieren zwischen Einflüssen während der Bauphase, während des bestimmungs- und nichtbestimmungsgemäßen Betriebes sowie während des Anlagenrückbaus.

Weitere Aufgaben der Anlagenbeurteilung sind:

– Prüfung auf den Stand der Technik,
– Prüfung auf Anwendung der Störfall-Verordnung,
– Beurteilung von Alternativen.

Bezüglich der Beurteilung von Alternativen ist darauf hinzuweisen, daß mit dem Ersatz des früher erforderlichen abfallrechtlichen Planfeststellungsverfahrens durch ein immissionsschutzrechtliches Genehmigungsverfahren eine Betrachtung von Standortalternativen entfallen ist.

§ 4e Abs. 3 der 9. BImSchV fordert statt dessen eine Übersicht über die wichtigsten vom Träger des Vorhabens geprüften technischen Verfahrensalternativen zum Schutz vor und zur Vorsorge gegen schädliche Umwelteinwirkungen sowie zum Schutz der Allgemeinheit und der Nachbarschaft vor sonstigen Gefahren, erheblichen Nachteilen und erheblichen Belästigungen. Diese Übersicht kann sich auf immisionsschutzrechtlich relevante technische Verfahrensalternativen beschränken. Grundsätzliche Vorhabensalternativen, wie z.B. ein Vergleich von thermischer Abfallentsorgung mit Deponierung, müssen damit nicht zwingend betrachtet werden.

6   Beurteilung erheblicher Auswirkungen

§ 4e 9. BImSchV verlangt, daß als Hauptaufgabe der UVU die erheblichen Auswirkungen der geplanten Projekte herauszuarbeiten sind.

Hierzu erfolgt zunächst eine Beschreibung des Standortes sowie eine Beurteilung der Empfindlichkeit, der Schutzwürdigkeit und – sofern für eine Wertung zu erwartender Auswirkungen notwendig – der Vorbelastung der einzelnen Umweltbereiche. Weiterhin wird eine Prognose der zu erwartenden Umweltsituation mittels Verknüpfung der Vorbelastung mit dem Anlagenkomplex erstellt (Abb. 3).

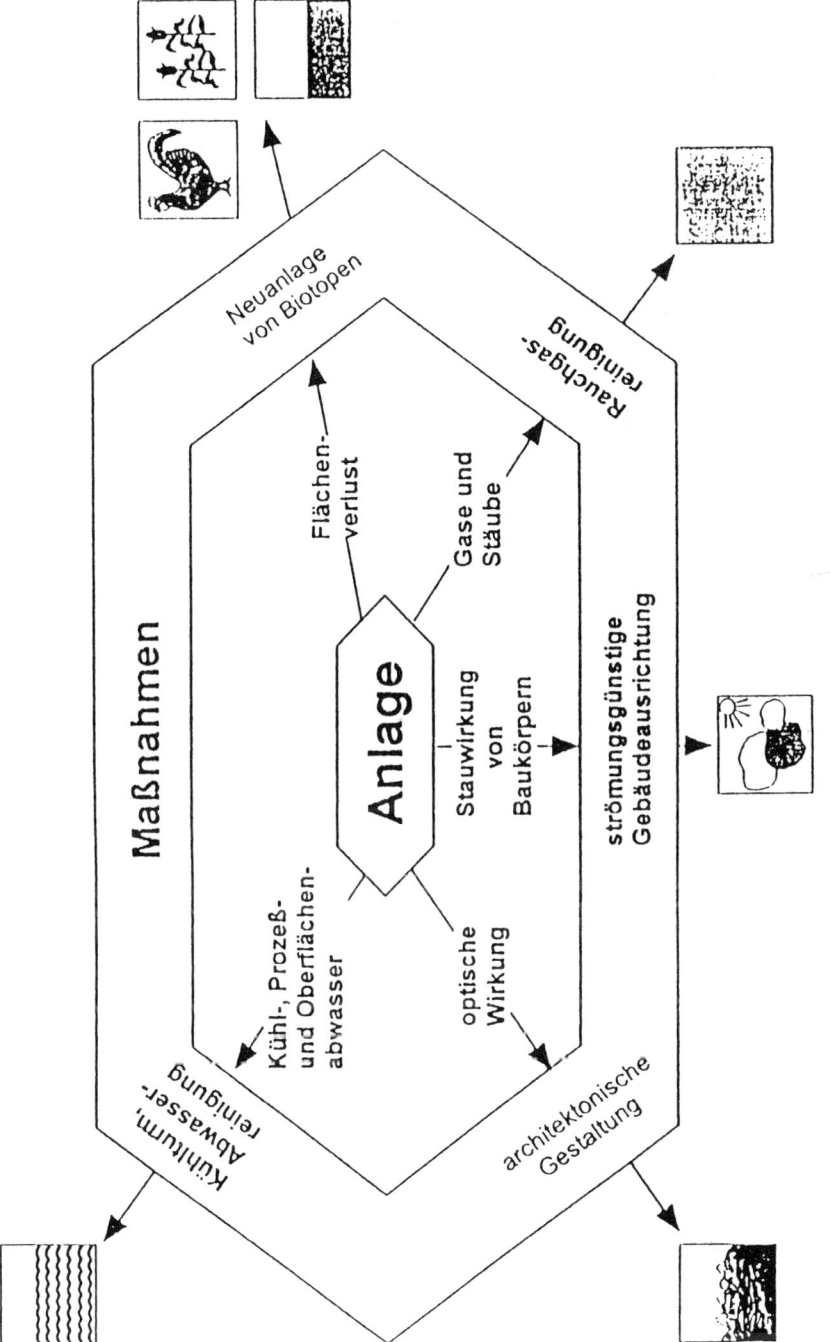

Abb. 2. Analyse der Anlage

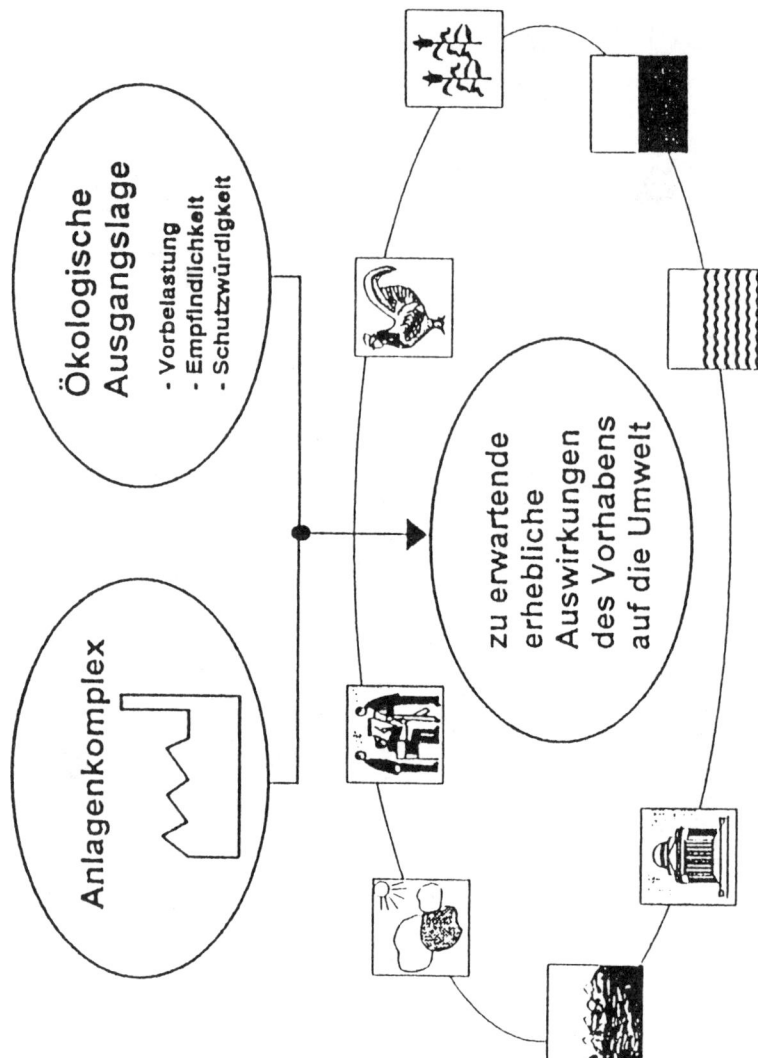

Abb. 3. Ablauf der Beurteilung

Räumlich stehen bei der Beurteilung diejenigen Bereiche im Vordergrund, welche die größte Veränderung durch die Planung erfahren. Dies betrifft beispielsweise im Bereich Naturschutz die eigentliche Fläche der Anlage, die maßgeblich verändert wird. Bezüglich der Einflüsse durch Luftschadstoffe ist das Gebiet, welches die höchsten Zusatzbelastungen erfährt bzw. die größte Empfindlichkeit aufweist, für die Bewertung ausschlaggebend.

Bei den zu betrachtenden Umweltbereichen ist zwischen verschiedenen Kategorien von Beurteilungsmaßstäben zu unterscheiden. So kann der Schadstoffgehalt der Luft eindeutig nach gesetzlichen Grenzwerten bzw. allgemein anerkannten Richtwerten eingestuft und beurteilt werden. Auch für einige weitere Umweltbereiche (z.b. Boden) existieren Grenz- oder Gütewerte. Andere Bereiche, wie z.b. das Landschaftsbild, können nicht nach festgeschriebenen Maßstäben beurteilt werden.

Weiterhin ist zu beachten, daß die Bewertung nicht für alle Umweltbereiche gleich zu gewichten ist. So muß beispielsweise eine hohe Gesamtbelastung mit Luftschadstoffen in ihrer Bedeutung anders gewichtet werden als eine hohe Gesamtbelastung des Landschaftsbildes.

Nachfolgend sind wesentliche Untersuchungsinhalte der UVU – gegliedert nach Umweltbereichen – beschrieben. Spezielle Gründe, wie hohe Empfindlichkeiten des Standortes, extreme Vorbelastungssituationen, politische Vorgaben und daraus notwendig werdende Vertiefungen der Untersuchungsinhalte, sind im Einzelfall zu prüfen.

Klima
Das Klima spielt bei der UVU von thermischen Abfallbehandlungsanlagen insofern eine Rolle, als es die Ausbreitungsbedingungen für Luftschadstoffe und Gerüche und damit die zu erwartende Immissionszusatzbelastung entscheidend prägt. Die Aussagekraft der gewonnenen klimatischen Daten ist von großer Bedeutung, da sie über die Gültigkeit der Ergebnisse der Ausbreitungsrechnungen entscheiden. Eine untergeordnete Rolle haben demgegenüber Einflüsse auf das Klima selbst, wie z.B. Veränderungen des lokalen Windfeldes durch den Baukörper.

Luftschadstoffe
Im Rahmen der UVU ist insbesondere zu prüfen, ob die in den einschlägigen Vorschriften (TA Luft) geregelten Vorgaben erfüllt werden.

Eine Beurteilung erfolgt für die einzelnen Schutzgüter und Nutzungen durch einen Vergleich der Immissionskenngrößen mit einschlägigen Beurteilungswerten. Hierbei stehen die gesetzlichen Regelungen (Immissionswerte der TA Luft) im Vordergrund der Bewertung, die sich durch einen zusätzlichen Vergleich der Kenngrößen mit Richt- und Zielwerten ergänzen läßt. Für eine Reihe von Stoffen, die bei thermischen Abfallentsorgungsanlagen relevant sind, sieht die TA Luft keine Immissionswerte vor. Für diese Stoffe sind gegebenenfalls Sonderfallprüfungen nach TA Luft Nr. 2.2.1.3 durchzuführen.

Ziel des Projektträgers sollte es sein, ein Anlagenkonzept zur Genehmigung einzureichen, das zu keinen relevanten zusätzlichen Belastungen beiträgt. Ist dies der Fall, so können die Belastungsbeiträge der geplanten Anlage vollkommen losgelöst von der bereits bestehenden Luftvorbelastung bewertet werden. Diskussionen über große relative Veränderungen, die durch eine gewisse anlagenbedingte Zusatzbelastung in gering vorbelasteten Gebieten verursacht werden könnten, lassen sich hierdurch entschärfen. Diese Vorgehensweise setzt voraus, daß sogenannte „Irrelevanzkriterien" aufgestellt werden.

Aus der TA Luft lassen sich solche Hilfsgrößen ableiten. Nach Nr. 2.2.1.1 b) TA Luft (sog. Irrelevanzklausel) darf im Falle der Immissionswertüberschreitung eines Schadstoffs eine Genehmigung für weitere Anlagen nicht versagt werden, wenn hinsichtlich dieses Schadstoffs, für den eine Überschreitung der Vorbelastung festgestellt wurde, u.a. die Zusatzbelastung auf der „kritischen Beurteilungsfläche" 1 % des Immissionswertes – bezogen auf das Jahresmittel – nicht überschreitet. Weitere Hinweise auf Irrelevanzkriterien, auch im Hinblick auf eine Sonderfallprüfung, enthält die Ausarbeitung des Länderausschusses für Immissionsschutz (LAI) „Bewertung von Schadstoffen, für die keine Immissionswerte festgelegt sind".

Die Auswahl der im Rahmen der UVU für thermische Abfallentsorgungsanlagen zu betrachtenden Luftschadstoffe orientiert sich in erster Linie an den Stoffen mit gesetzlichen Immissionswerten der TA Luft sowie – abgeleitet aus der Liste mit Emissionsgrenzwerten – an den Stoffen der 17. BImSchV. Danach sind folgende Schadstoffe zu betrachten:

- Schwebstaub, Blei im Schwebstaub, Cadmium im Schwebstaub, Chlorwasserstoff, Kohlenmonoxid, Schwefeldioxid, Stickstoffdioxid;
- Staubniederschlag, Blei im Staubniederschlag, Cadmium im Staubniederschlag, Thallium im Staubniederschlag, Fluorwasserstoff;
- Quecksilber, Antimon, Arsen, Chrom, Kobalt, Kupfer, Mangan, Nickel, Vanadium, Zinn;
- Dioxine/Furane.

Darüber hinaus empfiehlt sich – zumindest hinsichtlich der zu erwartenden Zusatzbelastung – eine Betrachtung weiterer, vom LAI für das bestehende Krebsrisiko als relevant erachteter Schadstoffe, nämlich Benzol, Dieselruß, Benzo-a-pyren und 2,3,7,8-TCDD sowie eine Betrachtung von Gerüchen.

Bezüglich der Ausdehnung des Untersuchungsraumes ist zu beachten, daß der Bereich des zu erwartenden Aufpunktmaximums sicher erfaßt sein muß. Weiterhin sollten Nutzungsaspekte wie Lage von Wohngebieten, Wasserschutzgebieten, gärtnerische bzw. landwirtschaftliche Nutzungen etc. Berücksichtigung finden. Die Erhebung der organischen Komponenten und Bestandteile des Schwebstaubes hat sich an 4 Meßorten bewährt. Diese liegen unter Beachtung der genannten Nutzungsaspekte im Bereich des prognostizierten Haupt- und des Nebenmaximums sowie in Gebieten nachgewiesener oder erwarteter hoher und niedriger Vorbelastungen. Mit diesem Meßkonzept kann der Untersuchungsraum bei vertretbarem Aufwand ausreichend charakterisiert werden.

Im Rahmen der Immissionsprognose ist eine Berechnung der Zusatzbelastung nach den Vorschriften der TA Luft unerläßlicher Bestandteil der Genehmigungsunterlagen. Darüber hinaus können im Einzelfall zusätzliche Betrachtungen wie

– Immissionen unter ungünstigen Witterungsbedingungen (Inversionen, Stark- und Schwachwindwetterlagen) und
– erhöhte Einträge durch Auswaschungs- und Auskämmungseffekte

empfehlenswert sein, sofern dies die Empfindlichkeit (besonders klimatische Gegebenheiten) bzw. Schutzwürdigkeit (bestimmte Nutzungen) des Untersuchungsraumes erfordert.

Geologie/Grundwasser
Im Bereich Geologie/Grundwasser ist in Abhängigkeit von der Planung das Beeinträchtigungspotential durch Grundwasserentnahmen, Grundwasserabsenkungen und Versickerungen abzuschätzen. Als geeignete Datenbasis liegen meist die Ergebnisse von ohnehin notwendigen Baugrundgutachten vor.

Boden
Bei der Beurteilung des Umweltmediums Boden ist zwischen direkten und indirekten Auswirkungen durch das geplante Projekt zu unterscheiden. Als direkte Auswirkung ist der Flächenbedarf der Anlage und der damit verbundene Bodenverlust zu nennen. Dieser Verlust läßt sich durch eine Beurteilung der Wertigkeit und Funktion der betroffenen Böden als Standort für die natürliche Vegetation und Standort für Kulturpflanzen, Ausgleichskörper im Wasserkreislauf, Filter und Puffer für Schadstoffe sowie als landschaftsgeschichtliche Urkunde darstellen.

Indirekte Auswirkungen entstehen durch mögliche Stoffeinträge über den Luftpfad, wobei sich die Beurteilung auf eine Analyse der für die Betriebszeit der Anlage hochgerechneten Stoffeinträge konzentriert. Erst wenn diese Stoffeinträge bestimmte Relevanzkriterien überschreiten, ist eine Erhebung der aktuellen Bodenvorbelastung zur Ableitung einer Gesamtbeurteilung angebracht.

Oberflächengewässer
Bei den Oberflächengewässern steht die Bewertung von Einleitungen im Vordergrund der Betrachtung. Diesbezüglich sind gesetzliche Einleitbedingungen – Wasserhaushaltsgesetz, Rahmen-Abwasserverwaltungsvorschrift – einzuhalten. Die genannten Regelungen untersagen eine Einleitung von Prozeßabwässern aus thermi-

schen Abfallbehandlungsanlagen. Folglich verbleibt meist die Betrachtung von Sanitär-, Dach- und Hofabwässern. In der Anlage anfallende Sanitärabwässer werden üblicherweise über kommunale Kläranlagen abgeleitet. Diese zusätzlichen Einleitungen sind wegen ihrer geringen Mengen nicht als erhebliche Einflußfaktoren zu werten.

Handelt es sich jedoch um empfindliche Gewässer – geringe Wasserführung bei hoher Gewässergüte –, so können schon geringe Einleitungen zu Veränderungen führen. In diesem Falle sind qualitative Veränderungen sowie Einflüsse auf das Abflußverhalten zu prognostizieren und entsprechende Auswirkungen zu beurteilen.

Tiere und Pflanzen

Eine detaillierte Erfassung ausgewählter Artengruppen – sogenannter Zeigerarten – ermöglicht eine Aussage über die ökologische Wertigkeit der geplanten Standortfläche. Die Bedeutung des Verlustes der Fläche und damit des Lebensraums läßt sich über einen Vergleich mit Listen geschützter Arten (Rote Listen der gefährdeten Tiere und Pflanzen, Bundesartenschutzverordnung) bzw. geschützter Biotope (z.B. Biotopschutzgesetz des Landes Baden-Württemberg) beurteilen. Weiterhin sind Zuordnungen zu einschlägigen Bewertungsstufen, beispielsweise die von Prof. Kaule, für eine flächendeckende Bewertung für Belange des Artenschutzes möglich.

Die Umgebung der thermischen Abfallbehandlungsanlage ist ebenfalls zu untersuchen, allerdings weniger detailliert. Zu beurteilen ist hierbei, inwiefern die geplante Anlage zu einer Trennung bzw. Zerschneidung von Lebensräumen führt, und welche indirekten Wirkungen – beispielsweise durch Licht und Immissionen, Veränderungen im Wasserhaushalt – auf Tiere und Pflanzen erwartet werden. Für Beurteilungen dieser Art stehen keine formalisierten Verfahren zur Verfügung, sie basieren vielmehr auf Expertenwissen.

Menschen

Im Rahmen der Abschätzung möglicher Beeinträchtigungen des Menschen durch Anlagen zur thermischen Abfallbehandlung werden üblicherweise Nutzungskonflikte mit benachbarten Wohn- und Erholungsgebieten (z.B. durch Lärm, Gerüche) sowie toxikologische Fragestellungen behandelt.

Da die Empfindlichkeit verschiedener Nutzungsarten gegenüber Beeinträchtigungen, wie z.B. Luftverunreinigungen und Lärm, unterschiedlich ist, werden die im Untersuchungsraum vorhandenen Nutzungsarten (Wohnen, Gewerbe und Industrie, Wald, Landwirtschaft etc.) hinsichtlich ihrer Empfindlichkeit und Schutzwürdigkeit unterschieden. Ferner sollten besonders empfindliche Nutzungen, wie z.B. Kindergärten, Krankenhäuser und Altenheime, besondere Berücksichtigung finden.

Für die Abschätzung und Beurteilung zu erwartender Beeinträchtigungen benachbarter Wohngebiete durch Lärm wird üblicherweise ein gesondertes Lärmgutachten angefertigt, das in jedem Fall die Anlage selbst sowie den Transportverkehr innerhalb des Anlagengeländes zu berücksichtigen hat. Lärmbelastungen des Abfallantransportes außerhalb des Anlagengeländes sind nach den gesetzlichen Vorschriften der TA Lärm nicht immer zwingend zu betrachten. Allerdings empfiehlt sich eine solche Betrachtung, sofern die Hauptzufahrtswege durch Ortsdurchfahrten bzw. durch Wohngebiete führen.

Die Erfordernis eines gesonderten toxikologischen Gutachtens ist rechtlich nicht festgeschrieben. In jedem Fall sollten zur Bewertung zu erwartender Luftschadstoffzusatzbelastungen die „Beurteilungsmaßstäbe des Länderausschusses für Immissionsschutz (LAI) zur Begrenzung des Krebsrisikos durch Luftverunreinigungen" herangezogen werden. Die Notwendigkeit von Nahrungskettenbetrachtungen anhand von Modellrechnungen ist im Einzelfall abzuklären.

Landschaft
Die Beurteilung von Eingriffen in das Landschaftsbild ist stark von subjektiven Vorstellungen des Betrachters geprägt. Am besten lassen sich die Auswirkungen anhand von Photomontagen darstellen, die ein konkretes Bild der geplanten Anlage am vorgesehenen Standort vermitteln. Als weitgehend objektivierbare Kriterien zur Bewertung von Eingriffen in das Landschaftsbild dienen daneben Aspekte wie die Einsehbarkeit der Anlage und die Anlehnung an vorhandene Bausubstanz oder anlagenähnliche Einrichtungen.

Kultur- und Sachgüter
Mögliche Auswirkungen auf Kultur- und Sachgüter durch den Bau und Betrieb thermischer Abfallbehandlungsanlagen können sich zum einen direkt, d.h. durch Beschädigung oder Verlust von beispielsweise auf dem geplanten Baugelände existierenden Kulturdenkmalen, zum anderen indirekt, d.h. z.B. durch Luftschadstoffbelastungen, ergeben. Aufgrund des derzeitigen Standes der Technik moderner Anlagen zur Abfallbehandlung sind relevante Auswirkungen durch luftgetragene Schadstoffe für Materialien und Baudenkmale in der Regel nicht zu erwarten.

Wechselwirkungen und medienübergreifende Gesamtbewertung

Nach der Bearbeitung und sektoralen Betrachtung der zuvor beschriebenen einzelnen Umweltbereiche ist nun die medienübergreifende Bewertung der UVU zu erarbeiten. Die Bearbeitung dieses medienübergreifenden Kapitels gestaltet sich im Vergleich zu den sektoral angelegten Fachkapiteln der UVU aufgrund fehlender Forschungserkenntnisse, die die Grundlage für systemübergreifende methodische Ansätze bilden könnten, außerordentlich schwierig. Die qualitative und quantitative Erfassung und Beschreibung von Wechselwirkungen zwischen den

Umweltbereichen auf wissenschaftlicher Basis ist somit erschwert. Allerdings können wesentliche Teilaspekte herausgegriffen werden.

Im Rahmen von Umweltverträglichkeitsuntersuchungen werden häufig drei Arten von Wechselwirkungen unterschieden:

– *Belastungsverschiebungen durch planerisch-technische Maßnahmen*
   Die gewollte Entlastung eines bestimmten Umweltbereiches durch eine gezielte Maßnahme kann zur Belastung eines anderen Umweltbereiches führen.
– *Kombinationseffekte*
   Das zeitgleiche Auftreten verschiedener Einflüsse – beispielsweise Luftschadstoffkomponenten – kann eine verstärkte Gesamtwirkung hervorrufen.
– *Belastungspfade*
   Die Belastung eines Umweltbereiches kann sich über verschiedene Belastungspfade auch auf andere Umweltbereiche auswirken. Diese Übergänge zwischen den Umweltbereichen stellen Wechselwirkungen dar.

Im Sinne eines ökosystemaren Ansatzes der Bewertung erheblicher Auswirkungen steht hierbei die Untersuchung von Belastungspfaden im Vordergrund der Betrachtung. Im Rahmen der vorliegenden Fragestellung, der Umweltverträglichkeitsuntersuchung für thermische Abfallbehandlungsanlagen, kommt dem Umweltbereich Luft als Hauptpfad anlagenbedingter Emissionen eine besondere Bedeutung zu. Die Luft fungiert als „Trägermedium" für anlagenbedingte Emissionen, die ihrerseits als Immissionen unterschiedliche Umweltbereiche wie Boden, Pflanzen, Tiere und den Menschen berühren. Im Rahmen der Beurteilung der Wechselwirkungen zwischen dem Bereich Luft und anderen Umweltbereichen werden daher Belastungspfade wie *Luft → Pflanzen → Nahrungskette → Mensch* oder *Luft → Boden → Grundwasser* herausgegriffen. Vorliegende Berechnungsmodelle (Abb. 4) erlauben es, die Übergänge zwischen den Medien und damit Wechselwirkungen zu quantifizieren.

Nach Analyse der Wechselwirkungen werden als Grundlage für die Gesamtbewertung die beschriebenen und bewerteten Projektauswirkungen – meist in Form einer Matrixdarstellung – zusammengefaßt. Diese Beurteilungsmatrix (Tabelle 1), ergänzt um eine zusammenfassende textliche Erläuterung, stellt die Basis für eine medienübergreifende Gesamtbeurteilung dar.

So läßt sich anhand dieser Matrix diskutieren, wie die einzelnen Umweltbereiche untereinander in ihrer Bedeutung zu wichten sind. Weiterhin ist erkennbar, ob bestimmte Sektoren der Umwelt durch das Projekt besonders belastet werden. So kann beispielsweise ein Anlagenstandort auf „der grünen Wiese" zu einer gesamthaften Beeinträchtigung der Landschaft führen, was sich in entsprechend hohen Belastungen der Bereiche Tiere und Pflanzen, Erholungsfunktion und Landschaftsbild in Summe ausdrückt.

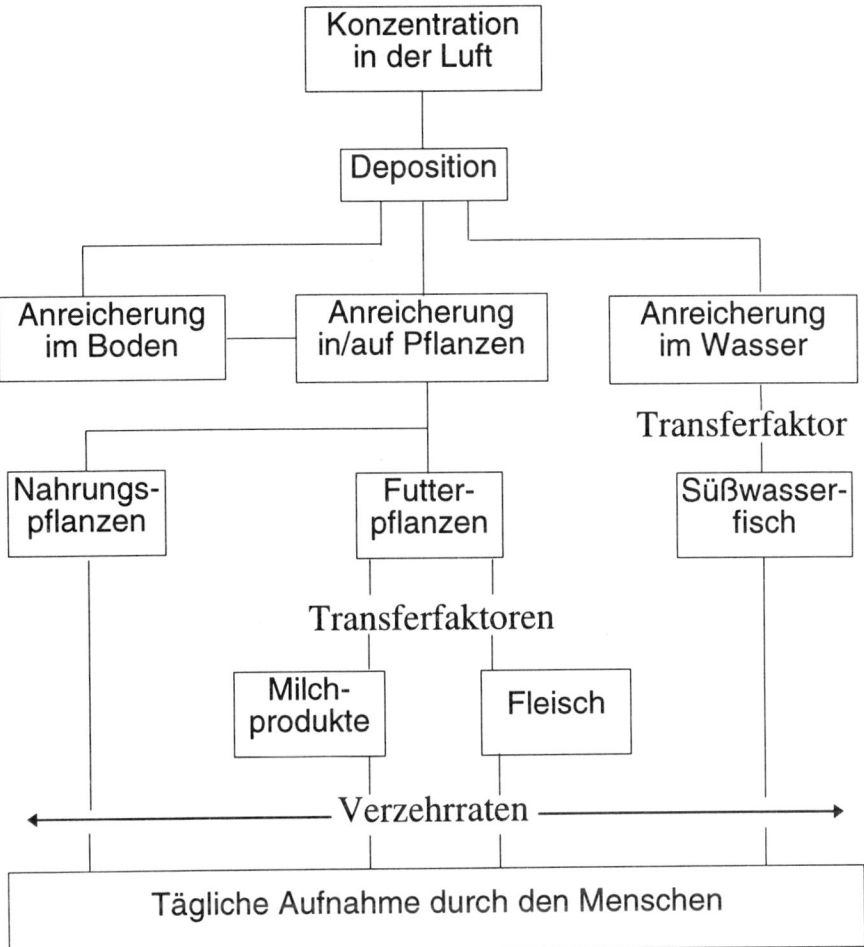

Abb. 4. Beispiel eines Nahrungskettenmodells

Darüber hinaus ist es möglich zu berücksichtigen, ob die von der Anlage ausgehenden Emissionen – obgleich sie in einer nach Medien isolierten Betrachtung
jeweils gerade noch nicht zu erheblichen Auswirkungen führen – in ihrer Gesamt-
heit als eine erhebliche Auswirkung zu werten sind.

Die beschriebene Vorgehensweise der Gesamtbewertung ermöglicht es somit,
ein umfassendes Bild über das Ausmaß der zusätzlichen projektbedingten Belastungsbeiträge zu gewinnen und erlaubt eine Gesamtschau, ob die Grenzen der
Belastbarkeit der Umwelt als Ganzes nach Verwirklichung des geplanten Projektes
erreicht werden.

Tabelle 1. Auszug aus einer Beurteilungsmatrix

Umweltbereiche	Vorbelastung / Ist-Situation	Zusatzbelastung / Belastungsbeitrag	Gesamtbelastung
Luftschadstoffe	☐ Mehrzahl der erfaßten Luftschadstoffe < 50 % des Bezugswertes ▨ Stickstoffdioxid ■ Ozon Kurzzeitbelastung Staubniederschlag	☐ niedrige Immissionsbeiträge Zusatzbelastung < 1 % Immissionswert	☐ – ■ keine erhebliche Veränderung - Werturteile auf der maximal zusatzbelasteten Fläche verändern sich nicht
Klima			
Geologie / Grundwasser			
Boden			
Oberflächengewässer			
Tiere und Pflanzen	☐ - besonders bedeutende Fläche für den Artenschutz - ökologisch wertvolle Obstbäume - seltene und gefährdete Tierarten	■ - Verlust eines wertvollen Lebensraumes und dort lebender Individuen - indirekte Einwirkungen insbesondere durch Licht und Zerschneidungseffekte	■ deutliche Verschlechterung - gegenüber Ist-Situation geht ein wertvoller Lebensraum verloren
Mensch			
Landschaft			
Kultur- und Sachgüter			

⊗ Verbesserung

☐ keine/geringe Belastung bzw. kein/geringer Belastungsbeitrag

▨ mittlere Belastung bzw. mittlerer Belastungsbeitrag

■ hohe Belastung bzw. hoher Belastungsbeitrag

⚠ gesetzlicher Grenzwert überschritten

Literatur

Allgemeine RahmenVwV über Mindestanforderungen an das Einleiten von Abwasser in Gewässer vom 04.03.1992 (GMBl. Nr. 10 vom 20.03.1992)

Allgemeine Verwaltungsvorschrift über genehmigungsbedürftige Anlagen nach § 16 der Gewerbeordnung – GewO. Technische Anleitung zum Schutz gegen Lärm (TA Lärm). Allg. Verw.Vorschr. d. BReg. vom 16. Juli 1968. Bundesanz. Nr. 137 vom 26. Juli 1968 (Beilage)

Allgemeine Verwaltungsvorschrift zur Ausführung des Gesetzes über die Umweltverträglichkeitsprüfung (UVPVwV)

Bunge, T. (1988) Zweck, Inhalt und Verfahren von Umweltverträglichkeitsprüfungen. In: Storm, P.-C., Bunge ,T. (Hrsg.) Handbuch der Umweltverträglichkeitsprüfung (HdUVP). 1. Lfg. IX/88. Erich Schmidt Verlag, Berlin

Erbguth, W. Schink, A. (1992) Gesetz über die Umweltverträglichkeitsprüfung – Kommentar. C.H. Beck'sche Verlagsbuchhandlung, München

Erste Allgemeine Verwaltungsvorschrift zum Bundes-Immissionsschutzgesetz (Technische Anleitung zur Reinhaltung der Luft – TA Luft) vom 27. Februar 1986 (GMBl. S. 95)

Gesetz über die Umweltverträglichkeitsprüfung (UVPG) in der Fassung der Bekanntmachung vom 12. Februar 1990 (BGBl. I, S. 205).

Gesetz über Naturschutz und Landschaftspflege (Bundes-Naturschutzgesetz – BNatSchG) in der Fassung der Bekanntmachung vom 12. März 1987 (BGBl. I S. 889, zuletzt geändert am 12.02.1990, BGBl. I S. 205)

Gesetz zum Schutz des Bodens (Bodenschutzgesetz – BodSchG) Baden-Württemberg vom 24. Juni 1991 (GBl. Nr. 16, S. 435)

Gesetz zum Schutz vor schädlichen Umwelteinwirkungen durch Luftverunreinigungen, Geräusche, Erschütterungen und ähnliche Vorgänge (Bundes-Immissionsschutzgesetz – BImSchG) in der Fassung der Bekanntmachung vom 14. Mai 1990 (BGBl. I S. 88).

Gesetz zur Änderung des Naturschutzgesetzes (Biotopschutzgesetz) vom 19. November 1991. Gesetzblatt für Baden-Württemberg Nr. 29, 30. November 1991 S. 701

Gesetz zur Erleichterung von Investitionen und der Ausweisung und Bereitstellung von Wohnbauland (Investitionserleichterungs- und Wohnbaulandgesetz) vom 22. April 1993 (BGBl. I S. 466)

Gesetz zur Ordnung des Wasserhaushalts (Wasserhaushaltsgesetz – WHG) in der Fassung der Bekanntmachung vom 23. September 1986 (BGBl. I S. 1529, ber. S. 1654.

Kaule, G. (1991) Arten- und Biotopschutz. 2. Auflage, Verlag Eugen Ulmer, Stuttgart

Länderausschuß für Immissionsschutz (LAI): Bewertung von Schadstoffen, für die keine Immissionswerte festgelegt sind. Hrsg. vom Ministerium für Raumordnung und Landwirtschaft des Landes Nordrhein-Westfalen, Düsseldorf 1990

Länderausschuß für Immissionsschutz (LAI): Arbeitsgruppe „Krebsrisiko durch Luftverunreinigungen": Beurteilungsmaßstäbe zur Begrenzung des Krebsrisikos durch Luftverunreinigungen - Abschlußbericht. Hrsg. vom Ministerium für Raumordnung und Landwirtschaft des Landes Nordrhein-Westfalen, Düsseldorf 1991

Länderausschuß für Immissionsschutz (LAI): Feststellung und Beurteilung von Geruchsimmissionen – Geruchsimmissions-Richtlinie. Hrsg. vom Ministerium für Raumordnung und Landwirtschaft des Landes Nordrhein-Westfalen, Düsseldorf 1993

Nobel, W., Häring S. (1993) Der Untersuchungsrahmen (Scoping), Umfang und Inhalte der Unterlagen zur UVP. In: VDI Berichte Nr. 1038, S. 83-94. VDI-Verlag, Düsseldorf

Nobel, W., Fleischhauer, M., Häring, S. (1994) Umweltverträglichkeitsprüfungen im Zusammenhang mit der Errichtung und den Betrieb thermischer Abfallbehandlungsanlagen. In: Müllhandbuch 5/94. Erich Schmidt Verlag

Nobel, W., Maier-Reiter, W., Ewert, E., Sommer, B. (1993) Das Schwellenwertkonzept zur Beurteilung der Umwelterheblichkeit von anlagenbedingten Immissionszusatzbelastungen. In: Staub – Reinhaltung der Luft 53, S. 263-266

Rat der Sachverständigen für Umweltfragen (1991): Abfallwirtschaft. Sondergutachten September 1990. Metzler-Poeschel, Stuttgart

Raumordnungsgesetz (ROG) vom 28. April 1993 (BGBl. I, S. 630)

Richtlinie des Rates vom 27. Juni 1985 über die Umweltverträglichkeitsprüfung bei bestimmten öffentlichen und privaten Projekten (85/337/EWG), Amtsblatt der Europäischen Gemeinschaften Nr. L 175 S. 40.

Neunte Verordnung zur Durchführung des Bundes-Immissionsschutzgesetzes (Grundsätze des Genehmigungsverfahrens – 9. BImSchV) in der Fassung vom 18. Februar 1977 (BGBl. I S. 274)

Siebzehnte Verordnung zur Durchführung des Bundes-Immissionsschutzgesetzes (Verordnung über Verbrennungsanlagen für Abfälle und ähnliche brennbare Stoffe – 17. BImSchV) vom 23. November 1990 (BGBl. I S. 2545, ber. S. 2832)

Verordnung zum Schutz wildlebender Tier- und Pflanzenarten (Bundesartenschutzverordnung – BArtSchV) in der Fassung der Bekanntmachung vom 18. September 1989 (BGBl. I S. 1677, ber. S. 2011)

Müllverbrennung lähmt den Willen zur Müllvermeidung

Hubert Weiger, Erika Wachsmann

Der amerikanische Energieexperte Amory Lovins hat den Begriff „Negawatt" geprägt. Jede Kilowattstunde, die durch Energiesparkonzepte oder effizientere Nutzung der Primärenergie eingespart wird, muß nicht in Großkraftwerken neu produziert werden. Die Kosten zur Einsparung einer Kilowattstunde sind wesentlich niedriger als die zur Produktion einer Kilowattstunde.

Analog gibt es in der Abfallwirtschaft den Begriff „Negatonne". Mit jeder Tonne Abfall, die vermieden oder in den Stoffkreislauf zurückgeführt wird, kann Deponieraum oder der Zubau von Verbrennungskapazitäten eingespart werden. Die landläufige Meinung ist: Alle Optionen sind zu nutzen, um die Probleme bewältigen zu können, d.h. Müllvermeidung, Recycling und Verbrennung des Restes.

Lovins hat sich als erster gegen diese einfache Argumentation gewandt. Er weist darauf hin, daß dezentrale Maßnahmen neben einer zentralen großtechnischen Anlage keine nennenswerte Chance haben, sich durchzusetzen.

Müllverbrennung ist bequem und lähmt den Willen und die Motivation, sich für dezentrale Maßnahmen einzusetzen und die notwendigen Geldmittel bereitzustellen.

Beispiel: Im Gebiet des Zweckverbandes Abfallverwertung Südostbayern (ZAS) mit der neuen MVA Burgkirchen (200 000 t/a) ist die Müllvermeidung kein Thema. In den Landkreisen Altötting, Mühldorf, Traunstein, Berchtesgaden und Rosenheim gibt es keine Biotonne, und die Papiertonne wurde nur im Landkreis Berchtesgaden eingeführt. Im Landkreis Regensburg hält man „eine zusätzliche Tonne für reinen Luxus, weil man schon genug Geld in Verbrennungsöfen investiert habe..." (PNP, 19.10.95).

Große Defizite sind bei der Vermeidung und Verwertung des Gewerbemülls festzustellen. Ähnlich sieht es aus im Gebiet des Zweckverbandes Müllheizkraftwerk Schwandorf mit 450 000 Jahrestonnen, dem 14 Landkreise und Städte angehören. An die MVA sind 1,2 Mio. Einwohner angeschlossen.

Die eine oder andere Kommune hat wohl die Biotonne oder die Papiertonne eingeführt, aber die Maßnahmen zur Müllvermeidung und Wertstofferfassung werden in
diesem Gebiet nicht mit der Intensität durchgeführt wie z.b. in der Stadt Schwabach, die bis heute noch nicht an eine MVA angeschlossen ist. In Schwabach ist es
gelungen, die Restmüllmenge von Hausmüll und hausmüllähnlichem Gewerbemüll
auf 108 kg/E · a zu reduzieren.

Es gibt wenige Kommunen, in denen trotz bestehender Müllverbrennungsanlagen besonders auf Müllvermeidung und -verwertung geachtet wird.

Aufgrund des Engagements des Umweltreferenten Georg Welsch und des Amtes
für Abfallwirtschaft ist es in der Stadt München gelungen, durch eine Vielzahl von
Ideen und Aktionen die Müllmenge stetig zu reduzieren. Dies hat dazu geführt,
daß in München sogar eines von zwei Müllheizkraftwerken stillgelegt werden
konnte – sicher auch nur deshalb, weil das MHKW-Süd eine alte, bereits abge-
schriebene Anlage ist. Vor einigen Jahren war noch geplant, die Anlage für
1 Mrd. DM völlig zu erneuern.

Herr Welsch weiß genau, daß jede Maßnahme, die den Müll durch Vermeidung
oder Verwertung reduziert, billiger ist als die Müllverbrennung. Die Müllgebühren
können in der Stadt München für 1996 konstant gehalten werden.

Müllverbrennung ist ein sehr teures Verfahren. Es bindet Kapital.

Eine Anlage für 200 000 Jahrestonnen kostet derzeit etwa 800 Mio. DM. Man
stelle sich vor, wieviele Abfallberater und Maßnahmen zur Müllvermeidung nur
mit einem Bruchteil dieses Betrages finanziert werden könnten. Die Entwicklung
langlebiger und verwertbarer Produkte könnte gefördert und für die einzelnen
Stoffgruppen Verwertungs- und Behandlungsanlagen errichtet werden, die den
Anforderungen einer modernen und flexiblen Abfallwirtschaft genügen.

*Aus Gründen der Rentabilität muß die Kapazität der MVA ausgelastet werden. Sie
entwickelt einen regelrechten Müllsog.*

Für eine Investitionssumme von 800 Mio. DM rechnet man etwa 100 Mio. DM pro
Jahr für Zinsen und Tilgung. Zuzüglich der Kosten für Personal, Versicherung und
Überwachung kommt man auf durchschnittliche feste Kosten von 84 %, die unabhängig vom Durchsatz anfallen. Der durch Müllmengenreduzierung beeinflußbare
Anteil ist mit ca. 16 % sehr gering. Wenn die zu verbrennende Müllmenge zurück-
geht, führt dies zu höheren Verbrennungskosten pro Tonne, weil praktisch die
gleichen Kosten durch eine geringere Müllmenge geteilt werden.

Der Zwang zur Auslastung der großtechnischen Anlagen hat verheerende ab-
fallwirtschaftliche Folgen. Wie eine Krake greifen die zentralen MVAs nach dem

Restmüll umliegender Landkreise und Städte. Mit der Verpflichtung, bestimmte Müllmengen anzuliefern, sterben Aktivitäten und Innovationen zur Müllvermeidung und Verwertung. Alternative Verfahren zur Restmüllbehandlung haben keine Chance mehr.

Beispiel Landkreis Nürnberger Land: Der Landkreis Nürnberger Land war vor 10 Jahren führend in der Abfallwirtschaft. In Zusammenarbeit mit dem Bund Naturschutz wurden damals schon Konzepte zur getrennten Erfassung der Wertstoffe entwickelt. Der Landkreis Nürnberger Land war einer der ersten, der die Papiertonnen eingeführt hat. Konzepte zur mechanisch-biologischen Behandlung des Restmülls mit Sortieranlage und Vergärungsanlage waren bereits fertiggestellt, als von der Stadt Nürnberg das Angebot kam, den Restmüll des Landkreises in einer neuen MVA in Nürnberg zu verbrennen. Nach Abschluß eines Vertrages wurde selbstverständlich keine Sortieranlage und keine Vergärungsanlage gebaut, und die Bürgerinnen und Bürger warten nun schon viele Jahre auf die Einrichtung gut ausgestatteter Wertstoffhöfe.

Groteske Folgen hatte der Zwang zur Auslastung im Landkreis Schwandorf. Im Sommer 1994 konnten sich die Kreisräte nicht entschließen, die Biotonne in ihrem Landkreis einzuführen, weil sie Bedenken hatten, 9000 t Biomüll pro Jahr aus dem Restmüll herauszunehmen. Die MVA sei ja dann nicht mehr ausgelastet, und die Betriebskostenumlage, die der Landkreis dem Zweckverband zahlen muß, würde unweigerlich steigen. Es wurde argumentiert: „Dem Bürger muß man also sagen, je mehr ihr herausnehmt, desto mehr müßt ihr bezahlen. Da ist es doch besser, den Biomüll wie gehabt mitverbrennen zu lassen" (Der neue Tag, 19.07.94).

Müllverbrennung verschwendet Rohstoffe und Energie.

Bei schlechten Wirkungsgraden von 45 % wird nur der Heizwert der Stoffe, nicht aber die Herstellungsenergie der Produkte genutzt. In einer Gesamtenergiebilanz muß auch die Energie, die zur Herstellung der großtechnischen Anlage benötigt wurde, berücksichtigt werden (Hoffmann et al. 1994).

Bei Verbrennungsprozessen ist die Entstehung der gefährlichen PAHs und der polyhalogenierten PAHs unvermeidlich.

Nach einer Studie der US-Umweltbehörde EPA sind Dioxine weitaus gesundheitsbedrohender als bisher bekannt. Sie wirken bereits in kleinsten Dosen schädigend auf den Hormonhaushalt, das Immunsystem und die Fortpflanzungsfähigkeit. Dioxine sind Tumorpromotoren. Eine Wirkungsschwelle existiert nicht. Laut EPA müssen Anlagen den Dioxinausstoß auf Null senken.

Häufig wird argumentiert, die MVA sei eine Dioxinsenke. Bei Immissionsmessungen wurden im ländlichen Raum (Eifel) 5 fg/m^3 gemessen, in einem Ballungsgebiet (Stadt Essen) 86 fg/m^3 bei Einhaltung des Grenzwertes der 17. BImSchV von 0,1 ng/m^3 also 100 000 fg/m^3 sind die Emissionskonzentrationen 1100- bis 20 000mal höher als die Umgebungsluft. Die Luft, die den Kamin verläßt, ist keinesfalls sauberer als die der Umgebung (Franke 1990).

MVAs sind störanfällig.

Ab dem 3. und 4. Betriebsjahr können bereits Korrosionserscheinungen an Verbrennungsrosten, Dampfrohren im Abhitzekanal oder an den Elektrodenplatten der Elektrofilter auftreten, die dann häufig zu Störfällen führen.

Am 20. August 1992 wurden bei einem Störfall im Ofen III der MVA Schwandorf ungereinigte Abgase über einen Bypass ins Freie geleitet. Ursache des Störfalls war die Korrosion eines Wasserrohrs. Die Abgase wurden um die Rauchgasreinigung herum direkt in den Schornstein geleitet, damit sich kein gefährlicher Überdruck aufbauen kann. Ein wahrer Giftcocktail entwich ungefiltert in die Umwelt.

Abb. 1. Motto des BN-Konzepts

In den 3 Müllöfen der neuen Augsburger MVA ist bereits im Probebetrieb die Innenverkleidung der Öfen in großem Umfang abgeplatzt und muß erneuert werden.

Brände im Müllbunker wie am 7.7.95 in Bamberg oder am 10.10.95 in Würzburg schädigen die Umwelt noch stärker als der Ausfall der Rauchgasreinigungsanlagen. Bei einem Schwelbrand in Göppingen 1991 gelang es der Feuerwehr erst nach 42stündigem Einsatz, den Brand zu löschen.

Nicht zuletzt ist die Müllverbrennung ein sehr bequemes Verfahren und fördert die Denkfaulheit. Um das Abfallproblem in den Griff zu bekommen, muß ein ganzes Bündel an Maßnahmen realisiert werden, und alle gesellschaftlichen Kräfte sind gefordert, hier mitzuwirken. „Mehr Hirn – weniger Müll" lautet deshalb das Motto des BN-Konzepts (Abb. 1).

Maßnahmen zur Verringerung des Stoffflusses

Vor wenigen Wochen wurde die Studie „Zukunftsfähiges Deutschland", die vom Wuppertal Institut im Auftrag von BUND und MISEREOR erstellt wurde, der Öffentlichkeit vorgestellt. In der Studie geht es um eine nachhaltige, d.h. zukunftsfähige Entwicklung, in der die Bedürfnisse heutiger Generationen befriedigt werden sollen, ohne die Lebensgrundlage kommender Generationen zu gefährden.

Die Zielvorgaben der Studie beziehen sich auf die Schadstoffkontrolle und den sparsameren Umgang mit Rohstoffen. Nach dem Motto „Gut leben statt viel haben" muß ein Wertewandel in der Gesellschaft stattfinden.

Als Ziel wird formuliert, die Materialentnahme aus der Umwelt, bis zur Mitte des nächsten Jahrhunderts global um 50 % zu reduzieren, d.h. Deutschland muß seinen Anteil um 80-90 % reduzieren, weil wir zu dem reichen Fünftel der Weltbevölkerung gehören, die vier Fünftel der globalen Ressourcen verbrauchen (Wuppertal Institut 1995). Konkret erfordern diese Vorgaben für Politik und Wirtschaft folgende Maßnahmen zur Verringerung des Stoffflusses:

Eine ökologische Steuerreform ist überfällig

Steigende Kosten für Energie und Rohstoffe bei gleichzeitiger Entlastung des Produktionsfaktors Arbeit würden die Produktion langlebiger und reparierbarer Produkte in Schwung bringen. In der technischen Entwicklung rohstoffsparender Produktionsverfahren und Produkte liegen die Marktchancen der Zukunft. Während nachsorgende Reparaturtechniken Kosten verursachen, tragen vorsorglich wirkende Instrumente zum Schutz der Umwelt und zur Kostensenkung in der Wirtschaft bei.

Produktverantwortung
Nach dem neuen Kreislaufwirtschaftsgesetz sind die Produzenten der Güter für die Vermeidung und Verwertung der bei der Produktion und nach Gebrauch der Güter anfallenden Abfälle selbst verantwortlich. Die Bundesregierung bestimmt durch Rechtsverordnungen, wer die Produktverantwortung wahrnehmen muß und für welche Produkte sie gelten soll. Wir hätten uns gewünscht, daß die Produktverantwortung für alle Produkte mit verbindlichen Rücknahme- und Rückgabeverpflichtungen direkt in dem Gesetz festgeschrieben wird.

Umweltverträglichkeitsprüfung
Für die Entscheidung zur Produktion sind in der Marktwirtschaft vor allem die Konsumbedürfnisse ausschlaggebend. Der begrenzende Faktor muß aber die Belastbarkeit der Umwelt sein.

Stoffverbote
Sie beziehen sich auf das schmutzige Dutzend, auf besonders langlebige chlororganische Verbindungen wie Dieldrin, Toxafin, Dioxine, Lindan u.a., die uns den Biomüll und den Klärschlamm als wichtige Teile einer ökologischen Kreislaufwirtschaft verseuchen, sowie auf Produkte, die Schwermetalle wie Blei, Cadmium und Quecksilber enthalten, und die Substitution von PVC in weiten Anwendungsbereichen.

Produktionsbeschränkung
Das Grundproblem ist hier die sogar gesetzlich vorgeschriebene Priorität eines stetig angemessenen Wirtschaftswachstums (Stabilitätsgesetz 1967). Man kann nicht Abfallvermeidung wollen und gleichzeitig mit aggressiven Marketingstrategien für eine steigende Warenproduktion sorgen. Das ist auch mit der Forderung nach einer nachhaltigen Entwicklung unvereinbar. Nur Modelle mit Produktions- und Bevölkerungsbeschränkung können zu einer nachhaltigen Entwicklung führen, also zukunftsfähig sein. Unser Wirtschaftsmodell ist offensichtlich nicht als weltweites Modell geeignet (Fricke et al. 1993).

Verlängerung der Lebens- und Nutzungsdauer
Beispiel Elektronikschrott: Derzeit fallen in Deutschland 1,5 Mio. t/a Elektronikschrott an. Weniger als 10 % werden bislang verwertet. Eine E-Schrott-Verordnung ist überfällig. In einer solchen Verordnung muß die Vermeidung höheres Gewicht haben.

1. Erhöhung der Lebensdauer bei der Herstellung und durch geeignete Vertriebsstrategien, z.B. durch Gemeinschaftsnutzung und Ökoleasing. Der Fernseher oder PC wird dem Kunden zur Verfügung gestellt. Bezahlt wird die genutzte Leistung, z.B. nach der Einschaltzeit. Für den Hersteller ergibt sich dann der Anreiz, sich um eine lange Lebensdauer, Reparaturfreundlichkeit und um die Hochrüstbarkeit zu bemühen, denn er will möglichst lange mit seinem Produkt

Geld verdienen. Und schließlich wird er sich auch bemühen, sein Produkt recyclingfreundlich zu gestalten, weil er selbst für die Entsorgung zuständig ist.

2. Die stoffliche Verwertung muß für die jeweilige Branche nach Stand der Technik definiert werden.

3. In dem Entwurf zur E-Schrott-Verordnung soll nach § 8 die Rücknahmepflicht der Hersteller entfallen, wenn sie sich an einem System beteiligen, welches die Rücknahme der Geräte gewährleistet. Damit droht das nächste Duale System.

Großkonzerne wie Thyssen und RWE stehen schon in den Startlöchern. Sie planen ein flächendeckendes Entsorgungskonzept für die BRD. Dies hätte zur Folge, daß mittelständische Betriebe vom Markt verdrängt werden. Wenn Großkonzerne die Verwertung übernehmen, wird billig auf technisch niedrigstem Niveau verwertet. Man shreddert, holt wertvolle Metalle heraus; der Rest wandert in den Ofen. In den mittelständischen Betrieben wird dagegen der Elektronikschrott branchenspezifisch, zum Teil mit Handarbeit aufgearbeitet und der Verwertung zugeführt.

Hersteller müssen in Zukunft Verträge nicht nur mit Zulieferbetrieben, sondern auch mit Recyclingbetrieben abschließen.

Der Bund Naturschutz (BN) fordert die Novellierung der Verpackungsverordnung mit Vorrang für die Mehrwegsysteme.

Novellierung der Verpackungsverordnung

Die Verpackungsverordnung vom 12.6.1991 muß wie folgt geändert werden:

• Dem Abschnitt II der Verpackungsverordnung Rücknahme- und Verwertungspflichen ist ein Abschnitt mit Vermeidungspflichten voranzustellen.

1. Hersteller und Vertreiber sind verpflichtet, Verkaufsverpackungen einer Zulassungsprüfung zu unterziehen.
Objektive Ökobilanzen über die gesamte Lebensdauer einer Verpackung, d.h. von der Rohstoffgewinnung bis zur Abfallentsorgung, sind zu erstellen. Nur Verpackungen, welche die Umwelt am wenigsten beeinträchtigen, dürfen verwendet werden.

2. Abfälle aus Verpackungen sind dadurch zu vermeiden, daß Verpackungen
   - nach Volumen und Gewicht auf das zum Schutz des Füllgutes und auf das zur Vermarktung unmittelbar notwendige Maß beschränkt werden; Verbot von Zweit- und Mehrfachverpackungen.
   - so beschaffen sein müssen, daß sie wieder befüllt werden können, soweit dies für den jeweiligen Zweck möglich und ökologisch sinnvoll ist.
   (Die gesetzlichen Rahmenbedingungen zur Verbesserung der ökologischen Bilanz von Mehrwegverkaufsverpackungen sind zu schaffen, wie Normierung der Verkaufsbehälter und die Einrichtung dezentraler Poolsysteme und Waschanlagen.)

3. Einwegverkaufsverpackungen sind nur zugelassen, wenn die Voraussetzungen für eine Wiederbefüllung nicht geschaffen werden können und der Nachweis erbracht wird, daß sie für bestimmte Zwecke ökologisch besser geeignet sind als die Mehrwegverkaufsverpackungen.

- In den § 3 Begriffsbestimmung ist folgende Definition für Mehrwegverpackungen aufzunehmen: Mehrwegverpackungen sind Behältnisse,

   1. deren Beschaffenheit eine Wiederverwendung für den ursprünglichen Zweck ohne stoffliche Veränderung nach mindestens 20maligem Gebrauch gewährleistet,

   2. die keine schädlichen Auswirkungen auf die Qualität der verpackten Produkte haben und

   3. die nach letztmaligem Gebrauch einer stofflichen Verwertung für die Produktion neuer Mehrwegverpackungen zugeführt werden können.

- Abschnitt II, Rücknahme- und Verwertungspflichten

   1. Hersteller und Vertreiber sind verpflichtet, Verpackungen aus nicht schadstoffhaltigen und stofflich verwertbaren Materialien (Glas, Paier, PE oder PP und in Ausnahmefällen aus Metall) herzustellen.
   Objektive Ökobilanzen sind zu erstellen.
   Die Herstellung von Verpackungen aus Verbundmaterialien, schwermetallhaltigen Materialien, Aluminium und Kunststoffen (z.B. PVC u.a.), mit Ausnahme von PE und PP, wird verboten.

   2. Hersteller und Vertreiber sind verpflichtet, Verpackungen in einer die stoffliche Verwertung erleichternden Form zu kennzeichnen.

   3. Nach Gebrauch der Verpackungen dürfen die verschiedenen Verpackungsmaterialien nicht vermischt werden.

BN-Konzept zur stoffspezifischen Behandlung des Restmülls

Der Bund Naturschutz hat ein Konzept zur stoffspezifischen Behandlung und Lagerung des Restmülls vorgelegt, welches trotz der derzeit ungünstigen Rahmenbedingungen die Weichen in die richtige Richtung, in die Richtung Schließung der Stoffkreisläufe, stellt. Nach Müllvermeidung und nach der getrennten Erfassung der mengenmäßig größten Stofffraktionen wie Glas, Papier, Metalle und Biomüll und des Sondermülls bleibt noch ein Gemisch verschiedener Stoffgruppen und Produkte übrig, der sogenannte Restmüll. Er setzt sich im wesentlichen zusammen aus Verbundstoffen, biogen-organischen Stoffen, z.B. Windeln, inerten Stoffen und den nicht erfaßten Wertstoff- und Sondermüllfraktionen. Es ist nun grundsätzlich falsch, ein Behandlungsverfahren auf dieses Stoffgemisch anzuwenden. Vielmehr muß für jede Stoffgruppe bzw. für jedes Produkt das umweltverträglichste Behandlungsverfahren gefunden werden (Übersicht 1).

Übersicht 1. Zuordnung von Behandlungsverfahren zu den Abfallfraktionen

Weitere Auftrennung der Abfallfraktionen im Restmüll mit Wertstoffhöfen und Sortieranlagen; für jede Abfallfraktion muß das geeignete Behandlungsverfahren gefunden werden, wie u.a.

Biogen-organische Abfälle	⇨	Vergärung und Rotte
Kunststoffverbunde	⇨	Tiefkühlrecycling
unbelastetes Holz	⇨	Holzhackschnitzelheizung
belastetes Holz	⇨	Sondermüllbehandlung
Elektrogeräte	⇨	mechanischer Rückbau
Batterien, Farbdosen	⇨	Sondermüllbehandlung
Keramik, Steine	⇨	Inerstoffdeponie

Es müßte klar sein, daß Wegwerfwindeln anders zu behandeln sind als ein alter Fernseher. Die einzelnen Stoffströme im Haus- und Gewerbemüll müssen also getrennt erfaßt und getrennt weiterbehandelt werden.

Vortrennung des Restmülls aus Haushalten
Der erste Behandlungsschritt erfolgt bereits im Haushalt. Dort werden Hygieneabfälle, Windeln, nasses Papier vom übrigen Restmüll getrennt gehalten. Ich trenne in Naß- und Trockenfraktion. Die Naßfraktion kommt in einen reißfesten Papierbeutel. Die Sortierung der Trockenfraktion wird dadurch wesentlich erleichtert. Die Stoffe können sich nicht gegenseitig verschmutzen, und die Arbeitsbedingungen in der Handsortierstation werden verbessert.

In den Gewerbebetrieben (lebensmittelverarbeitende Betriebe, Gaststätten, Kantinen, Großmärkte, Altenheime) werden ebenfalls biogen-organische Abfälle getrennt erfaßt.

Die Trockenfraktion des Restmülls aus Haushalten und Gewerbebetrieben wird einer Sortieranlage zugeführt. Die Naßfraktion (biogen organische Stoffe) aus Haushalten und Gewerbebetrieben geht in die Vergärungsanlage. Die Trockenfraktion des Restmülls wird mittels eines ballistischen Sichters in 3 Stoffströme getrennt (Übersicht 2).

Noch ein Wort zur Sortieranlage: Auf die Sortieranlage könnte man verzichten, wenn für die Trockenfraktion des Restmülls das Bringsystem eingeführt würde.

Die Bürgerinnen und Bürger bringen die Trockenfraktion des Restmülls zu einer Annahmestelle, z.B. zu einem gut ausgestatteten Wertstoffhof. Unter fachlicher Anleitung sortieren sie ihre Abfälle nach den einzelnen Stoffgruppen und Produkten in die entsprechenden Behälter. In einigen bayerischen Gemeinden gibt es bereits Wertstoffhöfe, z.B. in Schwabach, im Landkreis Fürstenfeldbruck und in Neuburg a.d. Donau, die die getrennte Erfassung der vielfältigen Stoffgruppen und Produkte, die im Restmüll enthalten sind, bewältigen können.

Übersicht 2. Sortieranlage – Fraktionen

Leichtfraktion:
– Papier
– Papier verschmutzt
– Weichkunststoffe (Folien)
– Verpackungsverbund
– Textilien

Schwerfraktion:
– Eisen- und Nicheinsenmetalle
– Glas
– Hartkunststoffe (Becher, Hohlkörper)
– Materialverbund (Haushaltsgeräte, Spielzeug u.a.)
– Elektrogeräte
– Holz
– Gummiartikel
– Keramik, Steine
– Farbdosen, Batterien u.a.
– biogen-organische Stoffe

Feinfraktion:
– Staub
– Steinchen
– Glassplitter

Als Zukunftsmodell wäre vorstellbar, in den Gemeinden kommunale Entsorgungszentren, die nach dem Supermarktprinzip betrieben werden, zu errichten. Die Bürgerinnen und Bürger werden also in Zukunft nicht nur zum Einkaufen, sondern auch zum Entsorgen gehen müssen. Sicher wird die Frage nach der Zumutbarkeit gestellt. Ich denke, am wenigsten ist es zumutbar, anderen Leuten den Müll vor die Haustüre zu kippen oder ihn dort zu verbrennen.

Nun zur biologischen Behandlung des Restmülls: Die getrennt erfaßten biogenorganischen Anteile des Restmülls aus Haushalten und Gewerbebetrieben sowie die biogen-organische Restfraktion aus der Sortieranlage werden einer Vergärungsanlage zugeführt (Übersicht 3).

Herr Mulert, leitender Ingenieur von der Biotechnischen Abfallverwertung in Garching, vergleicht die Vergärungsanlage mit einer Kuh. Sie verdaut diese biogen-organischen Abfälle, und ähnlich wie die Kuh produziert sie Biogas und am Ende bleibt Unverdauliches übrig, d.h. der Gärrückstand oder die Hydrolysereste, ein torfähnliches Material. Anschließend werden die Hydrolysereststoffe einer Nachrotte unterzogen. Ich möchte die Leistung einer solchen Vergärungsanlage besonders hervorheben. Sie vergärt die im Restmüll noch vorhandene organische Substanz von 30-40 %. Die biologischen Vorgänge, die im Deponiekörper unkontrolliert ablaufen und zu den bekannten Problemen wie Sickerwasser und Deponiegas führen, können in einer Anlage zur anaeroben Vergärung gesteuert und kontrolliert werden.

Übersicht 3. Input Vergärungsanlage

Biogen-organische Abfälle aus Haushalten:
- Windeln
- Hygieneabfälle
- verschmutztes Papier
- restlicher Verpackungsverbund (Kunststoff/Papier)

Biogen-organische Abfälle aus Gewerbegebieten:
- Speisereste aus Gaststätten, Kantinen u.a.
- biogen-organische Abfälle aus Großmärkten
- biogen-organische Abfälle aus lebensmittelverarbeitenden Betrieben
- Schlachthofabfälle

Hydrolysereststoffe

Die Qualität der Verfahrensprodukte, also z.b. der Hydrolysereststoffe hängt vom Eingangsmaterial ab. Durch die nach dem BN-Konzept vorgesehene Vergärung von getrennt erfaßtem biogen-organischem Material aus Haushalten und Gewerbebetrieben ist eine gute Qualität der Hydrolysereststoffe zu erwarten.

Die Hydrolysereststoffe aus der Vergärung der biogen-organischen Abfälle aus Gewerbebetrieben erreichen nach aerober Nachrotte Kompostqualität nach RAL-UZ-45 (Grenzwert des Blauen Umweltengels). Die Hydrolysereststoffe aus der Vergärung der biogen-organischen Abfälle aus Haushalten können zumindest die Grenzwerte der Bundesgütegemeinschaft Kompost einhalten. Nach aerober Nachrotte finden sie im Landschaftsbau oder zur Begrünung von Deponien Verwendung.

Während des Vergärungsprozesses kann auch eine Prozeßwasserreinigung dazwischengeschaltet werden. Die im Prozeßwasser gelösten Schwermetallverbindungen werden dabei abgeschieden. Die Feinfraktion enthält organische Bestandteile und ist schwermetallhaltig. Die organischen Anteile sind über ein nasses Verfahren zu extrahieren und die Suspension einer Schwermetallabscheidung zuzuführen (Gesamtkonzept, s. Abb. 5 und 6).

Zusammenfassend ist zu sagen: Wir haben mit dem BN-Konzept die Qualität der Hydrolysereststoffe und der zu deponierenden Stoffe in den Mittelpunkt unserer Überlegungen gerückt. Das vorliegende Konzept ist eine Alternative zur Müllverbrennung. Mit der stoffspezifischen Behandlung des Restmülls können die großen Deponieprobleme, die Entstehung von Sickerwasser und Deponiegas vermieden und die abzulagernden Müllmengen und damit der Landschaftsverbrauch reduziert und Rohstoffreserven gesichert werden. Es ist ein nachhaltiges und zukunftsfähiges Modell. Die dazu notwendigen Einrichtungen, Sortieranlagen, Vergärungsanlagen werden siedlungsnah in Industrie- und Gewerbegebieten errichtet (Übersicht 4).

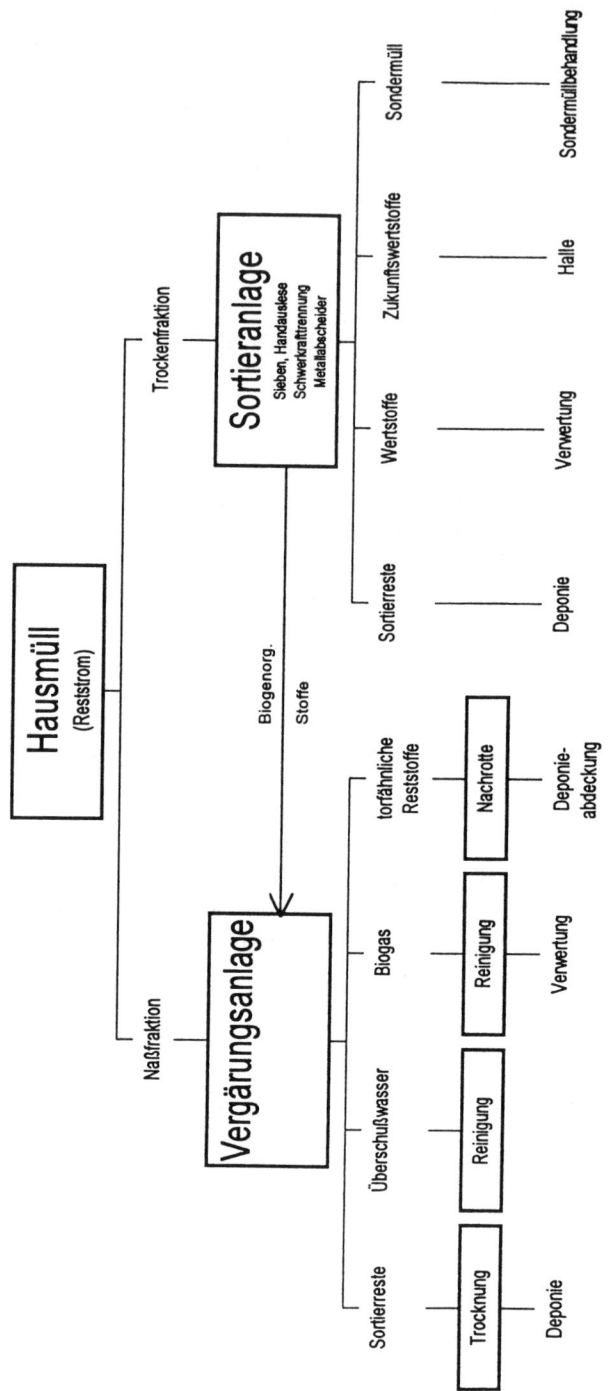

Abb. 2. Konzept zur Behandlung des Restmülls (I)

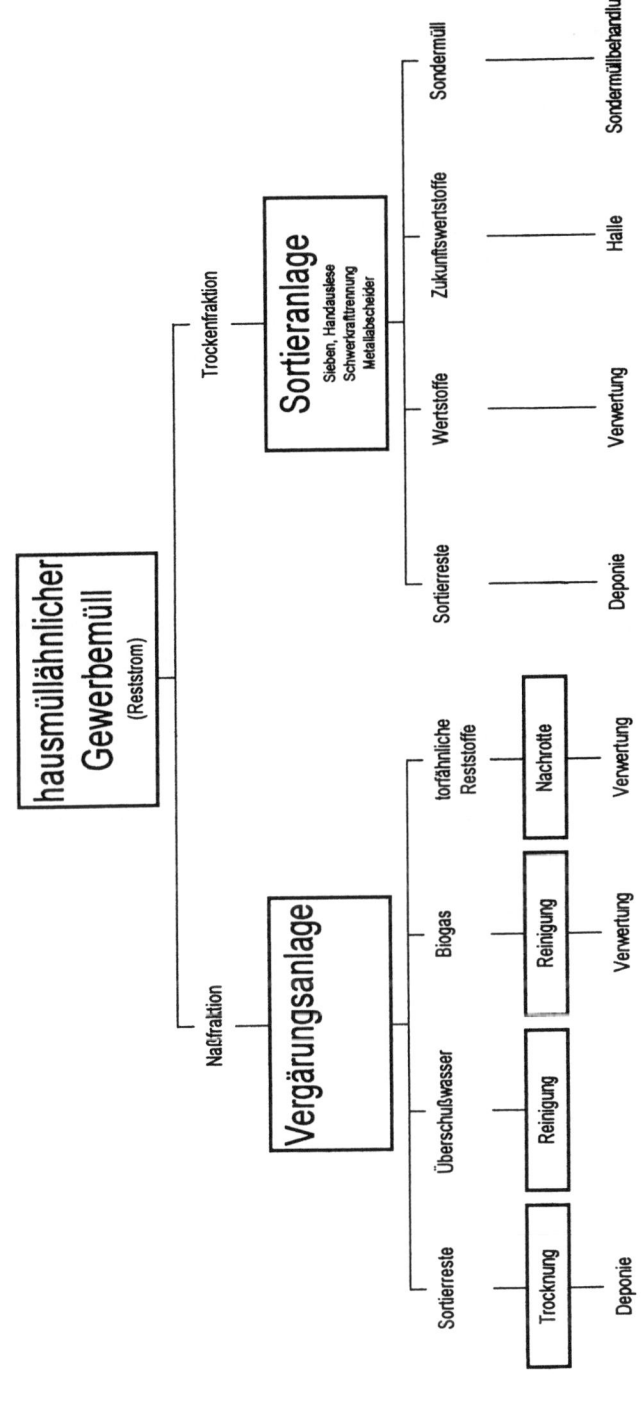

Abb. 3. Konzept zur Behandlung des Restmülls (II)

Übersicht 4. Vorteile der stoffspezifischen mechanisch-biologischen Behandlung

- Restmüll wird von Schadstoffen befreit.
- Probleme der Müllverbrennung (Energie- und Reststoffverschwendung, hohe Kosten, Luftbelastung, Störanfälligkeit, Anfall von Untertagedeponieabfällen, Akzeptanz) werden vermieden.
- Die biologischen Vorgänge, die im Deponiekörper unkontrolliert ablaufen und zu den bekannten Problemen wie Sickerwasser und Deponiegas führen, können in der Vergärungsanlage gesteuert und kontrolliert werden.
- Weitgehend inertisierte Sortierreste werden abgelagert.
- Die abzulagernde Müllmenge wird reduziert.
- Wertvolle Naturräume und Rohstoffe werden geschont.
- Anlagen (Sortieranlagen, Vergärungsanlagen, Rottetrommel, Wertstoffhalle) werden in Industrie- und Gewerbegebieten errichtet.
- Verbesserte Akzeptanz.

Worin unterscheidet sich das BN-Konzept von den derzeit bekannten Projekten zur mechanisch-biolgischen Behandlung des Restmülls? Es unterscheidet sich in der Zielsetzung: Ziel des BN-Konzepts ist, eine möglichst schadstoffarme Qualität der abzulagernden Sortierreste und der Hydrolysereststoffe zu erreichen, um so die Müllmenge, die in der freien Landschaft deponiert werden muß, drastisch zu reduzieren. Ziel der derzeit bekannten Projekte zur mechanisch-biologischen Behandlung ist, die Maximierung des Abbaus der organischen Anteile im Restmüll um die Entstehung von Sickerwasser und Deponiegas bei der Ablagerung zu vermindern.

Der Bund Naturschutz ist der Auffassung, daß die derzeit laufenden Projekte zur mechanisch-biologischen Behandlung in Richtung stoffspezifische Behandlung und Schadstoffentfrachtung optimiert werden müssen. Wichtig ist nun, daß den alternativen Verfahren eine Chance gegeben wird, sich in der Praxis zu bewähren und fortzuentwickeln. Den derzeit 56 Verbrennungsanlagen mit einer Kapazität von 13 Mio. t stehen 11 mechanisch-biologische Anlagen mit einer Kapazität von etwa 1 Mio. t gegenüber. 19 MVAs und 8 MBAs sind in Planung (Tabelle 1).

Systemvergleich

Im Auftrag des Landes Hessen erstellte im Februar 1994 die ITU GmbH und das Öko-Institut Darmstadt eine Untersuchung zum Vergleich verschiedener Restmüllbehandlungsverfahren (Hessische Landesanstalt für Umwelt, ITU GmbH und Öko-Institut Darmstadt 1994).Die Vorzüge der optimierten anaeroben/aeroben Behandlung (Linie 3) zeigen sich bei den Kriterien Entwicklungsstand, abzulagernde Reststoffe, Lufbelastung, Klimawirksamkeit und Kosten. Hierzu einige Tabellen und Abbildungen aus der Studie zum Vergleich (Tabelle 1-4 und Abb. 4-9).

Tabelle 1. MVAs und mechanisch-biologische Restmüllbehandlung in Deutschland

	MVAs	Betrieb	MBA Bau	Planung
Baden-Württemberg	4	1	2	1
Bayern	20	–	–	2 (Quarzbichl, Erbenschwang)
Brandenburg	–	1	–	–
Berlin	1	–	1	–
Bremen	2	–	–	–
Hamburg	2	–	–	–
Hessen	4	–	–	–
Niedersachsen	1	2+1	–	4
Nordrhein-Westfalen	13	–	1	–
Rheinland-Pfalz	1	1	1	–
Saarland	1	–	–	1
Schleswig-Holstein	4	–	–	–
Thüringen	–	–	–	1
Summe	53	6	5	9

+   4 MVAs im Bau, + 19 MVAs in Planung (BT Drs. vom 9.3.1995)

1. Entwicklungsstand

Tabelle 2. Qualitativer Vergleich des Entwicklungsstands der betrachteten Verfahrenslinien

Verfahrenslinie	Entwicklungsstand	Anmerkungen
Linie 1: Deponie	sehr hoch	großtechnisch erprobt
Linie 2: Rottedeponie	sehr hoch	großtechnisch erprobt, Optimierungsbedarf: Abluftfassung und Reinigung
Linie 3: optimierte BMA	hoch	einzelne Bestandteile erprobt, Kombination im Versuchsstadium[a]
Linie 4: BMA/Wirbelschicht	mittel	BMA s. oben, Wirbelschicht großtechnisch erprobt (Japan, Finnland)
Linie 5: BMA/ konventionelle MVA	gering	MBA s. oben MVA für hochkalorische Abfälle problematisch
Linie 6: konventionelle MVA	sehr hoch	großtechnisch erprobt, Optimierungsbedarf: kontinuierliche Überwachung Abgas, Einschmelzung, Aschen, Verringerung Abgasvolumen
Linie 7: Schwelbrennverfahren	gering	Versuchsanlage, ca. 10 000 Betriebsstunden, ca. 300 kg/h, Scale-up 20-30; Nachweis für günstige Energie- und Schadstoffbilanz noch zu erbringen
Linie 8: Thermoselect	gering	Versuchsanlage, ca. 3000 Betriebsstd., ca. 4 Mg/h, Scale-up ca. 2,5; Nachweis für Schadstoffbilanz noch zu erbringen

[a]   Seit 1991 läuft in Helsingör eine Vergärungsanlage mit einem Durchsatz von 20 000 t/a.

2.   Mengenbilanz

Der Verfahrensvergleich beurteilt beim Reststoffmengenvergleich die thermischen Verfahren besser als das mechanisch-biologische Verfahren (Linie 3). Die entstehenden Abfälle bei der Rohstoffgewinnung für den Bau der Anlagen und nach ihrer Nutzung wurden allerdings nicht berücksichtigt. Vor allem muß aber die höhere Vermeidungs- und Verwertungsquote in einem System mit mechanisch-biologischen Verfahren im Vergleich zu Systemen mit thermischen Verfahren Berücksichtigung finden. Wenn die mechanisch-biologische Verfahren zu einer stoffspezifischen Behandlung optimiert werden, sind sie den thermischen Verfahren auch hinsichtlich der Restmengenbilanz überlegen.

Abzulagernde Reststoffe

Bei dem Kriterium „abzulagernde Reststoffe" wird die Verfahrenslinie 3 günstig beurteilt, weil sie ohne Anfall von Untertagedeponieabfällen betrieben werden kann und die höchste Verwertungsquote aufweist.

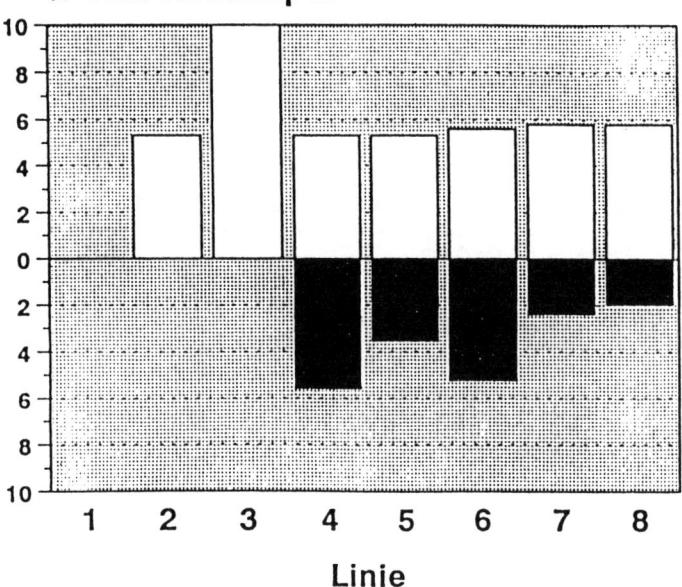

Abb. 4. Vergleich der anfallenden Sonderabfallmengen und der ausschleusbaren Wertstoffe am Beispiel der Variante „Stadt"
☐   Wertsoffe, ■   UTD-Abfälle

3.   Schadstoffbilanz

3.1   Kritisches Luftvolumen

Die Gesamtemissionsfrachten der einzelnen Parameter wurden mit einer toxikologischen Gewichtung zu einem kritischen Emissions- oder Luftvolumen aggregiert. Das kritische Luftvolumen beschreibt das Emissionspotential der Verfahrenslinien.

Bei den luftseitigen Emissionen zeigt das Kombinationsverfahren Vergärung/Rotte
(Linie 3) eindeutige Vorteile verglichenit den thermischen Verfahren.

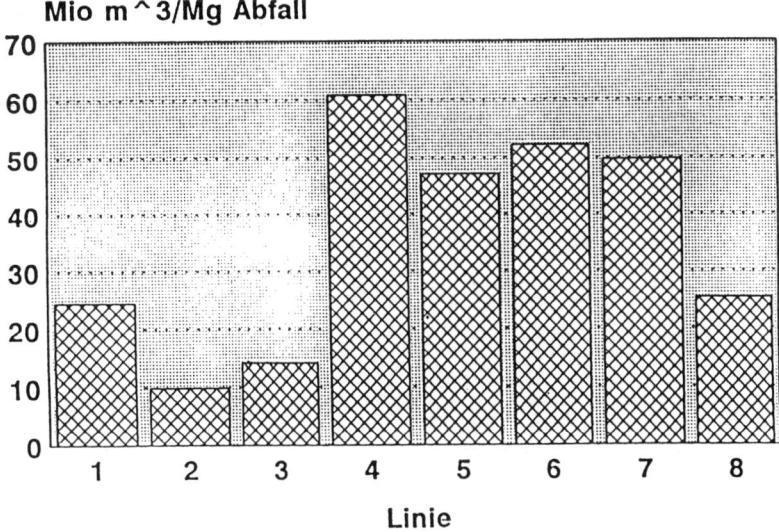

Abb. 5. Vergleich der kritischen Luftvolumina der einzelnen Verfahrenslinien

3.2   Cadmium- und Arsenfrachten

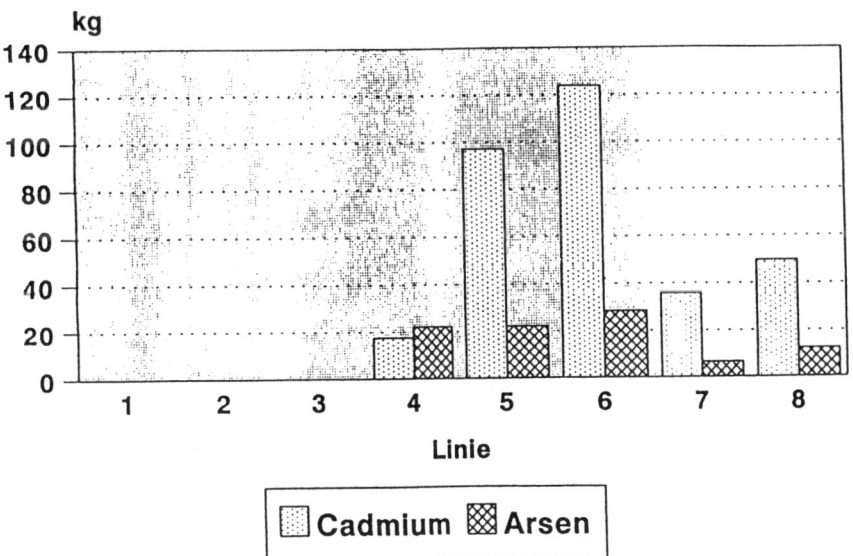

Abb. 6. Vergleich der Cadmium- und Arsenfrachten der einzelnen Verfahrenslinien am
Beispiel der Variante „Stadt"

3.3   Dioxinfrachten

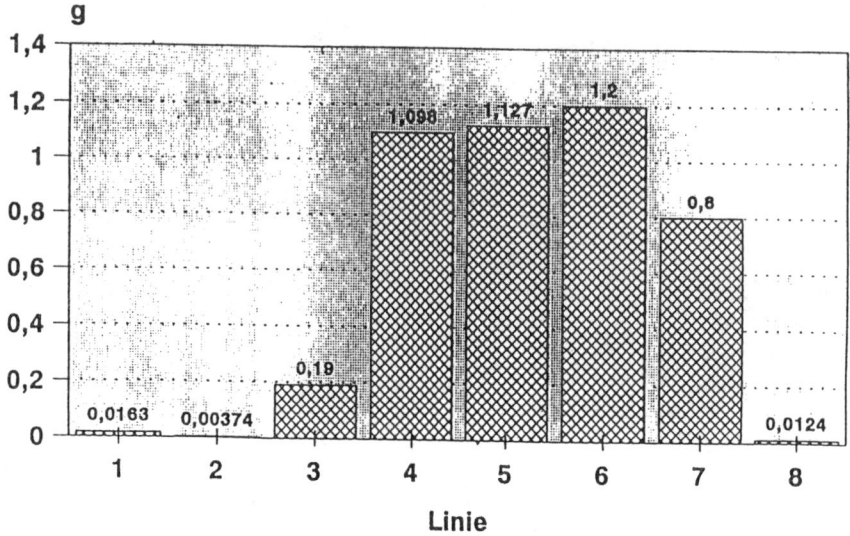

Abb. 7. Vergleich der Dioxinfrachten($TE_{PCDD/F}$) der einzelnen Verfahrenslinien am Beispiel der Variante „Stadt"

3.4   Klimawirksamkeit

Tabelle 3. Jährliche Emissionen treibhausrelevanter Gase als CO_2-Äquivalente der Verfahrenslinien unter Berücksichtigung der Gutschrift durch Stromabgabe für die Gebietskörperschaft Stadt

	Emission	Gutschrift	Summe
Linie	$MgCO_2/a$	$MgCO_2/a$	$MgCO_2/a$
1 – Deponie	42,515	15,202	27,313
2 – Rottedeponie	39,570	3,351	36,219
3 – BMA	39,530	1,989	37,541
4 – BMA/WB	82,703	37,120	45,583
5 – BMA/MVA	83,013	33,938	49,075
6 – MVA	85,434	41,684	43,750
7 – KWU	85,136	43,821	41,315
8 – Thermoselect	85,232	19,567	65,665

Bei der Klimawirksamkeit sind die Unterschiede zwischen den mechanisch-biologischen Verfahren und den thermischen Verfahren gering. Ein leichter Vorsprung der Linien 1, 2 und 3 ist zu erkennen.

3.5 Kritisches Wasservolumen

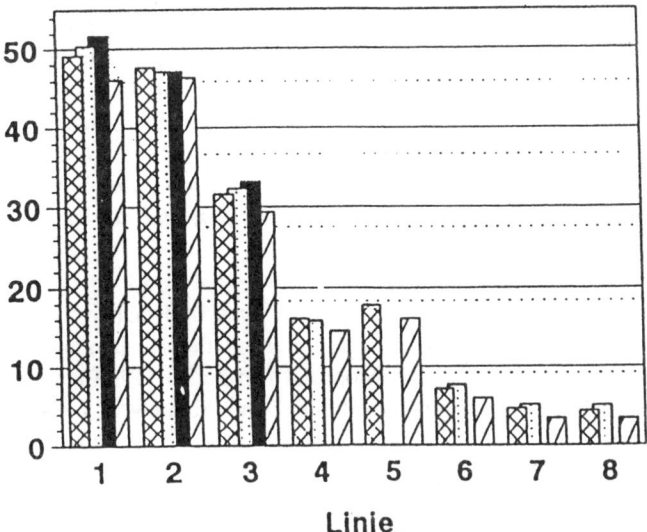

Abb. 8. Kritische Wasservolumina der Restabfallbehandlungsverfahren
▨ Stadt, ▧ Landkreis 1, ■ Landkreis 2, ▨ Verbund

Das kritische Wasservolumen beschreibt das Emissionspotenial der Verfahrenslinien. Der Systemvergleich kommt bei der Betrachtung der möglichen Wasserbelastung zu einer schlechteren Bewertung der mechanisch-biologischen Verfahren im Vergleich zu den thermischen Verfahren (Schwelbrennverfahren, Linie 7).

Der Systemvergleich geht von einer „praktisch vollständigen Inertisierung der Schlacke durch das Schwelbrennverfahren aus, die eine verhältnismäßig niedrige Wasserbelastung verursacht". Die Schlacke kann der Deponieklasse I nach TA Siedlungsabfall zugeordnet werden (Hessische Landesanstalt für Umwelt, ITU GmbH und Öko-Institut Darmstadt 1994).

Die Schlacke aus dem Schwelbrennverfahren kann nach neueren Erenntnissen keineswegs als inert bezeichnet werden. In Deutschland wird die Qualität der Schlacke nach dem Eluatverfahren DEV S4 bestimmt, wobei das Probematerial mit destilliertem Wasser 24 Stunden geschüttelt wird. Dieses Verfahren geht von in der Natur nicht gegebenen Voraussetzungen aus und ist nach dem Urteil von

Wissenschaftlern ungeeignet, „*da eine auf Kenntnis von ablaufenden Prozessen beruhende Langzeitabschätzung der Mobilität von Schadkomponenten nicht möglich ist*" (Prof. Dr. U. Förster, TU Hamburg-Harburg; Förster 1994). „*Aufgrund der möglichen Tragweite der Ergebnisse eines Auslaugtests und den daraus resultierenden Umweltschäden ist auch ein deutlich höherer Aufwand bei der Durchführung von Auslaugtests als heute üblich zu rechtfertigen*" (Prof. Dr. M. Faulstich, TU München; Faulstich 1994).

Die schweizerische technische Verordnung für Abfälle (TVA) berücksichtigt besser die natürlichen Bedingungen. Nach der TVA werden die Eluatwerte durch Schütteln in kontinuierlich mit Kohlendioxid gesättigtem Wasser (pH 4) bestimmt. „*Eine Besonderheit gegenüber vergleichbaren Regelungen ist die zusätzliche Festlegung von maximalen Gehalten an Schwermetallen in Stoffen, die als Inertstoffe gelten sollen ... . Leitbild ist hier das Vorsorgeprinzip: Stoffe, die nicht im Produkt vorhanden sind, können auch nicht ausgelaugt werden und die Umwelt schädigen*" (Faulstich 1994).

Dynamische Tests erlauben, die maximal auslaugbare Schadstoffmenge zu bestimmen und gewisse Aussagen über den zeitlichen Verlauf der Auslaugung zu machen. Sie sind weitaus besser geeignet, die Mobilität von Schadstoffen langfristig einzuschätzen, als das Deutsche Einheitsverfahren. Der Stand von Wissenschaft und Technik ist nicht nur für Behandlungsverfahren, sondern auch für Prüfverfahren zu fordern (Förster 1994).

In dem vorliegenden Systemvergleich wurden mechanisch-biologische Verfahren betrachtet, bei denen der Restmüll als Gemisch nur nach grober Vorsortierung der biologischen Behandlung zugeführt wird. Nach dieser unzureichenden Vorbehandlung ist davon auszugehen, daß ein schadstoffhaltiges Stoffgemisch abgelagert werden muß, welches eine höhere Wasserbelastung zur Folge hat.

Der Bund Naturschutz empfiehlt deshalb, der biologischen Behandlung eine sorgfältige Trennung der einzelnen Stoffgruppen im Restmüll voranzustellen, insbesondere müssen Schadstoffe und schadstoffhaltige Produkte wie z.B. Elektrogeräte, Batterien u.a. aussortiert werden.

In Vergärungsversuchen mit Restmüll aus den Städten Aachen und Ludwigsburg sind die Schwermetallgehalte der Hydrolysereststoffe gemessen worden (BTA 1991). Mit Ausnahme von Zn liegen die Werte nur wenig über dem Grenzwert der Bundesgütegemeinschaft Kompost (Tabelle 4).

Diese Versuche wurden mit Restmüll nach grober Vortrennung durchgeführt. Die gemessenen Schwermetallkonzentrationen der Hydrolysereststoffe können selbstverständlich durch eine sorgfältigere Vortrennung des Restmülls noch verringert werden.

Zu erwarten ist, daß die Qualität der Hydrolysereststoffe so verbessert werden kann, daß sie sogar die Grenzwerte der Bundesgütegemeinschaft Kompost erreicht. Das organische Material könnte zur Deponiebegrünung und im Landschaftsbau verwendet werden. Damit wäre auch der Parameter „Glühverlust" der TASi nicht mehr relevant. Abgelagert wird die sog. Schwerfraktion (Glas-, Porzellanscherben), Stoffe, die den Kriterien der Deponieklasse I genügen.

Tabelle 4. Schwermetallgehalte (in mg/kg Trockensubstanz) der Hydrolysereststoffe im Vergleich

	Restmüll Ludwigsburg	Restmüll Aachen	Grenzwert Bundesgüte-gemeinschaft Kompost	Schwermetall-gehalt SB-Schlacke
Pb	84,0	123,0	150,0	800,0
Cd	1,5	1,7	2,0	4,0
Cr	76,0	103,0	100,0	–
Cu	70,0	68,0	100,0	1900,0
Ni	41,0	61,0	50,0	–
Hg	3,0	1,3	1,5	0,5
Zn	600,0	702,0	400,0	2000,0

4   Energiebilanz

Nach dem Verfahrensvergleich erzielt die SBA (Linie 7) eine höhere Energieausbeute als das mechanich-biologische Verfahren (Linie 3).

Die Energieaufwendung für die Errichtung der zentralen großtechnischen Anlagen und für den Mülltransport zu den zentralen Anlagen liegt im Vergleich zu den dezentralen Anlagen höher. Vor allem aber muß der Energieinhalt der stofflich verwertbaren Produkte, die in der MVA verbrannt werden, Berücksichtigung finden. In den MVAs wird nur der Brennwert dieser Produkte genutzt, nicht aber die Energie, die zur Herstellung dieser Stoffe benötigt wurde.

Nach Abb. 10 ist gerade die hohe Verwertungsquote ein wesentlicher Vorteil der mechanisch-biologischen Verfahren auch hinsichtlich der Energiebilanz.

Das Schwelbrennverfahren (Linie 7) und die Rostverbrennung sind die teuersten Verfahren mit 500 DM/t, das mechanisch-biologische Verfahren liegt bei 295 DM/t.

Wenn die mechanisch-biologischen Verfahren zur Behandlung des Restmülls zu einer stoffspezifischen Behandlung weiterentwickelt und optimiert werden (BN-Konzept 1993), kann in einem Systemvergleich mit den thermischen Verfahren ihre Überlegenheit nach allen Kriterien nachgewiesen werden.

5   Wirtschaftlichkeit

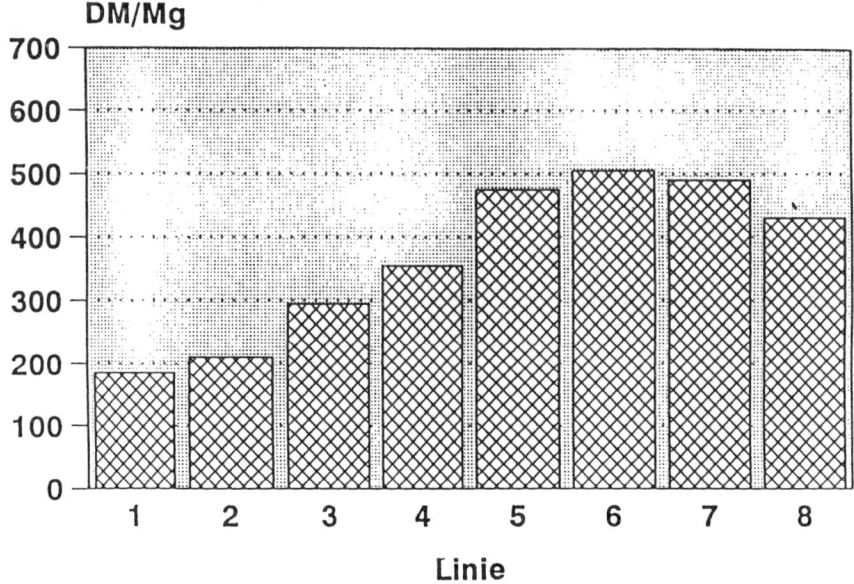

Abb. 9. Vergleich der spezifischen Kosten der betrachteten Verfahrenslinien am Beispiel der Variante „Stadt"

Literatur

BN-Konzept zur Behandlung und Lagerung des Restmülls (1993) Wiesenfeldener Reihe, Heft 11 (Juli)

BTA (1991) Produktion von Hydrolysereststoffen aus Restabfall der Stadt Aachen

Faulstich, M. (1994) Übersicht über die derzeit verfügbaren Inertisierungsverfahren und Entwicklungstendenzen. 17. Mülltechn. Seminar, Berichte aus Wassergüte- und Abfallwirtschaft, TUM, Nr. 118

Franke, B. (1990) Bewertung der Krebsrisiken durch Emissionen mit der Abluft von Müllverbrennungsanlagen. Müll und Abfall, S. 71

Fricke, K., Thomé-Kozmiensky, K.J., Neumüller, G. (1993) Abfallwirtschaft im ländlichen Raum, EF-Verlag

Förster, U. (1994) Übersicht über die derzeit verfügbaren Inertisierungsverfahren und Entwicklungstendenzen. 17. Mülltechn. Seminar, Berichte aus Wassergüte- und Abfallwirtschaft, TUM, Nr. 118

Hessische Landesanstalt für Umwelt, ITU GmbH und Öko-Institut Darmstadt (1994) Systemvergleich Restabfallbehandlung

Hoffmann, H., Hartwig, G., Kühling, W. (1994) Müllverbrennung: Gefahren und Risiken, BUNDpostion 28

Wuppertal Institut GmbH (Okt. 1995) Studie: Zukunftsfähiges Deutschland, BUND und MISERIOR

Positive Volksabstimmung zur Sondermüllverbrennungsanlage Trieben – ein Erfahrungsbericht

Karl Schechtner

1 Die Ausgangssituation für die Sondermüllverbrennungsanlage Trieben

Trieben ist eine industriell geprägte Marktgemeinde mit etwa 4000 Einwohnern und liegt inmitten eines Landschaftschutzgebietes des steirischen Ennstales in Österreich. Der Ort wurde in den letzten Jahrzehnten wesentlich durch das Magnesitwerk der Veitsch-Radex AG geprägt. Dieses Unternehmen produziert feuerfestes Schamottmaterial für Industrieöfen. In den 60er und 70er Jahren wurden im Triebener Betrieb noch 1200 Mitarbeiter beschäftigt, in den 80er Jahren aber sukzessive 600 Mitarbeiter abgebaut. Im Jahre 1991 erfolgte durch eine Reorganisation des Unternehmens eine plötzliche weitere Reduktion der Beschäftigten um 50 % auf 300 Mitarbeiter, wobei auch eine Werksschließung nicht mehr ausgeschlossen wurde.

Der produktionsbedingte Abfall des Werkes wurde lokal in den sogenannten Bergehalden unweit der Industrieanlage ohne Untergrundabdichtung deponiert und im Rahmen des österreichischen Altlastensanierungsgesetzes als Altlast gemeldet. Eine geplante Erweiterung dieser Abraumhalden um 2 Mio. m^3 Deponiematerial scheiterte in Anbetracht der festgestellten Grundwasserbeeinträchtigung.

Die Ausgangslage für den *Standort Trieben* kann man wie folgt zusammenfassen:

- *drohende Arbeitslosigkeit:* Rückläufige Beschäftigungslage im angestammten örtlichen Industriebetrieb,
- *notwendige Altlastensanierung:* Grundwasserbeeinträchtigung durch gemeldete industrielle Altablagerungen,
- *fehlender Deponieraum:* Keine geeignete Deponiemöglichkeit durch sensible Untergrundverhältnisse im Gemeindegebiet.

Unter dem Schock des plötzlichen Verlustes von weiteren 300 Arbeitsplätzen kam es 1991 zu ersten Vorgesprächen der Gemeindeverantwortlichen mit den Vertretern des Industriebetriebes über die Möglichkeit zur Errichtung einer Verbrennungsanlage nach dem Motto: „Wenn schon nicht deponieren, dann könnten wir wenigstens verbrennen".

Im Anschluß an diese Gespräche wurde die Sondermüllverbrennungsanlage Trieben von der Planungsgesellschaft der Entsorgungsbetriebe Simmering (EBS) nach den Rahmenbedingungen des Bundesabfallwirtschaftsplanes dimensioniert: In der Anlage sollen 70 000-80 000 Jahrestonnen Sondermüll verbrannt werden. Die Abluft sollte nach denselben Verfahren wie in der Sondermüllverbrennungsanlage Simmering gereinigt werden. Zusätzlich wurde vom Gemeinderat Trieben eine katalytische Entstickung der Rauchgase gefordert und vom Projektwerber zugesagt.

Die festen Rückstände aus dem Betrieb der Anlage, das sind Schlacken, Aschen und Filterkuchen aus den Abluftreinigungsanlagen werden außerhalb des Gemeindegebietes entsorgt, das heißt mangels geeigneter Deponie in Österreich exportiert. Die Triebener Altlast sollte sukzessive durch Verbrennen in der Anlage entsorgt werden.

Der Gemeinderat wollte die Grundsatzentscheidung für die Errichtung der Sondermüllverbrennungsanlage auf Basis einer Volksbefragung treffen. Aus diesem Grunde fand am 07. November 1993 nach einstimmigem Gemeinderatsbeschluß eine amtliche Volksabstimmung mit folgender Fragestellung statt: „Soll die Gemeinde der Errichtung einer Sondermüllverbrennungsanlage zustimmen sofern

• die Einhaltung strengster Umweltauflagen gegeben ist,
• die besten Sicherheitseinrichtungen gewährleistet werden,
• eine Umweltverträglichkeitsprüfung durchgeführt wird und sie eine positive Entscheidung ergibt
• und dadurch neue Arbeitsplätze geschaffen werden?
JA oder NEIN?"

Die Volksbefragung brachte bei einer 85 %igen Wahlbeteiligung ein positives Ergebnis mit 57,8 % Ja-Stimmen. In der Gemeinde Trieben hatte die sozialdemokratische Partei vor der Volksabstimmung eine klare politische Mehrheit mit 76 % der Stimmen. Bei den Gemeinderatswahlen im März 1995 verlor die sozialdemokratische Partei lediglich 1 % der Stimmen und hält derzeit 75 % Wähleranteil. Im Ort Trieben hat sich bis heute noch keine Bürgerinitiative gegen die Sondermüllverbrennungsanlage gebildet. Die Gegner der Anlage haben sich in drei Gruppen formiert. Zwei Bürgerinitiativen in den Nachbargemeinden Rottenmann und Gaishorn/Treglwang bzw. eine Initiative zur Vertretung der örtlichen Bauernschaft.

Im Anschluß an die amtliche Volksbefragung in Trieben fanden in einigen Nachbargemeinden ebenfalls Volksbefragungen statt, allerdings mit einer etwas anderen Fragestellung. Die etwa 15 000 befragten Einwohner der umliegenden Gemeinden stimmten mit 93,6 % gegen die Errichtung der Anlage.

Abb. 1. Der Bürgermeister der Marktgemeinde Trieben aus der Sicht des Karikaturisten

2   Argumente der Gemeindevertreter für und der Bürgerinitiativenvertreter gegen die Sondermüllverbrennungsanlage

Die Forderungen der Gemeinde Trieben an den potentiellen Konsenswerber EBS wurden schon vor der Volksbefragung vom Gemeinderat in einem Katalog klar definiert, die ausgehandelten Vorteile lassen sich wie folgt zusammenfassen:

- 250-300 neue Arbeitsplätze in Trieben mit einem Vorschlagsrecht der Gemeinde zur Besetzung der Arbeitsplätze,
- kostenlose Entsorgung der Altablagerungen im Gemeindegebiet,

Abb. 2. Die Sondermüllverbrennungsanlage Trieben aus der Sicht der Gegner

- Emissionsverminderung durch Einbindung der Veitsch-Radex Industrieabgase in die Filtertechnologie der Sondermüllverbrennungsanlage,
- keine Deponie der Verbrennungsrückstände im Gemeindegebiet und in den Nachbargemeinden,
- kostenlose bzw. kostengünstige Entsorgung von Hausmüll, Klärschlamm und Sondermüll aus den Haushalten und den Gewerbebetrieben der Marktgemeinde Trieben,
- kostenlose Bezugsmöglichkeit von Fernwärme für die Haushalte in Trieben bis 18 MW (soll zu einer Hausbrandemissionsverminderung führen).

Die Autoren des Buches „Steirische Karikaturen" (J. Platzer, E. Lasser) haben die Vorteile für die Gemeinde Trieben in Person des Bürgermeisters Direktor Gerhard Schweiger, einem glühenden Verfechter des Projektes, dargestellt (Abb. 1).

Aber auch die Argumente der Bürgerinitiativenvertreter sind gewichtig:

- Angst der Bevölkerung und Sorge der regional ansässigen Ärzte vor Gesundheitsbeeinträchtigungen durch den Normalbetrieb der Anlage;

- Gefährdung der Bevölkerung im Störfall durch örtliche Nähe der Verbrennungsanlage zur Marktgemeinde Trieben;
- Nachteile für die regionale Landwirtschaft durch Einschränkung der Produktionsbedingungen (Biologischer Landbau) und Grundentwertung;
- eine Vorprüfung des Standortes Trieben durch eine andere Betreiberfirma ergab wahrscheinlich ungünstige Rahmenbedingungen, so daß die Errichtung einer vergleichbaren Anlage an einem anderen Standort (Ranshofen) weiter verfolgt wurde (Vorprüfungsunterlagen sind nicht verfügbar);
- die geplante Höhe des Kamines von 85 m (bei einem neu errichteten Kamin) bzw. 140 m (bei Verwendung des bestehenden Industriekamins) zeigt, daß trotz fortschrittlichster Technologien die Emissionen aus der Verbrennungsanlage beachtlich sein dürften;
- die Bedarfsprüfung für die Errichtung weiterer Sondermüllverbrennungsanlagen in Österreich hat nach Ansicht der Gegner die Tatsache zu wenig berücksichtigt, daß das verfügbare Aufkommen an gefährlichen Abfällen durch neue industrielle Technologien für Recycling, Verwertung und Abfallkonditionierung in den letzten Jahren drastisch gesunken ist. Auch der billigere Sondermüllexport dürfte ein Faktor für das reduzierte Aufkommen sein.

Die Argumente der Gegner wurden von den beiden obengenannten Karikaturisten bildlich ebenfalls auf den Punkt gebracht (Abb. 2).

3   Erfolgsfaktoren für den positiven Ausgang der Volksbefragung

3.1   Günstige örtliche Rahmenbedingungen

Die örtlichen Rahmenbedingungen für die Zustimmung der Bevölkerung zur Errichtung einer Sondermüllverbrennungsanlage in Trieben waren äußerst günstig. Die Angst vor dem weiteren Verlust industrieller Arbeitsplätze bis hin zur Auflassung des Standortes, die fehlende Erweiterungsmöglichkeit der bestehenden Deponie und die Grundwasserbeeinträchtigung durch die gefährlichen Altablagerungen zwangen die Gemeindeverantwortlichen zum Handeln. Zudem konnte durch die satte Dreiviertel-Mehrheit der Sozialdemokraten im Gemeinderat Trieben, dem Fehlen einer örtlichen Bürgerinitiative und dem einstimmigen Gemeinderatsbeschluß für eine Volksabstimmung in Trieben den Projektwerbern zu Beginn der Planungsarbeiten ein starker politischer Rückhalt signalisiert werden. Anzumerken ist auch die Tatsache, daß die Triebener Bevölkerung seit über 600 Jahren durch Bergbau stark industriell geprägt wurde und die bisherigen Umweltbelastungen des Magnesitwerks mit der Mentalität der 50er Jahre gelassen hingenommen hat. Zitat eines Bewohners: „Solange es oben herausraucht, haben wir alle Arbeit."

3.2   Arbeitsplätze und Umweltverbesserung für die Gemeinde Trieben

Die Vorteile der Errichtung einer Sondermüllverbrennungsanlage sind für die Entwicklung der Marktgemeinde Trieben augenscheinlich. Durch die Schaffung von Arbeitsplätzen kann der Industriestandort Trieben abgesichert werden. Man kann auch davon ausgehen, daß es durch die Einbindung der Industrieabgase in die moderne Filtertechnologie der Verbrennungsanlage und die kostenlose Bereitstellung von Fernwärme für die Haushalte auch zu einer Reduktion der lokalen Massenschadstoffemissionen kommen wird.

Die angebotene Altlastensanierung und die Beseitigung des kommunalen Deponieproblems verbessern die Umweltsituation im Grundwasserbereich.

3.3   Offensives Umweltmanagement der projektwerbenden Planungsfirma

Die Projektwerber haben sich von Anfang an um größte Transparenz in der Projektentwicklung bemüht und das Vertrauen der örtlichen Bevölkerung insbesondere durch Besichtigungsfahrten zur Sondermüllverbrennungsanlage der EBS in Simmering gewonnen. Als vertrauensbildende Maßnahme ist auch zu werten, daß die Projektwerber den Antrag auf Errichtung erst wenige Tage nach dem Inkrafttreten des Umweltverträglichkeitsprüfungsgesetzes in Österreich eingereicht und sich so als erste Konsenswerber den strengen Richtlinien des UVP-Gesetzes unterzogen haben. Zahlreiche Konkurrenzunternehmen haben in Österreich ähnliche Projekte knapp vor dem Inkrafttreten des Gesetzes eingereicht und sind so der Verpflichtung zur UVP entgangen.

4   Persönliche Anmerkungen des Verfassers

4.1   zum kleinregionalen Interessensausgleich

In der geplanten Sondermüllverbrennungsanlage soll der gefährliche Abfall der Bundesländer Steiermark und Kärnten entsorgt werden. Durch die hohen Übernahmepreise des Sondermülls ist die Anlage sowohl für den Anlagenbetreiber als auch die Standortgemeinde ein lukratives Geschäft. Die Rauchgase der Anlage beaufschlagen aber auch die Nachbargemeindegebiete und verursachen dort eine Beeinträchtigung des Lebensraumes und der Lebensqualität, ohne daß für die Gemeinden ähnliche Vorteile wie die der Triebener Bevölkerung gegenüberstehen. Grundsätzlich sollten daher alle Zusagen der Konsenswerber (kostenlose Hausmüllentsorgung, Deponiesanierungen, Fernwärmeversorgung etc.) auch für die beaufschlagten Nachbargemeinden angeboten werden. Dadurch könnte ein bedeutendes kleinregionales Konfliktpotential entschärft werden.

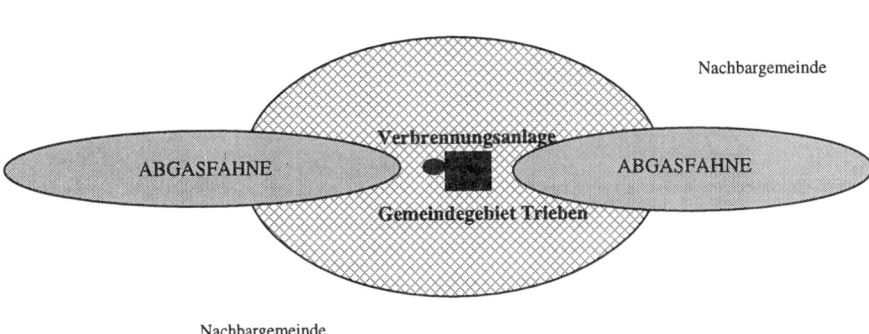

Nachbargemeinde

Nachbargemeinde

ABGASFAHNE

Verbrennungsanlage

ABGASFAHNE

Gemeindegebiet Trieben

Nachbargemeinde

Abb. 3. Systemskizze der gemeindeübergreifenden Umweltbelastung

4.2   zur Entschädigung der beaufschlagten und beeinträchtigten Landwirtschaftsflächen

Der Konsenswerber der Anlage hat sich nach Auskunft des Bürgermeisters von Trieben bereiterklärt, die finanziellen Verluste der umliegenden Land- und Forstwirtschaftsbetriebe aus den Titeln „Diskussion um die geplante Anlage" und die „Errichtung, Inbetriebnahme und Betreibung der Anlage" auszugleichen. Demnach können Schäden entstehen durch:

- nicht mehr zu erzielende Höchstpreise für Milch und Fleisch(-produkte) bzw. für sonstige übliche landwirtschaftliche Produkte,
- nachhaltige Schädigung der land- und forstwirtschaftlichen Flächen, welche den Verkauf von pflanzlichen Produkten, Quell- und Grundwasser nicht mehr möglich macht,
- ein Sinken des Verkehrswertes für Grund und Boden.

Interessant dabei ist auch das Einverständnis der Konsenswerber, Einkommenseinbußen der Land- und Forstwirte aus psychologischen Gründen (z.B. Absatzeinbußen in Zuge der Diskussion über die Schädlichkeit der Müllverbrennungsanlage) abzudecken. So liegen konkrete Absichtserklärungen des Babynahrungsmittelproduzenten HIPP vor, im Falle der Errichtung der Sondermüllverbrennungsanlage kein Kalbfleisch mehr aus der Gegend einzukaufen. Ebenso wird die Maresi-Molkerei Stainach aus diesem Raum keine Milch mehr zur Erzeugung ihrer Spezialprodukte für die 6. Flotte der US-NAVY beziehen.

Bewertungstechnisch stellt sich dadurch die Frage, inwieweit zukünftig die Bodenbelastung mit Schwermetallen und organischen Schadstoffen auch ohne das Erreichen eines Richtwertes für Nutzungsbeschränkungen entschädigungspflichtig sein wird. Falls die Bodenkonzentration eines bestimmten Schadstoffs im Laufe des Anlagenbetreibens sukzessive zunimmt und nach einem längeren Zeitraum einen Richtwert übersteigt, was eine Nutzungseinschränkung zur Folge hat, so kann ja nicht nur die vorangegangene Betriebsperiode für die Schadenszuordnung herangezogen werden. Demzufolge müßten auch schon geringe Bodenbelastungen ohne Überschreitung eines Richtwertes zu Entschädigungsleistungen führen.

4.3   zur Entwicklung des Lebensraumes Trieben in Richtung Nachhaltigkeit

Das Thema nachhaltige Entwicklung von Regionen wurde in letzter Zeit zunehmend intensiv diskutiert, und theoretische Gedankenmodelle wurden als Basis für die Umsetzung vorgestellt. Als Beispiel wird ein Modell von Kanatschnig gezeigt, welches die Wirtschaft als Teil der Gesellschaft beschreibt und in dem sich beide für eine nachhaltige Entwicklung an der natürlichen Kapazität des Lebensraums orientieren müssen.

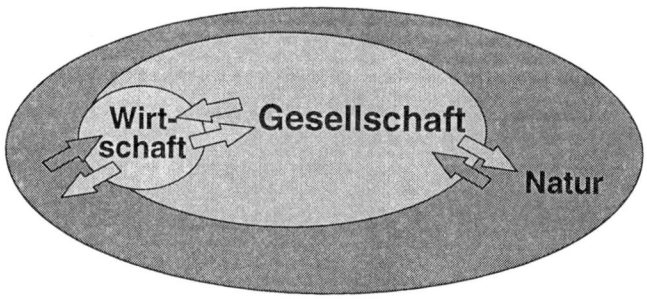

Abb. 4. Modell für nachhaltige Entwicklung (nach Kanatschnig 1992)

Es stellt sich nun die Frage, ob die Errichtung einer Sondermüllverbrennungsanlage die nachhaltige Entwicklung des Lebensraumes Trieben einschränkt oder fördert. Die Antwort ist nicht einfach.

Man kann sich dem Argument schwer verschließen, daß die Errichtung von zusätzlichen Sondermüllverbrennungskapazitäten in Österreich die vernünftigere Richtung „Vermeidung des Entstehens von gefährlichen Abfällen" bremst und so eine zweifellos nicht nachhaltige Entwicklung unterstützt. Kleinregional erscheinen jedoch im Falle Trieben 3 Punkte gewichtig, welche für eine nachhaltige Entwicklung sprechen:

- Die Schaffung eines leitungsgebundenen Fernwärmenetzes bringt gegenüber einer Gasversorgung den Vorteil, daß jederzeit auf erneuerbare Energieträger umgestellt werden kann. (Man kann auch darüber diskutieren, ob brennbarer

Abfall und Klärschlamm nicht an sich schon erneuerbare, weil regional immer wieder anfallende Energieträger sind.)

• Die Entsorgung der vorhandenen Altablagerungen bringt eine Verbesserung der Grundwassersituation und ist eindeutig eine nachhaltigkeitsfördernde regionale Maßnahme.

• Die Reinigung der Industrieabgase in der Müllverbrennungsanlage bringt eine lokale Verbesserung der Immissionssituation und verringert die Depositionsraten deutlich.

Es wird also genau zu beobachten sein, ob trotz Errichtung der Sondermüllverbrennungsanlage Trieben weiterhin der Grundsatz „Vermeiden vor Verwerten" verfolgt wird und die Verbrennungskapazität in Österreich nur vorübergehend zur Beseitigung der Altlasten ausgebaut wird.

Kritisch in bezug auf Nachhaltigkeit ist auch die Tatsache zu werten, daß der gesamte Rückstand aus der Verbrennungsanlage (Schlacke, Asche, Filterrückstände) mangels geeigneter Deponie für gefährliche Abfälle in Österreich nach wie vor exportiert und so ein wesentlicher Bestandteil der Gesamtproblematik der Müllverbrennung ins Ausland verlagert wird. Eine politische Grundsatzentscheidung für die Müllverbrennung mit allen Konsequenzen wurde demnach in Österreich auf breiter Basis bisher nicht getroffen.

4.4   zur Umwelt- und Gesundheitsverträglichkeit

Eine prognostische Beurteilung der Auswirkungen von geplanten Anlagen auf die Umwelt und Gesundheit ist nach dem derzeit vorhandenen Wissensstand kaum möglich. Zu komplex sind die Wirkungszusammenhänge, und zu gering ist die Kenntnis darüber. Selbst im Falle der Beurteilung der Umwelt- und Gesundheitsverträglichkeit bestehender Anlagen können monokausale Zusammenhänge zwischen Umweltbelastungen und -wirkungen kaum empirisch nachgewiesen werden.

Demnach sollten in Zukunft zusätzlich zu bestehenden Luftmeßeinrichtungen Veränderungen bestimmter Umwelt- und Gesundheitsindikatoren im Einflußbereich bestehender Anlagen empirisch beobachtet und aus den Ergebnissen auf die biologische Wirkung von Umweltbelastungen geplanter Anlagen geschlossen werden.

Der vorgeschlagene Weg sollte ergänzend zur derzeit wenig wirklichkeitsnahen Beurteilung der Umwelt- und Gesundheitsverträglichkeit von geplanten Anlagen anhand möglicher Grenz- und Richtwertüberschreitungen beschritten werden. Damit können nicht nur einzelne Schadstoffarten in den untersuchten Umweltmedien beurteilt, sondern auch die Summen- und Wechselwirkungen der Emissionen anhand der wirkungsbezogenen Umwelt- und Gesundheitsbeobachtung empirisch berücksichtigt werden.

5   Zusammenfassung und Schlußfolgerungen

In Trieben gibt es günstige Rahmenbedingungen für die Errichtung einer Sondermüllverbrennungsanlage. Die rückläufige Anzahl an Industriearbeitsplätzen, die zu entsorgenden Altablagerungen und der fehlende Deponieraum haben wesentlich zur Entscheidungsfindung für die Unterstützung des Projektes durch die Gemeinde beigetragen. Zudem hat der Bürgermeister persönlich, wohl ausgestattet mit einer politischen Dreiviertelmehrheit seiner Fraktion im Gemeinderat, das Projekt nachdrücklich befürwortet. Der Konsenswerber konnte auf umfangreiche Erfahrungen in der Sondermüllverbrennung und der örtlichen Bürgerbeteiligung verweisen und bemühte sich von Anfang an um transparente Projektentwicklung und das Vertrauen der Bevölkerung. Nachteile werden durch die Sondermüllverbrennungsanlage Trieben für die Nachbargemeinden und die kleinregionale Landwirtschaft erwartet. Inwieweit der fehlende politische Grundkonsens in Österreich für oder gegen die Müllverbrennung den Verfahrensablauf in der Gemeinde Trieben beeinflussen wird, bleibt abzuwarten. Der Projekterfolg wird in erster Linie vom Ergebnis der in Österreich erstmals gesetzlich durchzuführenden Umweltverträglichkeitsprüfung abhängen. Ergänzend sollte eine permanente wirkungsbezogene Umwelt- und Gesundheitsbeobachtung im Einflußbereich der Anlage während der Errichtung und dem Betrieb durchgeführt werden, um Erfahrungen bezüglich der Summen- und Wechselwirkungen der einzelnen Schadstoffe auf das Wohlbefinden der Bewohner und das Ökosystem zu gewinnen. Im Sinne einer nachhaltigen Entwicklung sollte das Problem der Rückstandsbeseitigung aus Sondermüllverbrennungsanlagen durch Konditionierung und Deponie im Inland gelöst werden.

Augsburg: Modernste Müllverbrennungsanlage Deutschlands – ein Desaster?

Christine Kamm

Vorbemerkung

Mein Beitrag ist der einer Oppositionspolitikerin, die von außen Planung wie Bau der Müllverbrennungsanlage erlebt hat. Obwohl über 25 000 Bürgerinnen und Bürger Einwendungen gegen den Bau dieser Anlage im Planfeststellungsverfahren erhoben, wurde die Anlage im wesentlichen wie geplant errichtet. Heute, mit Inbetriebnahme der Anlage, müssen wir jedoch feststellen, daß viele unserer damals geäußerten Befürchtungen Wirklichkeit geworden sind.

Errichtet wurde die Müllanlage durch den Abfallbeseitigungszweckverband AZV, dem die Stadt Augsburg und die beiden Landkreise Augsburg-Land und Aichach-Friedberg mit insgesamt über 600 000 Einwohnern angehören. Details der Auftragsvergaben der über 800 Mio. DM teuren Investitionen kenne ich nicht, es ist mir auch nicht möglich, Protokolle der in vielen nichtöffentlichen Sitzungen getätigten Auftragsvergaben einzusehen. Sämtliche dieser Konzeption der Müllanlage kritisch gegenüberstehenden Gruppierungen konnten sich nicht über einen Fraktionskollegen direkt über den Stand der Dinge und die enormen Kostensteigerungen beim Bau informieren. Ein Vorstoß meinerseits, den nicht im AZV vertretenen Gruppierungen Anwesenheits- und Fragerecht einzuräumen, wurde von CSU und SPD angelehnt, den beiden einzigen im AZV wie in der teilprivatisierten GmbH während der langen Bauphase vertretenen Parteien. Pikant dabei ist, daß sowohl ein CSU-Landtagsabgeordneter wie ein SPD-Stadtrat mit ihren jeweiligen Ingenieur- und Baubüros maßgeblich an Planung und Bau der Anlage mitwirkten.

Die genauen Ursachen der Kostensteigerungen wie des Umfangs der technischen Pannen kenne ich daher nicht. Viele der Probleme zeigen sich in der einen oder anderen Weise auch bei anderen Müllanlagen. Vielleicht gibt es dort technische Pannen nicht in diesem Umfang, wohl aber eine ganze Reihe von den Planungsfehlern, die ich im folgenden darstellen werde.

Teure und vorhersehbare Überdimensionierung: Man plante auf Zuwachs, doch der blieb aus.

Insbesondere das Problem nicht geplanter Überkapazitäten ist das Problem vieler Müllanlagen, auch von Anlagen, die sich derzeit in Planung befinden. So ging man in Augsburg im *Planfeststellungsverfahren* aus von folgenden in den drei Gebietskörperschaften *„bei der geplanten Inbetriebnahme 1991"* zu entsorgenden Müllmengen (Tabelle 1).

Tabelle 1. Zu entsorgende Müllmengen

	Müllmenge (t/a)	Sortierung	Kompostierung	thermische Verwertung
Hausmüll/Geschäftsmüll	178 700	35 486	25 600	91 335
Gewerbemüll	70 800	15 000	–	46 703
Sperrmüll	9100	–	–	8043
Gartenabfälle	9000	–	9000	–
Klärschlamm trocken	14 800	–	–	10 874
krankenhausspezifische Abfälle	1250	–	–	1250
zu deponierender nichtbrennbarer Müll	20 000			

Gleichzeitig nimmt der Planer eine Restlaufzeit der Deponie Augsburg Nord von 5,3 Jahren an. Jetzt geht man von einer Nutzungsdauer bis weit ins nächste Jahrtausend aus, obwohl bis 1995 statt bis 1991 oder 1992 dort sämtliche Abfälle Augsburgs und Gersthofens, also auch die brennbaren Abfälle, deponiert wurden.

Nach unterschiedlichen Fortschreibungsmodellen und unterschiedlichen Annahmen über das zukünftige Wachstum der Müllmengen bis zum Jahr 2000 und der unterschiedlichen Einschätzung über die Verwendbarkeit von Wertstoffmüll errechneten die Planer in Augsburg einen Prognosewert von *148 000 bzw. 170 000* Jahrestonnen zu verbrennenden Restmüll (ohne Klärschlamm) im Jahr 2000 (laut Planfeststellungsbeschluß). Man ging hierbei von einem im wesentlichen gleichbleibenden Müllaufkommen pro Einwohner, aber von Bevölkerungszuwachs und stärkerem Anstieg beim Gewerbemüll aus. Auf Seite 141 des Planfeststellungsbeschlusses wird weiter ausgeführt:

„Nach den Antragsunterlagen soll eine Abfallmenge von *181 540 t/a* zum Abfallheizkraftwerk angeliefert werden. Nach dem Feuerleistungsdiagramm ist vorgesehen, die Anlage bei Nennlast für einen Heizwert von 9200 kJ/kg und einen Durchsatz je Linie von 10 t/h auszulegen." Hinzu kommen laut Planfeststellungsverfahren 2 Krankenhausmüllöfen à 500 kg Durchsatz pro Stunde. Daraus errechnet sich jedoch bei 85 %iger Verfügbarkeit eine Jahreskapazität von *223 000* Jahrestonnen. Der Brennwert hatte sich als richtig angenommen herausgestellt.

Bei der Konzeption der Anlage ging man von steigenden Müllmengen aus – die so nicht kamen, wie Sie wissen – und einer erheblichen Sicherheitsmarge. Statt mit den Bürgerinitiativen zusammenzuarbeiten und gemeinsam mit ihnen zu versuchen, *vor Dimensionierung der Restmüllanlage die Müllvermeidungspotentiale zu aktivieren und so realistischer das zukünftige Müllaufkommen abschätzen* zu können, plante man eine Anlage mit „optimaler" Entsorgungssicherheit.

Müllmengen wurden nur geschätzt
Erschwerend fällt hierbei ins Gewicht, daß auch die Ausgangsdatenlage auf schwankendem Boden stand. Die Mülldeponie verfügte über keine Waage, mit der man korrekt die auf der Mülldeponie anfallenden Müllmengen hätte ermitteln können. Statt dessen schätzte man den anfallenden Haus- und Gewerbemüll durch LKW-Zählung per Strichliste.

Es wäre auch anders gegangen: Man hätte bereits Ende der 80er Jahre eine Kompostieranlage errichten können, wie von uns beantragt, und das Wertstofferfassungssystem ausbauen können; man tat es nicht, vermutlich, weil man glaubte, bei Abtrennung der Kompostier- und Sortieranlage vom Planfeststellungsverfahren das Planfeststellungsverfahren der Müllverbrennungsanlage schwerer durchsetzen zu können.

Unberücksichtigt blieben in Augsburg auch mögliche Müllvermeidungsaktivitäten des Gewerbes. Wenn der Müll plötzlich 3- oder 4mal so viel kostet wie vorher, als noch eine billige Altdeponie genutzt werden konnte, fängt Müllvermeidung plötzlich an, sich zu rechnen.

Überdimensionierung auch in anderen Anlagen
Auch bei einer Reihe von anderen Anlagen, die neu errichtet werden sollen, beobachte ich eine ähnliche, viel zu großzügige, teure Überdimensionierung. Doch Umdenken setzt ein: Während man vor Jahresfrist noch allein für die alten Bundesländer von 75-100 zusätzlich nötigen Müllverbrennungsanlagen ausging, spricht jetzt das Umweltbundesamt nur noch von etwa 50 benötigten Anlagen (Bild der Wissenschaft 10/1995). So geht das Umweltbundesamt davon aus, daß der *Hausmüll durch Vermeidung und Verwertung bis Ende der 90er Jahre um bis zu 50 % verringert werden* kann. Auch höhere Reduzierungsquoten seien möglich. Als Gründe werden genannt: Rückgang des Verpackungsmülls um 570 000 t und Verwertung von 68 % (4,5 Mio. t) aller Verkaufsverpackungen sowie die Einführung der Biotonne. Außerdem gebe es eine ganze Reihe unausgelasteter Müllverbrennungsanlagen. Dennoch drohe der weitere Bau teurer und überflüssiger Leerkapazität, da das UBA seine Szenarien nur auf Grund von Schätzungen entwickeln könne, da das Geld für eigene Erhebungen fehle. Für 1994 schätzt das UBA den Müll aus privaten Haushalten, hausmüllähnlichem Gewerbemüll und Klärschläm-

men auf etwa 45 Mio. t. Ungefähr ein Viertel sei davon in den bislang 52 Anlagen verbrannt worden (Bild der Wissenschaft 10/1995).

Ab dem Jahr 2005 gilt die Technische Anleitung Siedlungsabfall, die, um den Gehalt an organischem Kohlenstoff im Müll möglichst gering zu halten, den organischen Anteil des zu deponierenden Mülls auf unter 5 % drücken will, zu bestimmen als sogenannter Glühverlust. Möglicherweise wird diese Glühverlustklausel bald geöffnet und somit wird auch eine biologisch-mechanische Behandlung des Restmülls möglich. 9 derartige Anlagen stehen bereits im Bundesgebiet, weitere 11 sind geplant oder im Bau. Wichtig für die Kapazitätsplanung von neuen Müllanlagen ist in Zukunft auch die Berücksichtigung der Änderungen des Kreislaufwirtschaftsgesetzes. Wenn ab Oktober 1996 die Städte oder Landkreise nur noch für die Entsorgung des Hausmülls zuständig sein werden, wird der Gewerbemüll den Weg zu einer der billigeren Müllentsorgungsanlage suchen und nicht bei der teuren Neuanlage der Kommune entsorgt.

Klagen gegen Gebührenbescheide
Mittlerweile gibt es eine Reihe von Klagen gegen die Gebührenbescheide, mit denen die Stadt Augsburg und die Landkreise die Kosten des teuren Bauwerks auf den Gebührenzahler umlegten. Die einzelnen Klagen sind gerichtlich noch nicht entschieden. Interessant ist in diesem Zusammenhang ein Urteil des schleswigholsteinischen Oberlandesgerichts (OVG Schleswig, Urteil vom 30. Januar 1995, Az.: 2L129/94), das einen angefochtenen Abwassergebührenbescheid aufhob, weil die Festsetzung des Gebührenbescheids auf einer fehlerhaften Gebührenkalkulation beruhte. In die Festsetzung wurden nämlich Kosten eingestellt, die wegen der Überdimensionierung der zentralen Abwasserbeseitigungsanlage nicht betriebsbedingt und daher nicht erforderlich waren. Die Kläranlage wurde 3mal so groß wie benötigt errichtet. Das Gericht forderte den Anlagenbetreiber auf, bei der erforderlichen Neukalkulation des Gebührensatzes ... die Kosten der Überdimensionierung herauszurechnen.

Wichtig ist daher eine realistische Bedarfsplanung und nicht – wie in Augsburg – eine Planung für jedweden Extremfall. Denn die Sicherheitsmarge müssen die Gebührenzahler mitzahlen, wenn die Defizite nicht von den angespannten kommunalen oder anderen öffentlichen Haushalten getragen werden. Müllgebühren können insbesondere im sozialen Wohnungsbau zur zweiten Miete, sozial unverträglich und dem Gebührenzahler nicht mehr zumutbar sein. Mit Inbetriebnahme der teuren Müllanlage rückten die Verbandsräte von der immer wieder bekräftigten Beschlußlage ab, in dieser Anlage nur den Müll der drei Gebietskörperschaften verbrennen zu wollen. Hätte man vorher schon festgestellt, daß es nicht möglich ist, großzügige Sicherheitsmargen für den Fall des Falles auf die Gebührenzahler umzulegen, hätte man sich mindestens 1/3 der Verbrennungskapazität sparen können, mit positiven Folgen für die Umweltbelastungen am Standort. Mittlerweile wird über ein Drittel des Mülls fremd angeliefert (Abb. 1).

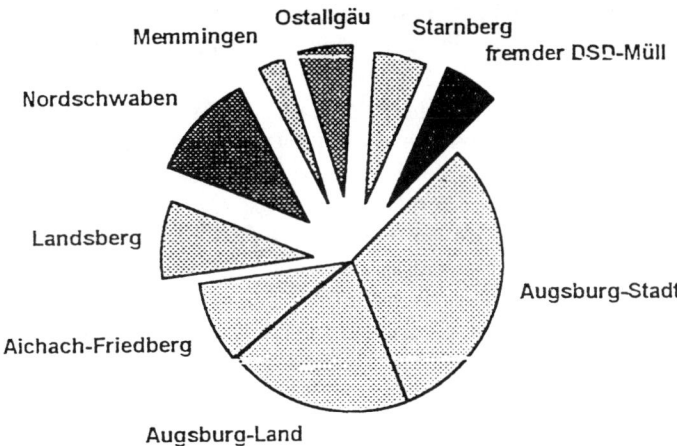

Abb. 1. Übersicht über die angelieferten Müllmengen

Entsprechend der ursprünglichen Planung sollte nur der Müll des Ballungsraums entsorgt werden. Jetzt wird der Müll einer ganzen Region entsorgt.

Dazu kommt noch aus größeren Entfernungen:

- DSD-Müll aus ganz Bayern, 30-40 % davon wird hier verbrannt,
- Grüngut und Biomüll aus Oberbayern, die Kompostierreste werden hier verbrannt,
- Krankenhausmüll aus Bayern,
- Schlacke zur Aufarbeitung,
- Klärschlamm zur Aufarbeitung, möglicherweise auch zur Verbrennung.

Standort an der dichtbesiedeltsten Stelle des Einzugsgebiets

Die Müllanlage einer ganzen Region befindet sich mitten im am dichtesten bevölkerten Gebiet dieser Region. Über 200 000 Menschen leben im 5-km-Umkreis um diese Müllanlage. Durch die um ein Drittel zu hohe Dimensionierung der Müllanlage werden diese Menschen nicht nur mit 50 % mehr Emissionen aus dem Müllofen belastet, sondern auch mit einer ganzen Menge zusätzlichem Verkehr, der sich teilweise durch altstadtnahe Wohnstraßen wälzt.

Zuganschluß endet nur knappe 50 m vor dem Müllbunker

Zwar haben wir in Augsburg noch eine Lokalbahn, die einen Zuganschluß bis in die Müllanlage errichtet hat, doch dieser Zuganschluß kann bisher nur genutzt werden für den Abtransport von Schlacke und Wertstoffen sowie den Transport von Sortiermüll oder Grüngut, nicht aber für den Antransport von Müll per Bahn. Obwohl z.B. der Kreistag von Landsberg beschlossen hat, seinen Müll der Umwelt zuliebe per Bahn anzuliefern, wird der Müll per LKW angeliefert, weil die AVA erst bis März 1996 einen Abschlußbericht erarbeiten will, wie der Bahntransport am wirtschaftlichsten zu organisieren sei (Landsberger Tagblatt, Nov. 1995).

Wenn man gleich von Anfang an geplant hätte, Nord- und Mittelschwaben und einen Teil von Oberbayern zu entsorgen, hätte man das Raumordnungsverfahren anders durchführen müssen. Ganz in der Anfangsphase, als noch im Gespräch war, Dillingen und Donauries in den Zweckverband einzugliedern, gab es auch andere Standortüberlegungen. Möglicherweise war ein Grund für die Standortwahl auch der Wunsch, eine potente Papierfabrik mit sehr preisgünstiger Energie versorgen zu können. Daraus wurde jedoch nichts. Nach der Wende investierte das Papierunternehmen im Osten, und die Wärme kann jetzt nur teilweise und wesentlich schlechter (Bau einer langen, teuren Leitung oder Verstromung) vermarktet werden.

Veränderung der Verbrennungsmüllmengen
Mit Inbetriebnahme der teuren Müllanlage ging der Gewerbemüll sofort um über zwei Drittel nach unten. Auch der Hausmüll reduzierte sich, zum Beispiel im Landkreis Aichach-Friedberg um ein Viertel von 1990 auf 1994, und in Augsburg Land gegenüber 89 um 14 %, in Augsburg Stadt um 9 %.

Vermutlich war für die stärkeren Müllvermeidungsbemühungen in den Landkreisen ein Gebührenmaßstab mitausschlaggebend, der auf unterschiedliche Behältergrößen und Leerungsfristen abstellte. In Augsburg wird die Müllgebühr immer noch pauschal pro Kopf umgelegt. An Hausmüll und Sperrmüll zusammen fallen derzeit in Augsburg-Stadt 270 kg/Ew an, im Landkreis Augsburg 186 kg/Ew, und im Landkreis Aichach-Friedberg 165 kg/Ew. Vielleicht beeinflussen aber auch die unterschiedlichen Möglichkeiten der Stadt- und Landbevölkerung, Müll am häuslichen Herd zu verbrennen, die unterschiedlich hohen Müllaufkommen.

Überdimensioniert auch Sortier- und Kompostieranlage
Erschwerend kam hinzu, daß während der Bauphase seitens der Stadt Augsburg sehr lange an der abfallwirtschaftlichen Konzeption der Trennung von Naß- und Trockenmülltonne festgehalten wurde, obwohl die Nachteile dieser Konzeption schon sehr lange in der Fachwelt bekannt waren. Erst mit Inkrafttreten des Abfallwirtschaftsgesetzes kam man nicht mehr umhin, das Biomüll- und Wertstoffmüllerfassungskonzept endlich zu ändern. Zu diesem Zeitpunkt waren jedoch schon umfangreiche Gewerke bei der Kompostier- und Sortieranlage vergeben worden, teure Umbauten waren die Folge sowie eine schmerzlich teure Überdimensionierung auch dieser beiden Anlagen.

Außerdem wurde während des Baus der Kompostieranlage das Rotteumsetzkonzept geändert, hin zu einer wesentlich höheren Leistungsfähigkeit der Anlage (Wendelin), man versäumte jedoch, gleichzeitig die Größe der Anlage zu reduzieren. 1990 wurde der letzte Versuch, zumindest den Bau der 3. Ofenlinie vorerst auszusetzen, von der CSU mit Hilfe der Republikaner verhindert.

Weit überdimensioniert ist auch die Krankenhausmüllverbrennung, die Klärschlammtrocknung, i.allg. sogar die Schlackaufbereitung, mit der man im 1-Schicht-Betrieb die gesamte Schlacke aufarbeiten kann, die in der Müllanlage im 3-Schicht-Betrieb anfällt. Die Diskrepanz zwischen Kapazität und Müllaufkommen zeigt sich in Tabelle 2, die als Grundlage für die Gebührenkalkulation verwendet wurde:

Tabelle 2. Plankalkulation Abfallverwertungsanlage Augsburg – jährliche Gesamtkosten, brutto (Stand: 12/93)

	Vollauslastung			Planauslastung: AZV Stoffstromprognose		
	Gesamt-kosten (TDM/a)	Angelieferte Mengen (t/a)	Kosten pro Tonne (DM/t)	Gesamt-kosten (TDM/a)	Angelieferte Mengen (t/a)	Kosten pro Tonne (DM/t)
Hausmüll	66 702	105 000	635	69 107	105 000	658
Sperrmüll	9 681	13 750	704	9 513	13 000	732
Gewerbemüll/ AHKW	24 140	38 000	635	39 490	60 000	658
Gewerbemüll/ Sortierung	22 648	32 000	708	6 609	7 300	905
DSD	14 382	18 000	799	9 244	4 000	2 311
Papier	0	0	0	5 816	16 000	363
Biomüll	18 317	44 000	416	9 179	9 000	1 020
Strukturmaterial	3 747	9 000	416	10 199	10 000	1 020
Summe:Hausmüll	159 617	259 750		159 156	224 300	
Krankenhausmüll	6 429	2 250	2 857	5 404	500	10 807
Klärschlamm (Trocknung)	6 896	26 950	256		0	
Klärschlamm (Trocknung und Verbrennung)	9 698	22 050	440	14 129	22 050	1 023
Summe: Klärschlamm	16 594	49 000		14 129	22 050	
Summe gesamt	**182 640**	**311 000**		**178 689**	**246 850**	

Plangenauigkeit der Gesamtkostensumme aufgrund eingehender Prämissen: ca. 10 %
Die Plangenauigkeit der einzelnen Komponenten kann höheren Schwankungen unterliegen.
Die jährlichen Gesamtkosten entsprechen nicht der Kostenbelastung für den AZV, da Erlöse noch in Abzug zu bringen sind.

Aus Schreck über die plötzlich wegbrechenden Gewerbemüllmengen versuchte man kurze Zeit, durch Beauftragung einer privaten Detektei den Schwund des Gewerbemülls aufzuklären. Diese Bemühungen mußten ohne Erfolg abgebrochen werden. Ohnehin wird der Gerwerbemüll ab Oktober 1995 neue Wege gehen, da dann das neue Kreislaufwirtschaftsgesetz in Kraft tritt, das die Zuständigkeit der Kommunen, von Ausnahmen abgesehen, auf den Hausmüll beschränkt.

Bauphase
Es wurde immer wieder die Befürchtung geäußert, der AZV sei der enormen Aufgabe des Baus einer solchen Anlage nicht gewachsen. Zudem gab es unterschiedliche Vorstellungen zwischen der Stadt und den beiden Landkreisen, z.b. im Tonnenkonzept, bei der Kompostierung, bei der Wertstofferfassung und bei der Frage der Ausbringung des Klärschlamms in der Landwirtschaft. Die Landkreise wollten weiter ihren Klärschlamm in der Landwirtschaft ausbringen, Biomüll, wenn überhaupt, nur in den Ballungsräumen erfassen und die Wertstoffe in Wertstoffhöfen sortiert erfassen. Dennoch sind die Anlagenkomponenten so ausgelegt, daß die Landkreise jederzeit ihren gesamten Grünabfall, ihren gesamten Klärschlamm und ihren gesamten Wertstoffmüll anliefern können, wenn sie das nur wollen. Unklar bleibt, wer bis dahin die Kosten für die nicht ausgelasteten (und durch Fremdmüllimport offenbar nicht vollständig auslastbaren) Kapazitäten trägt.

Außerdem waren die Stadt- und Kreisräte im AZV vermutlich überfordert, die teilweise unterschiedlichen Vorstellungen zwischen Planern, Lieferanten, Projektsteuerer und Kostenkontrolleur richtig zu bewerten. Zudem gab es bei Beginn der Bauphase einen wohl politisch motivierten Rausschmiß des Projektsteuerers und einen Wechsel in der Geschäftsführung des AZV. Von der Komplexität eines solchen Bauvorhabens wäre wohl jedes kommunale Gremium überfordert gewesen, meinte kürzlich einer der Beteiligten. Der Zweckverband zeigte sich unfähig, die Kostenentwicklung in den Griff zu bekommen, und der Kostenkontrolleur konnte vielfach nichts anderes tun, als die steigenden Kostenüberschreitungen im nachhinein zu dokumentieren. Im übrigen stiegen die Honorare von Architekten, Planern und Kostenkontrolleuren mit steigendem Bauvolumen.

Kostenentwicklung
In Tabelle 3 ist dargestellt, wie die Kosten sich in den einzelnen Betriebskomponenten fortentwickelten.

Hereinnahme des privaten Partners LEW und STEAG
Immer wieder wurde in der Öffentlichkeit die Vermutung geäußert, daß den Verantwortlichen während des Baus der Müllverbrennungsanlage die Kosten außer Kontrolle gerieten. Ein privater Partner wurde gesucht, der Interesse an der Übernahme von 49 % einer zu gründenden GmbH hatte. Mit der RWE und STEAG, zusammengeschlossen als schwäbische Entsorger, gründete der AZV die AVA. Beabsichtigt war, mit dieser privatwirtschaftlich organisierten GmbH die steuerlichen Möglichkeiten des Vorsteuerabzugs zu nutzen, vielleicht auch, den personell für ein solches Bauvorhaben zu schmalbrüstig ausgestatteten AZV Know-how an die Seite zu stellen. Vielleicht wollte man aber auch nur unabhängiger schalten und walten können. So sind im Aufsichtsrat der AVA nur noch 2 SPD-Politiker vertre-

ten, sonst nur CSU-Politiker. Als Probleme dieser privatwirtschaftlichen Konstruktion sehe ich:

- die AVA erweist sich als durch den Stadtrat und die Kreistage nicht mehr steuerbar, der Aufsichtsrat ist kein öffentliches Gremium, wie es z.b. ein kommunaler Ausschuß ist, er kann daher auch nicht öffentlich kontrolliert werden;
- es ist weit schwieriger als in einem Werkausschuß, in dem relativ selten tagenden Aufsichtsrat inhaltliche Ziele zu verfolgen;
- die Besetzung des Aufsichtsrats muß nicht den Mehrheitsverhältnissen des Rates entsprechen, kann also ausgekungelt werden;
- den großen Spielraum bei der Personalpolitik, auch der hochdotierten Entsorgung;
- keine direkte Kontrolle durch ein Verwaltungsorgan der Kommune;
- keine Kontrolle durch das Rechnungsprüfungsamt/den Rechnungsprüfungsausschuß;
- keine Verpflichtung, nach VOB auszuschreiben, keine Kostenkontrolle, aber die Möglichkeit, alle Kosten an die Kommunen weiterreichen zu können.

Tabelle 3. Kostenentwicklung (in Mio. DM)

	Februar 1985	Januar 1988	Oktober 1992	Oktober 1994
AHKW inkl. Klinikmüllverbrennung	94,8	203	380	437[a]
Kompostieranlage	12	35	46,1	54,4
Sortierung	10	27	35	45,9
Grundstück[b]		87	378[c]	293[c]
Deponie	50			
unwägbare Kosten			27	8
Summe	168	352	841	839

[a]   davon 132 Mio. für die Entstickungsanlage
[b]   Grundstück, Erschleßung und Annahme
[c]   Hier sind 302 bzw. 201 Mio. DM nur für das Grundstück mit Erschlicßung angesetzt.

Wie ist es vor diesem Hintergrund zu bewerten, daß die AVA für „Projektbetreuung" für einen 1½jährigen Zeitraum an ihre Mutter SE 31 Mio. DM gezahlt hat, aufgrund eines Vertrags, der auf der Seite der AVA von zwei von der RWE und LEW an die AVA ausgeliehenen Geschäftsführern unterzeichnet wurde?

Bei der Überprüfung des Wirtschaftsplans fällt auf, daß die nicht durch Abschreibungen und Zinsen verursachten Kosten der teuren Anlage auch so hoch sind wie die sonstigen Betriebskosten der AVA.

Über Ziele und Verträge steuern statt über Posten!

Statt der Steuerung über klar definierte Ziele und Kostenverträge wird hier versucht, eine Kapitalgesellschaft mit einem Jahresumsatz von über 200 Mio. DM durch verdiente Politiker via Gesellschafterversammlung und Aufsichtsrat zu steuern. Mittlerweile wurde die Stadt Augsburg von der Zeitschrift *Focus* als die Stadt mit den höchsten Müllgebühren ausgemacht. Der Präsident des Bundes der Steuerzahler Däke mutmaßte in besagtem Artikel, daß die Gebühren der Kommunen deshalb so hoch seien, weil die Kommunen da alles mögliche hineinrechneten, was da nicht hineingehöre. Ich befürchte jedoch, daß die Müllgebühren Augsburg bei korrekter Kostenrechnung noch höher sein müßten! Es gibt kritische Stimmen über unsolide Abschreibungszeiträume, und es muß festgestellt werden, daß in den Jahren 1994 und 1995 noch Rücklagen aufgelöst wurden, die jetzt nicht mehr zur Verfügung stehen. Bis zur Kommunalwahl im März 1996 werden die Gebühren sicher nicht mehr erhöht. Was aber passiert dann?

Veröffentliche Umweltwerte durchschnittlich

Wenn Augsburgs Kommunalvertreter zu den hohen Müllgebühren Stellung nehmen müssen, verweisen sie gerne auf die guten Umweltwerte der Anlage und darauf, daß sie die gesetzlichen Grenzwerte erheblich unterschreite. Vergleicht man aber die veröffentlichen Meßwerte der Augsburger Müllverbrennung (s. beiliegende Landtagsdrucksache) mit denen anderer moderner Müllverbrennungsanlagen, so ist unschwer festzustellen, daß Augsburgs veröffentliche Grenzwerte ziemlich genau im Trend der veröffentlichen Grenzwerte der anderen modernen Müllverbrennungsanlagen liegen.

Unweit von Augsburg gibt es ein weiteres Beispiel kostenträchtiger Privatisierung von Entsorgungsanlagen: Im Landkreis Aichach-Friedberg hat der Müllunternehmer Mannert sein Unternehmen in mehrere GmbHs untergliedert und seine Firma Großraumdeponie Gallenbach Konkurs anmelden lassen und sich damit aus der Verantwortung der Anlagennachsorge gezogen. Insider schätzen, daß Herr Mannert zwischen 1972 und 1992 mit der Deponie bei Aichach mehrere hundert Millionen Mark verdient hat (Augsburg Journal, Nov. 1995).

Technische Pannen

Siehe hierzu auch die Landtagsdrucksache vom 24.7.95 im Anhang zu diesem Beitrag (S. 125-131).

Der Versuch, die Anlage im August 1993 hochzufahren, um sie am 10.1.94 in den Probebetrieb zu nehmen, mußte im April 1994 abgebrochen werden, weil drei unabhängig voneinander existierende gravierende Mängel jeweils mehrere Monate dauernde Reparaturarbeiten erforderlich machten:

- spannungslaugeninduzierte Risse am Mitteldruckdampfsystem,
- über 40 Risse im Naturumlauf der Kessel, die Rohre fielen immer wieder trocken, weil der Naturumlauf falsch berechnet war,

– Probleme am Rost, der Müll brennt nicht richtig aus, man spricht von der Notwendigkeit, die Geometrie des Feuerraums ändern zu müssen.

Die während dieses Probebetriebs angefallene Schlacke wurde auf der Mülldeponie Asbach im Landkreis Rottal-Inn angelagert. Die lokale dortige Bürgerinitiative stellte fest, daß diese Schlacke ganz erheblich die Richtwerte, z.b. beim Summenwert organischer Giftstoffe überschritt, was durch die Probleme mit dem Ausbrand zu erklären ist.

Etwas früher als geplant nahm man dann die Anlage wieder in Betrieb. Man fand, wie man sagte, eine preisgünstigere Möglichkeit der Reparatur. Die Geometrie des Feuerraums wurde nicht geändert. Offenbar muß die Anlage aber oft mit Luftvorwärmung gefahren werden.

Mängel sind immer noch auszubügeln. So berichtete der Geschäftsführer des AZV, just in der AZV-Sitzung am 20.4.1995, als beschlossen wurde, Fremdmüll zur Verbrennung hereinzunehmen, daß in den nächsten beiden Jahren die Verfügbarkeit auf 70 % (185 000 Jahrestonnen) sinken werde, weil noch eine Reihe von „Optimierungsmaßnahmen" durchgeführt werden müsse. Dennoch machte man in Windeseile Fremdmüllimportverträge mit allen Gebietskörperschaften, derer man habhaft werden konnte: Landsberg, Memmingen, Starnberg, Dillingen, Donauwörth, Ostallgäu. Dazu müssen die Sortier- und Kompostierreste verschiedener Anlieferer mitverbrannt werden. Sofort versprach man Tarifsenkungen von bis zu 55 DM/ je Tonne AZ, 3.11.1995), um sie kurz darauf wieder zurückzunehmen (AZ, 21.11.1995).

Bisher jedenfalls sind die Müllgebührenzahler der importierenden Landkreise günstiger dran als die Gebührenzahler im Zweckverbandsgebiet. Hier zahlen die Augsburger Unternehmen – wenn sie den Gewerbemüll an der AVA anliefern – 810.– DM pro Tonne, die Gewerbemüllanlieferer aus den müllimportierenden Gebietskörperschaften 645.– DM pro Tonne, ggf. zuzüglich einer Transportgebühr von 20.– DM. Die einen zahlen die am Markt gerade noch durchsetzbaren Kosten, die anderen die Kosten nach einer mehr oder weniger fragwürdigen Kalkulation (s. oben) sowie die entstehenden Verluste der Anlage.

Kaum waren die Importverträge unter Dach und Fach – mit der Meldung des technischen Geschäftsführers, man sei bis unter die Halskrause voll, meldete die Augsburger Allgemeine die neueste Hiobsbotschaft: In den Öfen bröckelt der Schamott (AZ, 14.11.95). Hierbei handelte es sich offensichtlich um unzureichend kompakt aufgetragenen Schamott. Während in Müllöfen an anderen Orten jeweils nur der Schamott nachgebessert wird, wird er in Augsburg komplett ausgetauscht. Außerdem gibt es weiterhin Probleme mit der Feuerungsführung. Uns ist es nicht möglich, nachzuvollziehen, wer diese technischen Pannen verursacht hat.

- Gab es Fehler bei der Ausschreibung?
- Welche Fehler waren von Lieferanten verursacht?
- Gab es Fehler bei der Inbetriebnahme?

Bedenklich ist dabei weiterhin, daß zwar die Kompostier- wie die Sortier- wie die Rauchgasreinigungsanlage mittlerweile vom TÜV abgenommen ist, die Müllverbrennungsanlage nun schon über ein Jahr betrieben wird, ohne vom TÜV oder dem Betreiber abgenommen zu sein. Zudem besteht die Gefahr, daß Mängel auf die hohe Dauerauslastung der Anlage geschoben werden könnten.

Mit der Frage nach den Ursachen der unterschiedlichen technischen Pannen könnte man lange Zeit Gerichte beschäftigen. Vielleicht hilft den Augsburgern der Umstand, daß das Lieferkonsortium im Bau von Müllanlagen einen derart interessanten Zukunftsmarkt sieht, so daß es es bisher vorgezogen hat, ohne große Verursacherrecherche die Mängel zu beheben, statt zu versuchen, mögliche Vorteile gerichtlich durchzusetzen. Wie lange das noch geht, wird sich zeigen. Vor kurzem drohte das Konsortium, alle 3 Öfen gleichzeitig für bis 3 Monate stillzulegen, um die letzten Reparaturarbeiten durchzuführen, wenn die Anlage nicht bald vom Betreiber abgenommen werde.

Fragen bleiben zu klären

- Überprüfung der Kalkulation: Welche Kosten werden durch welche Sparte verursacht?
- Wann gibt es einen korrekten Wirtschaftsplan mit korrekt berechneten Abschreibungen?
- Abschlußbericht über das Bauprojekt: Wo ist von wem und warum von den Vorgaben abgewichen worden, sowie eine Prüfung der besonderen technischen Probleme.

Eigentlich ist die Klärung aller dieser Fragen eine Voraussetzung für einen korrekten Gebührenbescheid.

Eine weitere Frage stellt sich zur Haltbarkeit der verschiedenen Komponenten dieser Anlage, die zu Beginn ihrer Betriebszeit schon so viele Pannen hatte. Wieviele Pannen wird sie haben, wenn sie nach Übernahme in den Besitz der Kommunen übergegangen ist, und wie teuer wird diese Anlage den Bürgern noch kommen?

Anhang: Landtagsdrucksache vom 24.7.1995

Bayerisches Staatsministerium
für Landesentwicklung und Umweltfragen

Beschluß - Drs - Nr. *13 / 1059*

Antrags-Drs-Nr. *415*

StMLU · Postfach 81 01 40 · 81 901 München

An den Herrn Präsidenten
des Bayerischen Landtags
Maximilianeum

81627 München

> Bayer. Landtag - Landtagsamt
>
> 2 7. JUL 95 10 :1 1
>
> Nr.   Anl.

Ihre Zeichen, Ihre Nachricht vom	Bitte bei Antwort angeben Unser Zeichen	☎ (0 89) 9214 - 0 Durchwahl 9214 -	München
LB-2162-19-46 06.04.1995	8505-8/41-21533	2557	24.07.1995

Beschluß des Bayer. Landtags vom 29.03.95 wegen Bericht über
Pannen und Probleme bei "Europas modernster Müllverbrennungsanlage", der Augsburger MVA (Drs. 13/1059)

<u>Anlagen</u>
3 Berichte zu den Emissionsdaten
3 Abdrucke dieses Schreibens

Sehr geehrter Herr Präsident,

zum angeführten Beschluß gebe ich folgenden Zwischenbericht:

1. Zur Chronologie

* Das Planfeststellungsverfahren für die Abfallverwertungs-
  anlage Augsburg, bestehend aus einer Sortieranlage, einer
  Kompostieranlage und einem Abfallheizkraftwerk, wurde im
  Dezember 1987 bei der Regierung von Schwaben beantragt.

* Durch die im Dez. 1990 in Kraft getretene 17. BImSchV (Verordnung zum Bundesimmissionschutzgesetz) waren Umplanungen

Dienstgebäude
Rosenkavalierplatz 2
81925 München
(U-Bahn-Linie 4,
Haltestelle „Arabellapark")

Teletex
8 98 551 bylum d

Telefax
(0 89) 9214 - 2266

Bildschirmtext
*BYSTMLU#

Bankverbindung:
Staatsoberkasse München,
Bayerische Landesbank, BLZ 700 500 00
Konto-Nr. 24592

Recyclingpapier aus 100% Altpapier -

- 2 -

in der ursprünglich nach der TA Luft ausgelegten Rauchgasreinigung auf die deutlich niedrigeren Grenzwerte der 17.
BImSchV erforderlich.

* Zusammen mit dem Planfeststellungsbeschluß vom 28.01.1991
  wurde der Sofortvollzug angeordnet.

* Anfang November 1993 wurde mit dem Probebetrieb des Abfallheizkraftwerkes begonnen, der nach aufgetretenen Mängeln im
  Kesselbereich im April 1994 für mehrere Monate unterbrochen
  wurde. Nach Durchführung der erforderlichen Nachbesserungen
  und Reparaturen wurde die Anlage im September 1994 wieder
  in Betrieb genommen.

* Der vertragsgemäße Probebetrieb lief ab Mitte Februar 1995
  über 6 Wochen.

* Gegenwärtig arbeitet die Anlage im Entsorgungsbetrieb, ist
  jedoch vom Betreiber der Anlage, der AVA GmbH, noch nicht
  abgenommen.

2. Probleme und technische Mängel

Die verschiedenen Phasen der Inbetriebnahme einer thermischen
Abfallbehandlungsanlage von der Kalt- und Warminbetriebnahme
über den Probebetrieb bis zur Abnahme der Anlage dienen dem
Zweck, das System zu testen, etwaige Fehler zu finden und die
Anlage auf ihren Normalbetrieb vorzubereiten. Erst nach dem
erfolgreichen Abschluß des Probebetriebs und der Erfüllung der
vertraglich zugesicherten Leistungen erfolgen die Abnahme und
die Übernahme der Anlage durch den Betreiber.

Während der Inbetriebnahmephase wurden u.a. folgende technische
Mängel und Probleme festgehalten:

- 3 -

- Beim automatischen Filterstaubaustrag, der Frischdampftem-
  peraturregelung und dem Betrieb des Müllkrans traten Probleme auf, die zwischenzeitlich behoben sind.

- Ungewöhnlich waren die Schäden im Bereich der Dampfkessel
  und im Niederdruck-Dampfverteilungssystem (Risse), die zur
  vorübergehenden Abschaltung der Anlage führten.

Die aufgetretenen Risse wurden auf die bei der Reinigung
und chemischen Stabilisierung der Kessel und Rohrleitungen
eingesetzte Natronlauge zurückgeführt. Offenbar hatte sich
die Natronlauge in bestimmten Bereichen so aufkonzentriert,
daß es zu dieser besonderen Form der laugeninduzierten
Spannungsrißkorrosion kommen konnte.

Nach Austausch der betroffenen Heizflächen am Dampfkessel,
Verbesserung der Wasserführung im Kessel, Sanierung der
betroffenen Systemabschnitte im Niederdruck-Dampfbereich
und Ersatz der Natronlauge durch Ammoniak als Konditionie-
rungsmittel konnte die Anlage wieder in Betrieb genommen
werden.

Diese Mängel gelten zwischenzeitlich als behoben.

- Während der Warminbetriebnahme traten im Bereich des Feuer-
  raumes Schwierigkeiten auf, die dazu führen, daß im gesamten Leistungsbereich die Luftvorwärmer betrieben werden
  müssen.

Diese Probleme traten auch während des Probebetriebs auf.
Eine abschließende Bewertung des Probebetriebs durch die
AVA GmbH ist erst nach Auswertung aller Berichte, Stellung-
nahmen und Betriebsprotokolle möglich.

- 4 -

In den nachfolgenden Abnahmeverhandlungen mit dem Lieferkonsortium sind auch die Konsequenzen aus den noch offenen Punkten
bzw. abschließend festzuhaltenden Mängeln festzulegen.

Ich werde dem Landtag über die Auswertung des Probebetriebs,
soweit sie umweltrelevant ist, abschließend berichten.

3. Emissionen

Gemäß beiliegender Veröffentlichung der AVA GmbH werden die
Emissionsgrenzwerte der 17. BImSchV bzw. die im Planfeststellungsbeschluß vorgeschriebenen Werte im Normalbetrieb eingehalten, zum Teil liegen sie erheblich darunter.

Vereinzelt aufgetretene Grenzwertüberschreitungen waren ausnahmslos durch besondere, zum Teil sogar gezielt herbeigeführte
Betriebszustände bedingt (vgl. Nr. 5.2 der beiliegenden Veröffentlichung).

Durch Bekanntmachung der AVA GmbH in der "Augsburger Allgemeinen" vom 10.06.95 bzw. in dem am 23.06.95 erschienen Amtsblatt
der Regierung von Schwaben wurde die Öffentlichkeit erstmals
gemäß § 18 der 17. BImSchV über die Emissionsdaten und die
Verbrennungsbedingungen unterrichtet.

Zusammenfassend ist somit festzuhalten, daß die dargestellten
Anlaufschwierigkeiten keine Auswirkungen auf die für Mensch und
Umwelt entscheidenen Emissionen der Anlage Augsburg haben.

Mit vorzüglicher Hochachtung

Dr. Thomas Goppel
Staatsminister

Veröffentlichung der Emissionsdaten nach 17.BImSchV

Beschluß - Drs - Nr. 13 / 1059

Antrags-Drs-Nr.   4 / 5

Entsprechend § 18 der 17. BImSchV veröffentlicht die AVA GmbH Emissionsmessungen und Verbrennungsbedingungen für den Zeitraum vom 01.10.1994 bis zum 30.04.1995.

1   Betreiberin der Abfallbehandlungsanlage

Abfallverwertung Augsburg GmbH
Am Mittleren Moos 60

86167 Augsburg

Ansprechpartner: Herr Welzel
                       Emissionsschutzbeauftragter
                       Telefon: 0821/7409-112

                       Frau Schulz
                       Sachgebietsleiterin Öffentlichkeitsarbeit
                       Telefon: 0821/7409-145

2   Berichtszeitraum

01.10.1994 bis 30.04.1995

3   Anlage

bfallheizkraftwerk mit drei Ofenlinien

4   Verbrennungsbedingungen

Folgende Verbrennungsbedingungen sind einzuhalten:

Mindesttemperatur nach der letzten Verbrennungsluftzuführung: 850°C
Verweilzeit: 2 Sekunden
Mindestvolumengehalt von Sauerstoff: 6%

Diese Bedingungen wurden im Berichtszeitraum eingehalten.

5   Emissionen

5.1   Messergebnisse

5.1.1 Monatsmittel aus Tagesmittelwerten der kontinuierlichen Messungen (Oktober 1994 bis April 1995)

Parameter	Grenzwert 17.BImSchV/PF3*	Okt	Nov	Dez	Jan	Feb	März	Apr
CO	50	7,3 5,6 10,8	9,3 7,4 11,4	10,2 3,9 15,9	11,3 11,4 16,5	7,9 13,5 16,0	10,4 7,9 14,9	7,6 8,9 14,3
C ges	10	<1 <1 <1	<1 <1 <1	<1 <1 <1	<1 <1 <1	<1 <1 <1	<1 <1 <1	<1 <1 <1
Staub	10	0,3 0,3 0,3	0,3 0,3 0,5	0,3 0,4 0,2	0,4 0,4 0,5	0,3 0,4 0,4	0,2 0,3 0,3	0,2 0,3 0,3
HCl	10	1,1 1,2 0,3	1,4 1,7 0,9	1,6 1,7 1,4	1,6 2,3 1,1	1,9 1,3 1,0	1,6 1,8 1,1	1,7 2,2 1,4
SO_2	50/25*	2,5 2,9 4,9	1,9 3,2 2,2	0,9 2,1 1,8	1,0 3,5 2,5	1,2 2,6 2,3	1,7 2,6 2,3	4,7 3,4 3,0
NO_2	200	107 107 95	113 98 109	86 59 104	75 74 78	72 75 77	70 68 68	70 71 69
NH_3	---/20*	0,5 0,6 0,3	0,8 1,0 0,3	0,7 1,2 0,3	0,8 1,1 0,6	1,0 0,9 0,7	1,0 1,2 0,8	0,9 1,1 0,7

Alle Angaben in mg/m³.
PF3*: Grenzwert laut Planfeststellungsbeschluß

Feldinhalte stehen für   Ofenlinie 1
                          Ofenlinie 2
                          Ofenlinie 3

5.1.2 Mittelwerte der Einzelmessungen

Die Meßdurchführung erfolgte durch die A.M.U. GmbH des TÜV Bayern-Sachsen an folgenden Tagen:

    Ofenlinie 1: 14.03. bis 16.03.1995
    Ofenlinie 2: 07.03. bis 09.03.1995
    Ofenlinie 3: 07.03. bis 09.03.1995

Parameter	Einheit	Grenzwert 17.BImSchV / PF3*	Mittelwert je Ofenlinie	Maximalwert
Fluorwasserstoff	mg/m³	1 / 0,5*	0,1 <0,1 <0,1	0,1
Quecksilber gesamt	mg/m³	0,05	0,0008 <0,0004 <0,0005	0,0009
Summe aus Cadmium, Thallium	mg/m³	0,05	<0,0003 <0,0004 <0,0005	<0,0006
Summe aus Antimon, Arsen, Blei, Chrom, Cobalt, Kupfer, Mangan, Nickel, Vanadium, Zinn	mg/m³	0,5	<0,004 <0,004 <0,007	<0,008
Dioxine und Furane Toxizitäts- äquivalente nach NATO/CCMS	ng/m³	0,1	0,004 0,005 0,004	0,007

lle Angaben beziehen sich auf das Abgas im Normzustand (0°C, 1013 hPa) trocken und 11
Vol.-% Sauerstoff.
PF3*: Grenzwert laut Planfeststellungsbeschluß.

5.2 Bewertung

Die geforderten Emissionsbegrenzungen und Verbrennungsbedingungen wurden
im Normalbetrieb eingehalten. Die meßtechnisch erfaßten Betriebszeiten
(kontinuierliche Messungen) der drei Ofenlinien betrugen 11 402 Stunden.

Während des Berichtszeitraumes kam es vereinzelt zu folgenden
Überschreitungen von Emissionsgrenzwerten, die ausnahmslos bei besonderen
Betriebszuständen auftraten:

C ges: 1 Überschreitung des Halbstundenmittelgrenzwertes (20 mg/m³) mit
          23,7 mg/m³. Grund: Schwarzfall (testbedingter Stromausfall)

Staub: 10 Überschreitungen des Halbstundenmittelgrenzwertes (30 mg/m³)
          mit durchschnittlich 40,3 mg/m³, bei einer maximalen Überschreitung
          von 69,5 mg/m³. Gründe der Überschreitungen waren künstlich
          herbeigeführte Staubkonzentrationen zum Kalibrieren der Meßgeräte
          durch den TÜV Bayern-Sachsen.

SO₂: 1 Überschreitung des Tagesmittelgrenzwertes (50 mg/m³ laut 17.
          BImschV, 25 mg/m³ laut Planfeststellungsbeschluß) mit 29,4 mg/m³.
          Grund: Aufkonzentration von Salzen im Waschwasser, Maßnahme:
          erhöhte Absalzung

CO: 15 Überschreitungen des Stundenmittelgrenzwertes (100 mg/m³) mit
          durchschnittlich 207 mg/m³. Diese Überschreitungen traten
          ausnahmslos beim Anfahren der einzelnen Ofenlinien auf (Die
          unüblich häufigen Anfahrvorgänge waren bedingt durch die Phasen
          der Inbetriebnahme und des Probebetriebes).

Müllverwertungsanlage Borsigstraße in Hamburg: Das Konzept hat sich bewährt

Heiner Zwahr

Die Verbrennung von Abfall oder Kehricht, wie der Abfall heute in der Schweiz immer noch bezeichnet wird und am Ende des letzten Jahrhunderts auch in Deutschland aufgrund der Art der Einsammlung genannt wurde, hat in Hamburg eine mehr als 100jährige Tradition.

Ausgelöst wurden die Planungen für die erste Verbrennungsanlage in Hamburg im Jahre 1892 durch die Schwierigkeiten bei der Entsorgung des Kehrichts in die Nachbargemeinden, wo der Abfall weitgehend durch Unterpflügen beseitigt wurde. Beschleunigt wurden die Überlegungen durch das Ausbrechen der letzten großen Choleraepidemie im August 1882. Die Planungen wurden für eine größere Anlage zur Entsorgung der Abfälle von über 330 000 Einwohnern umgestellt. Ende Oktober 1892 wurden die überarbeiteten Planungsunterlagen vom Senat der Bürgerschaft vorgelegt. Schon im Juli 1893 stimmte die Bürgerschaft zu, nachdem das Vorhaben in der Politik wie auch in der Öffentlichkeit ausführlich und leidenschaftlich diskutiert worden war. Die Bauarbeiten wurden umgehend aufgenommen, so daß die ersten Verbrennungsöfen bereits im Sommer 1894 in Betrieb genommen werden konnten (Abb. 1).

Interessant ist vielleicht, daß durch den Betrieb der Anlage die Abfuhrkosten um etwa 25 % gesenkt werden konnten! Es folgte noch vor dem 1. Weltkrieg eine weitere Anlage (am Alten Teichweg). Als Ersatz für die 1. Anlage wurde 1931 in der Borsigstraße in einer ersten Ausbaustufe eine Anlage in Betrieb genommen, die den Müll von 300 000 Einwohnern verbrennen sollte. In dieser Anlage wurden in den Jahren 1932-1935 erstmals Elektrofilter zur Rauchgas-reinigung eingesetzt.

1961 wurde am gleichen Standort der erste kontinuierlich arbeitende Verbrennungsrost in Deutschland in Betrieb genommen, 1964 hatte die Anlage eine Kapazität von 400 000 t/a. Ende der 70er Jahre wurde diese Anlage ersetzt. Die neue Anlage, die sogenannte MVA I, hatte danach allerdings nur noch eine Kapazität von ca. 180 000 t/a. Es gab zusätzlich aber noch die Anlage „Stellinger Moor" (MVA II) und die Beteiligung an der Anlage „Stapelfeld". Dennoch konnte nicht der gesamte in Hamburg anfallende Abfall verbrannt werden.

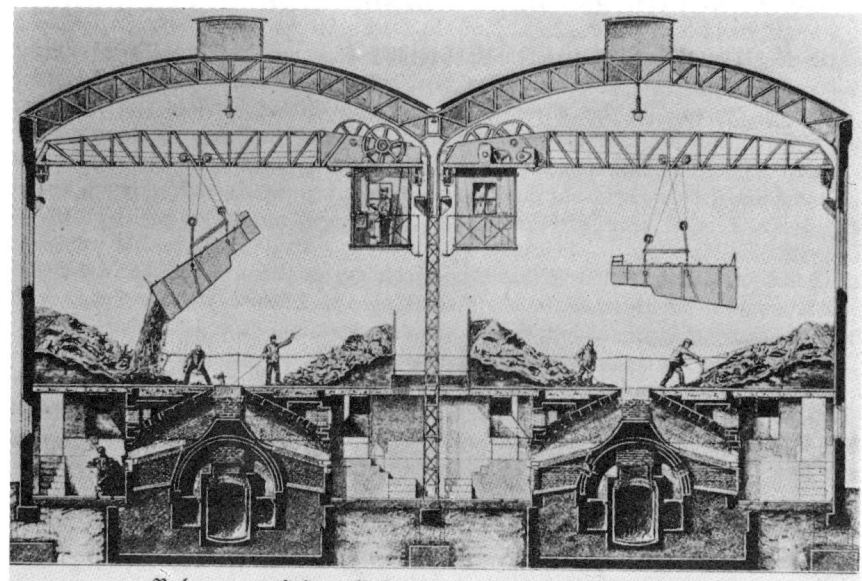

Verbrennungsanstalt am Bullerdeich, Querschnitt durch die Ofenhalle.

Abb. 1. Verbrennungsanstalt Bullerdeich

1988 trat die Freie und Hansestadt Hamburg (FHH) u.a. an die Hamburgische Electricitätswerke AG (HEW) heran, um ihr Interesse an einer Entsorgungsaufgabe, nämlich den Ersatz der MVA I, zu erkunden. Da die HEW aufgrund der Situation am Strommarkt und in der Fernwärme ohnehin nach neuen Beschäftigungsfeldern Ausschau hielt, nahm sie die notwendigen Planungsarbeiten auf. Als bekannt wurde, daß auch noch andere Interessenten von der FHH angesprochen worden waren, drängte die HEW auf die Festlegung von Grenzwerten, da sich die entsprechenden gesetzlichen Regelungen (17. BImSchV) noch im Abstimmungsprozeß befanden. Auf diesem Wege wurden Auslegungsgrenzwerte definiert, die teilweise unter den später in der 17. BImSchV festgelegten Werten liegen.

Als seitens der FHH Zweifel aufkamen, ob eine freihändige Vergabe des Projektes im Rahmen eines beschränkten Wettbewerbs zulässig sei, wurde die Aufgabe europaweit ausgeschrieben. Rechtlich zwingend war dies zum damaligen Zeitpunkt nicht. Nach unserer Kenntnis wurde diese Ausschreibung später aus terminlichen Gründen zurückgezogen.

Inzwischen hatte sich die Zahl der ursprünglichen Interessenten auf 2 reduziert. Deswegen wurde beiden von der FHH nahegelegt, zusammenzuarbeiten und das Problem gemeinsam zu lösen. Auf diese Weise wurde zunächst die Arbeitsgemeinschaft HEW/VKR (VEBA Kraftwerke Ruhr AG) gegründet, die später in die Müllverwertung Borsigstraße GmbH überführt wurde.

Die Arbeitsgemeinschaft HEW/VKR offerierte der FHH ein Angebot auf der Grundlage der zwischenzeitlich durchgeführten Vorplanungen. Der Auftrag für die Erstellung des Planfeststellungsantrages wurde im Sommer 1989 mündlich erteilt, da sich die Verhandlungen über den Abschluß des Abfallverwertungsvertrags noch länger hinzogen. Der Planfeststellungsantrag wurde am 2. Mai 1990 eingereicht. Im Januar 1991 wurde der Abfallverwertungsvertrag unterzeichnet. Ende Februar 1991 fand die Erörterung der ca. 2200 Einwendungen statt, Ende August 1991 wurde der vorzeitige Baubeginn zugelassen. Der Plan wurde im Februar 1992 festgestellt, und die Anlage konnte dann im März 1994 termingerecht mit der regelmäßigen Annahme von Abfall zur thermischen Behandlung beginnen.

Der Erfolg bzw. auch der Mißerfolg eines Projektes dieser Art läßt sich anhand verschiedener Parameter abschätzen und einordnen. Am einfachsten darstellbar und anhand von Fakten belegbar ist das technische Konzept.

Die Müllverwertungsanlage Borsigstraße (MVB) zur Verbrennung von 320 000 t/a (Abb. 2) besteht aus 2 Linien. Jede Linie besteht aus einem konventionellen Verbrennungsrost mit nachgeschaltetem Vertikal-Dampferzeuger mit integrierter DeNO$_x$-Anlage nach dem SNCR-Verfahren sowie einer Staubabscheidung am 2./3. Zug und einer zusätzlichen Hochtemperatur-Staubabscheidung mit sogenannten Fangrinnen am Übergang 3./4. Zug (Abb. 3 und 4).

Die Abgasreinigung (Abb. 2) beginnt mit einem Verdampfungskühler zur Sicherstellung der zulässigen Temperatur im Gewebefilter zur Staubabscheidung. Vor dem Gewebefilter wird Aktivkoks (Herdofenkoks, HOK) zur Adsorption von Schwermetallen und Dioxinen/Furanen eingedüst. Im Gewebefilter werden die restlichen Kesselstäube zusammen mit dem HOK abgeschieden (Reststaubgehalt nach Filter < 0,5 mg/m^3).

Am Eintritt in die Waschstufen liegt damit ein Rauchgas vor, das praktisch nur noch gasförmige Schadstoffe enthält. In der ersten, 2stufigen sauren Wäsche werden vorwiegend Chlor- und Fluorwasserstoff (HCl und HF) abgeschieden. Absorptionsmittel ist Betriebswasser (Regenwasser und Wasser aus dem nahegelegenen Tiefstackkanal). Es entsteht eine 10- bis 12 %ige Rohsäure, die anschließend in einer Rektifikationsanlage zu normgerechter, technisch reiner Salzsäure (30 %) aufkonzentriert wird.

In der nächsten, nahezu neutral (pH-Wert ca. 6,5) betriebenen Waschstufe wird Schwefeldioxid (SO$_2$) und Rest-HCl mit Hilfe von Kalk zu Gips und löslichem Kalciumchlorid gebunden. Zur Aerosol- und Reststaubabscheidung dient als letzte Reinigungsstufe ein Naß-Elektrofilter.

Die mit dieser Anlagentechnik erreichbaren Emissionswerte können sich sehen lassen (Abb. 5-8).

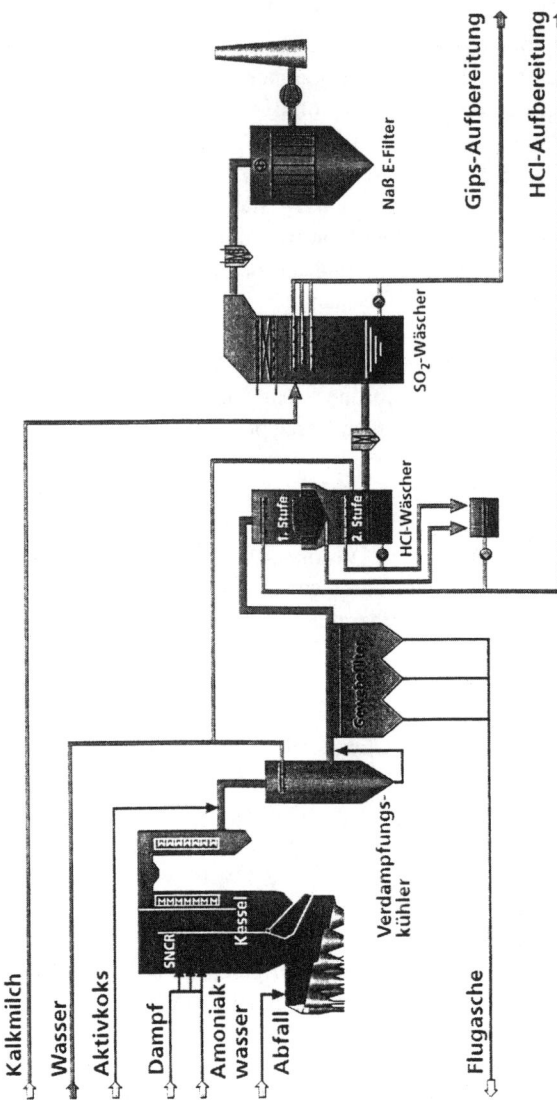

Abb. 2. MVB Borsigstraße – Verfahrensschema Rauchgasreinigung

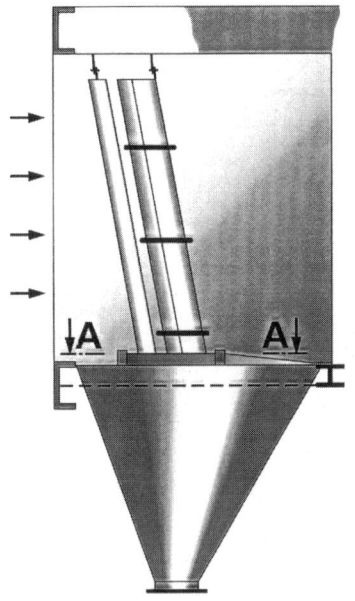
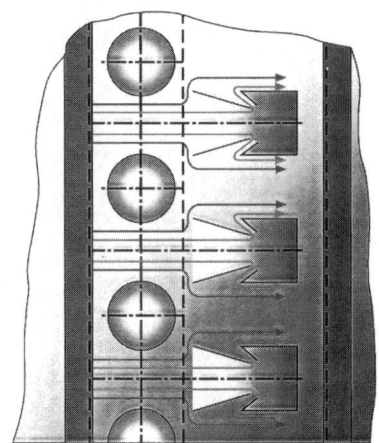

Schnitt "A - A"

Abb. 3. Ausführung der Fangrinnen

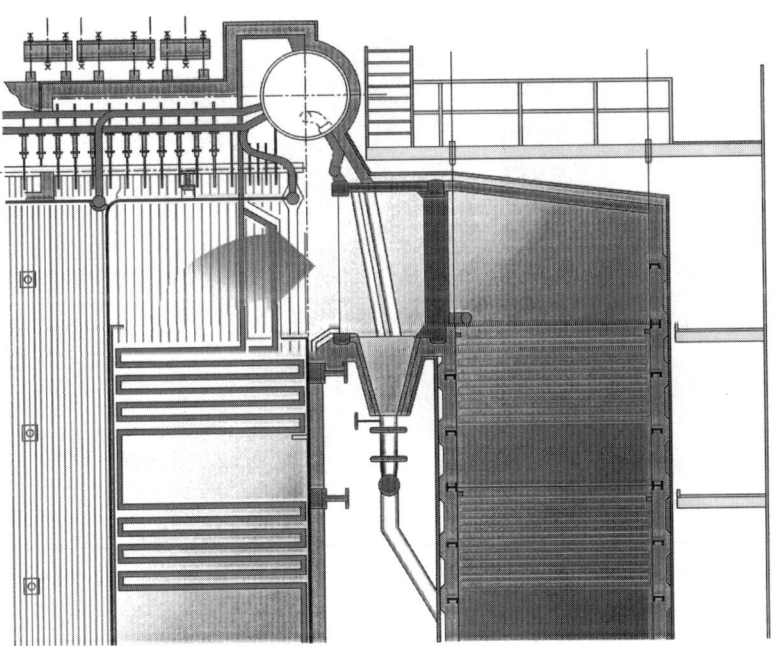

Abb. 4. Einbausituation der Fangrinnen

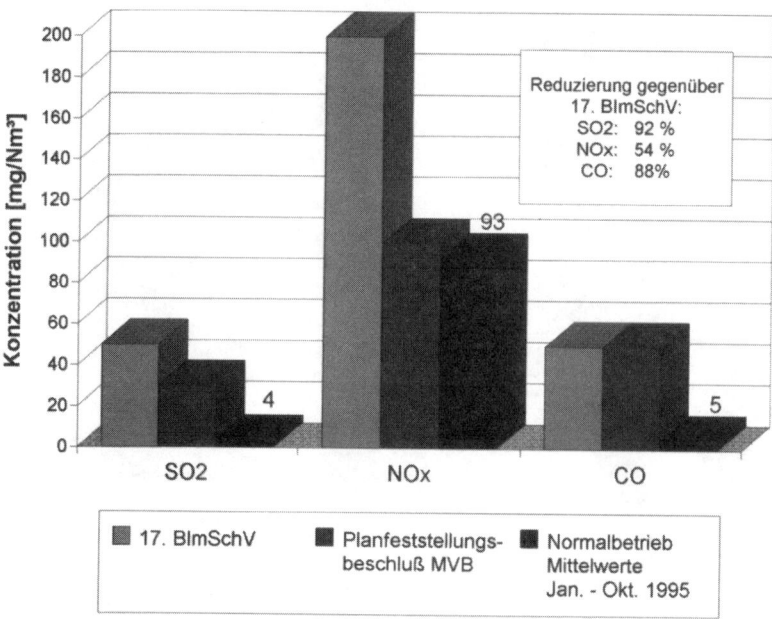

Abb. 5. Emissionswerte SO₂, NOₓ und CO

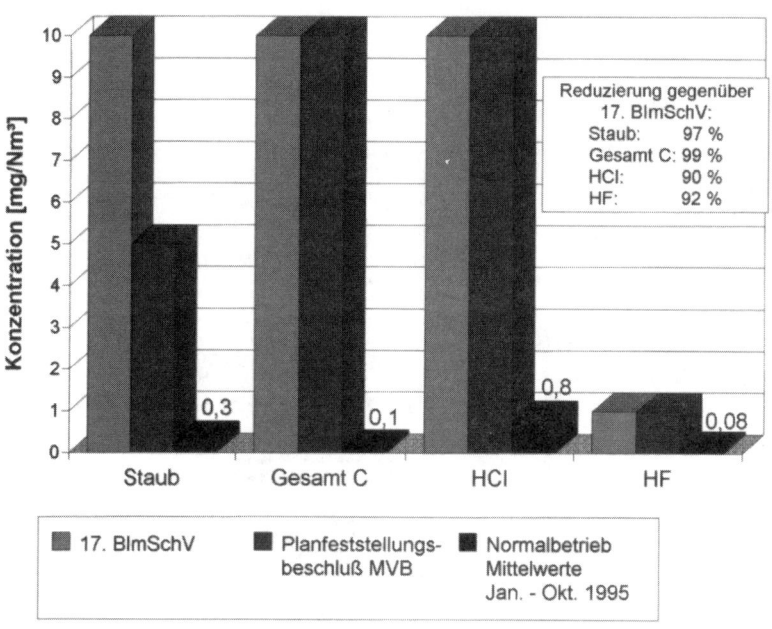

Abb. 6. Emissionswerte Staub, Gesamt-C, HCl und HF

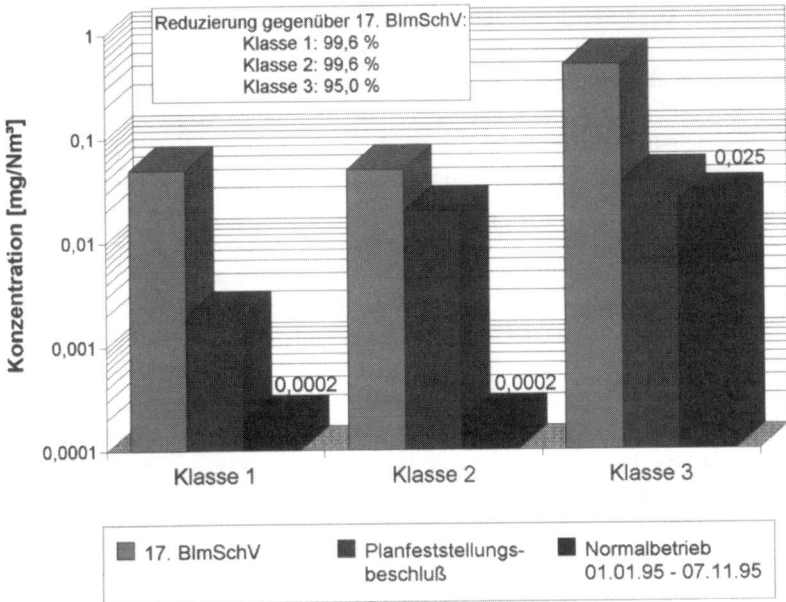

Abb. 7. Emissionswerte Klasse 1-3

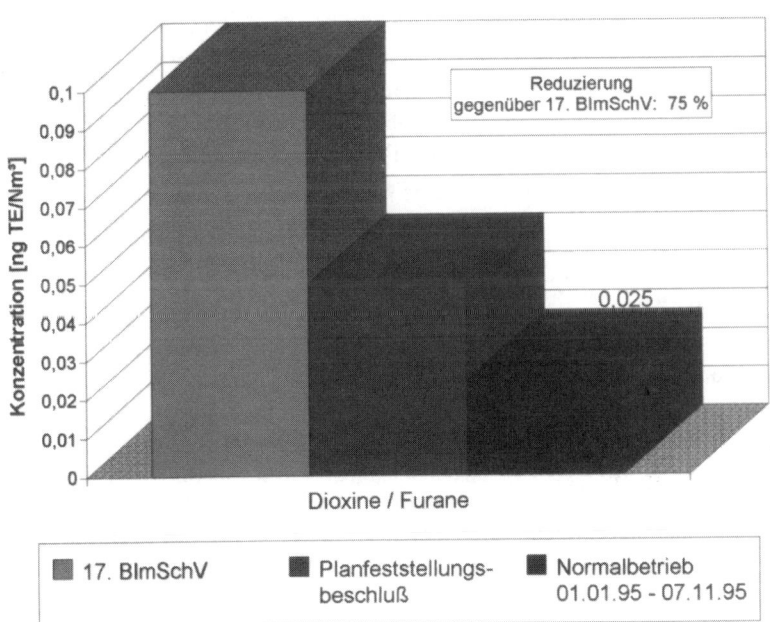

Abb. 8. Emissionswerte Dioxine/Furane

Die gesetzlichen Grenzwerte werden weit unterschritten, und auch die teilweise deutlich unter den Grenzwerten der 17. BImSchV liegenden Grenzwerte des Planfeststellungsbeschlusses werden nach der im letzten Jahr durchgeführten Optimierung der Betriebsabläufe sicher eingehalten. Die Emissionswerte liegen damit im Rahmen vergleichbarer moderner Anlagen. Zu beachten ist dabei auch, daß die Grenzwerte der 17. BImSchV und häufig auch die Vergleichswerte anderer Anlagen auf einen Sauerstoffgehalt im Abgas von 11 % bezogen sind, während die Werte der MVB für den Betriebssauerstoffgehalt im Abgas von ca. 8 % gelten. Die Zusammensetzung des Mülls hat auf die Emissionswerte nur geringen Einfluß. Die dargestellten Emissionswerte sind entweder kontinuierlich gemessen worden oder beruhen, wie im Falle der Schwermetalle und Dioxine, auf über 300 bzw. 100 Einzelmessungen.

Die Zusatzbelastungen der Immissionen durch die MVB liegen damit in einer Größenordnung von 1 ‰ der Vorbelastung. Bei einigen Schadstoffen ist gegenüber den Emissionen der Altanlage trotz der doppelten Verbrennungskapazität eine erhebliche Sanierung zu verzeichnen. Hinsichtlich der luftseitigen Schadstoffabgaben läßt sich danach festhalten, daß sich das *Anlagenkonzept* bewährt hat.

Bei einer modernen thermischen Müllverwertungsanlage entstehen aber nicht nur Abgase mit geringen Schadstofffrachten, es wird auch Wärme in Form von Dampf freigesetzt, und es entstehen Produkte aus der Verbrennung und Abgasreinigung. Die Wärme kann bei der MVB vollständig an das Fernwärmenetz der HEW abgegeben werden. Dies gilt auch während der Sommermonate, wo das Netz im Minimum bis zu 80 MW aufnehmen kann. Dann wird die gesamte Fernwärme in dem Netz der HEW von der MVB bereitgestellt. Im Winter können immerhin noch 20 000 von den angeschlossenen 330 000 Wohneinheiten mit Wärme versorgt werden. Aus diesem Grund hat die MVB keine Einrichtungen zur Stromerzeugung, ist also ein Heizwerk. Die Entscheidung hierfür wurde aus wirtschaftlichen Erwägungen heraus getroffen.

Die weiterhin entstehenden Stoffe/Produkte können weitgehend vermarktet werden (Abb. 9). Je Tonne verbrannten Mülls fallen ca. 250 kg Fertigschlacke nach einer mechanischen Aufbereitung an; außerdem ca. 33 kg Schrott, 20 kg Kessel- und Filterstäube, 10 kg Salzsäure und 3 kg Gips. Die Schlacke kann nach einer vorgeschriebenen Lagerzeit von mindestens 3 Monaten im Straßen- und Wegebau, bei der Rekultivierung von Deponien, aber auch für Beton als Zuschlagstoff eingesetzt werden. Der Schrott geht zurück ins Stahlwerk, die Stäube werden z.Z. als Versatzmaterial im Bergbau eingesetzt, eine „höherwertige" Verwertung ist in Vorbereitung. Die Salzsäure geht in den Handel, der Gips wird zu Putzgips verarbeitet. In die Deponie gehen z.Z. nur die Kalziumchloridsalze aus der HCl-Rektifikation und Reinigungsabfälle, insgesamt weniger als 1 % der angelieferten Müllmenge. Für die Kalziumchloridsalze zeichnet sich aber bereits ebenfalls eine Verwertung ab. Die Schadstoffbelastungen bewegen sich wegen der guten Abgasvorreinigung im Gewebefilter im Rahmen der Konzentration an/in der Erdkruste, so daß eine Verwertung als Versatzmaterial in ausgekolkten Salzstöcken sinnvoll erscheint.

Die MVB trägt damit ihren Namen Müll-*Verwertungs*-Anlage sicher zu Recht. Dies war übrigens auch ein der Planungsziele: Nicht nur geringe Schadstoffemissionen, sondern auch eine hohe Verwertungsrate der erzeugten Stoffe lag der Anlagenkonzeption zu Grunde! Unter dem Aspekt der thermischen und stofflichen Verwertung hat sich das *Anlagenkonzept* also auch bewährt.

Gilt dies auch für den wirtschaftlichen Rahmen? Die MVB wurde auf der Basis des mit der FHH geschlossenen Abfallverwertungsvertrages errichtet und betrieben. Dieser Vertrag wurde in der Bürgerschaft der FHH als Drucksache 13/6049 in der 13. Wahlperiode vorgelegt und erörtert, bevor er am 31. Januar 1991 unterzeichnet wurde. Außerdem wurde er im Rahmen eines Gegengutachtens anläßlich des Erörterungstermins verbreitet (s. auch Hartan u. Zwahr 1995). Der Vertrag regelt die Menge und die Art der von der MVB thermisch zu behandelnden Abfälle. Gemäß Vertrag errichtet und betreibt MVB die Anlage *eigenverantwortlich*. Alle Risiken, die mit dem Bau und Betrieb der Anlage verbunden sind, sind von MVB zu tragen.

MVB ist verpflichtet, jährlich etwa 320 000 t Abfall anzunehmen, wobei dieser Wert als langjähriges Mittel zu interpretieren ist. Im letzten (dem ersten) Betriebsjahr wurde der anteilige Jahresdurchsatz nicht ganz erreicht. Wenn nichts Unvorhergesehenes mehr eintritt, wird das letztjährige Defizit aber bereits in diesem Jahr ausgeglichen (Abb. 10).

Der Vertrag bietet eine feste, langjährig kalkulierbare Basis für die Entsorgung der Abfälle. Zusätzliche Kosten entstehen der FHH nur durch die Auswirkungen von Gesetzesänderungen, Genehmigungsauflagen, zusätzlichen behördlichen Auflagen oder Wünschen der FHH, die über den vertraglichen Rahmen hinausgehen.

Es hat sich herausgestellt, daß sich die Anerkennung der bis zur Inbetriebnahme angefallenen Mehrkosten seitens der FHH sehr schwierig gestaltet. Es wird z.Z. immer noch über viele Positionen gestritten, und das trotz der Tatsache, daß der Entsorgungspreis der MVB auch bei Berücksichtigung aller angemeldeten Mehrkosten noch als äußerst günstig anzusehen ist. Die FHH hat diesen vorläufigen Preis selbst publiziert (Abb. 11), deshalb kann er hier auch genannt werden: Der Annahmepreis der MVB liegt z.Z. bei ca. 200 DM/t zuzüglich Mehrwertsteuer.

Im Jahre 1995 lag der Aufwand zur Erreichung der in Abb. 10 dokumentierten Verfügbarkeit noch weit über dem kalkulierten Rahmen. Der Annahmepreis ändert sich dadurch nicht, für die MVB ist allerdings die angestrebte Rentabilität in diesem Jahr noch nicht erreicht.

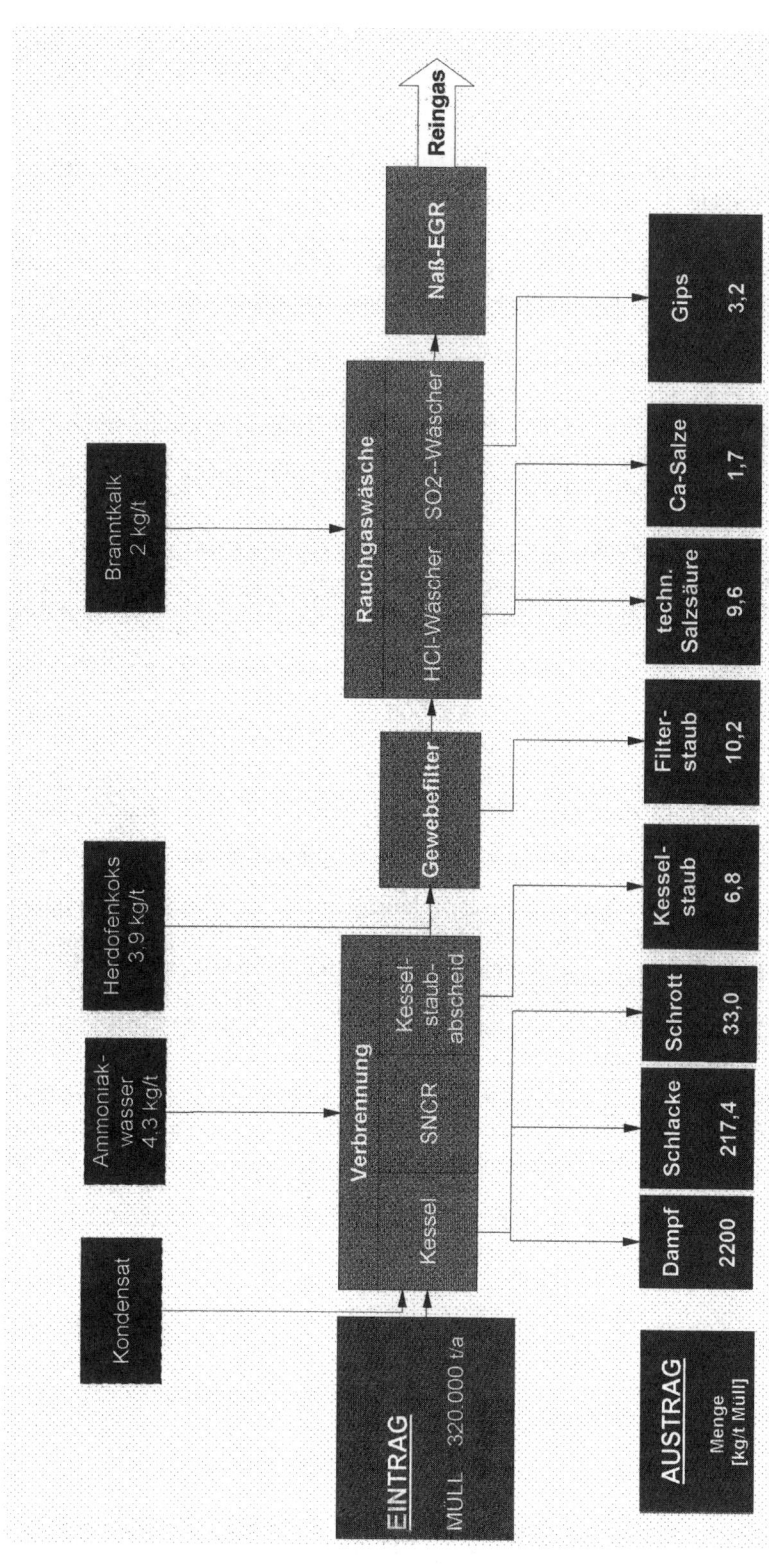

Abb. 9. MVB Borsigstraße – Massenflußdiagramm

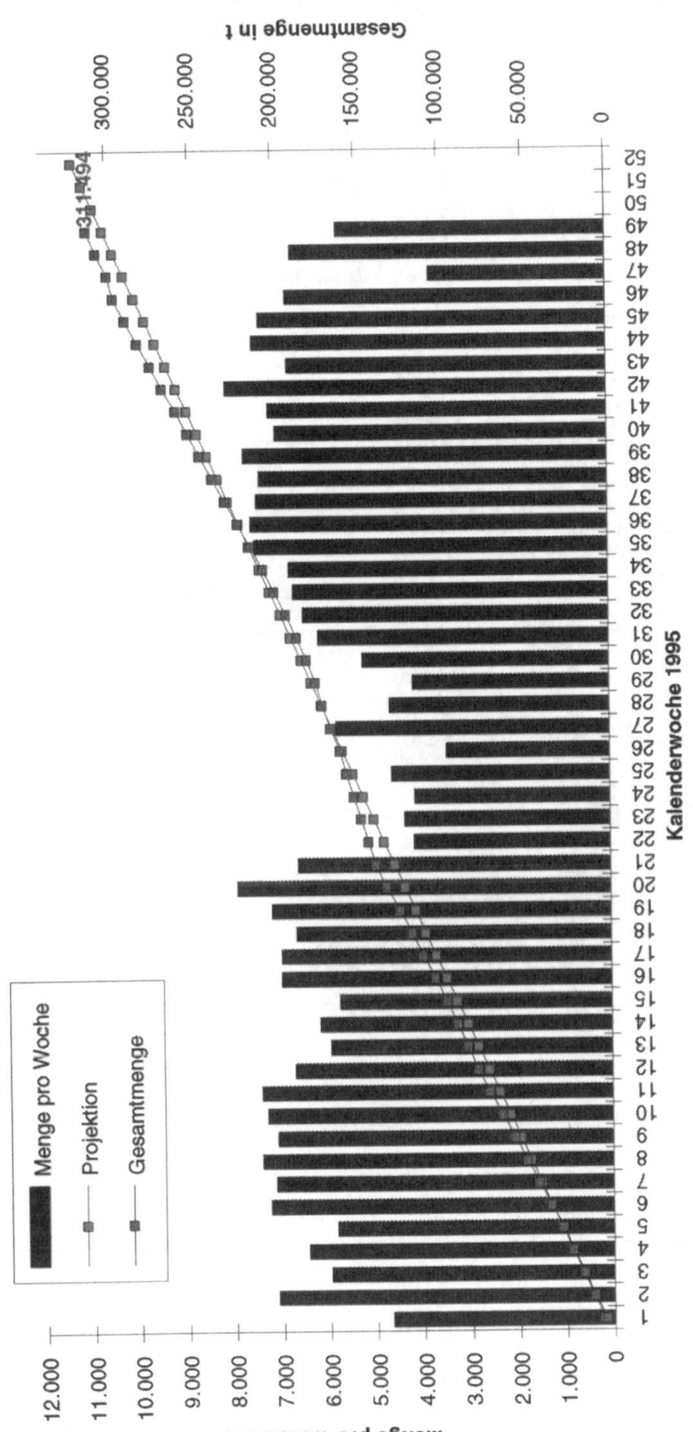

Abb. 10. Müllanlieferung MVB 1995

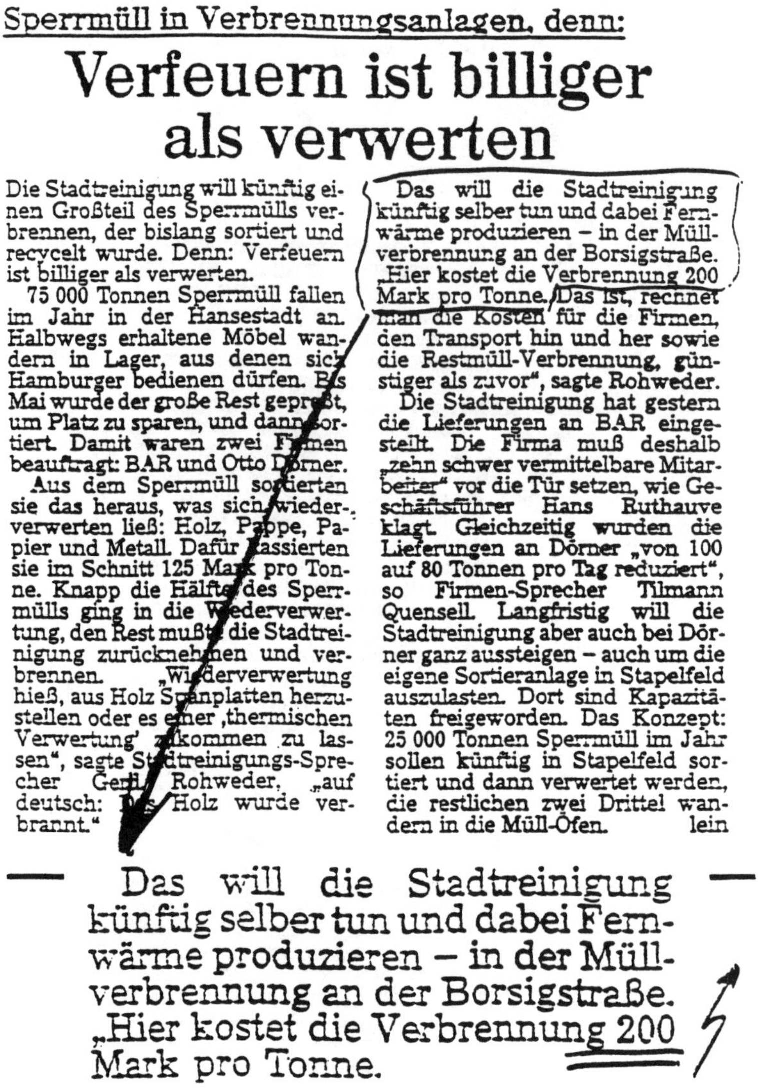

Sperrmüll in Verbrennungsanlagen, denn:

Verfeuern ist billiger als verwerten

Die Stadtreinigung will künftig einen Großteil des Sperrmülls verbrennen, der bislang sortiert und recycelt wurde. Denn: Verfeuern ist billiger als verwerten.

75 000 Tonnen Sperrmüll fallen im Jahr in der Hansestadt an. Halbwegs erhaltene Möbel wandern in Lager, aus denen sich Hamburger bedienen dürfen. Bis Mai wurde der große Rest geprüft, um Platz zu sparen, und dann sortiert. Damit waren zwei Firmen beauftragt: BAR und Otto Dörner.

Aus dem Sperrmüll sortierten sie das heraus, was sich wiederverwerten ließ: Holz, Pappe, Papier und Metall. Dafür kassierten sie im Schnitt 125 Mark pro Tonne. Knapp die Hälfte des Sperrmülls ging in die Wiederverwertung, den Rest mußte die Stadtreinigung zurücknehmen und verbrennen. „Wiederverwertung hieß, aus Holz Spanplatten herzustellen oder es einer ‚thermischen Verwertung' zukommen zu lassen", sagte Stadtreinigungs-Sprecher Gerd Rohweder, „auf deutsch: Das Holz wurde verbrannt."

Das will die Stadtreinigung künftig selber tun und dabei Fernwärme produzieren – in der Müllverbrennung an der Borsigstraße. „Hier kostet die Verbrennung 200 Mark pro Tonne. Das ist, rechnet man die Kosten für die Firmen, den Transport hin und her sowie die Restmüll-Verbrennung, günstiger als zuvor", sagte Rohweder.

Die Stadtreinigung hat gestern die Lieferungen an BAR eingestellt. Die Firma muß deshalb „zehn schwer vermittelbare Mitarbeiter" vor die Tür setzen, wie Geschäftsführer Hans Ruthauve klagt. Gleichzeitig wurden die Lieferungen an Dörner „von 100 auf 80 Tonnen pro Tag reduziert", so Firmen-Sprecher Tilmann Quensell. Langfristig will die Stadtreinigung aber auch bei Dörner ganz aussteigen – auch um die eigene Sortieranlage in Stapelfeld auszulasten. Dort sind Kapazitäten freigeworden. Das Konzept: 25 000 Tonnen Sperrmüll im Jahr sollen künftig in Stapelfeld sortiert und dann verwertet werden, die restlichen zwei Drittel wandern in die Müll-Öfen.   lein

— Das will die Stadtreinigung — künftig selber tun und dabei Fernwärme produzieren – in der Müllverbrennung an der Borsigstraße. „Hier kostet die Verbrennung 200 Mark pro Tonne.

Abb. 11. Müllannahmepreis der MVB (Hamburger Abendblatt, 02.06.1995)

Bleibt festzuhalten: Wirtschaftlich ist die MVB für die FHH und damit für die Bürger als günstig einzustufen. Wie für die erste Abfallverbrennungsanlage in Hamburg vor 100 Jahren gilt auch heute: durch den Betrieb der MVB werden die Entsorgungskosten nicht erhöht, sondern eher gesenkt. Die Kosten für die Deponierung (aus Hamburg werden immer noch weit über 100 000 t/a deponiert) sind höher als die Verbrennungskosten in der MVB. Die MVB hat ihr betriebswirtschaftlich gestecktes Ziel allerdings noch nicht erreicht.

Auf eine vierköpfige Familie entfallen monatlich 20-25 DM an Aufwand für die Entsorgung ihres Abfalls in der MVB. Hinzu kommen die Kosten für das Einsammeln der Abfälle. Ist dieser Aufwand im Vergleich zu den anderen Unterhaltskosten einer Familie wie beispielsweise für Öl/Gas oder Wasser als unangemessen zu bezeichnen?

Aufgrund der ersten Erfahrungen mit der MVB hat der Senat der FHH im Jahre 1994 entschieden, daß zur Schließung der Entsorgungslücke eine weitere Abfallverwertungsanlage in Hamburg auf der Basis des Konzeptes der MVB errichtet und betrieben werden soll.

Dies ist sicherlich der letzte Beleg dafür, daß das technische und vertragliche Konzept der MVB insgesamt positiv einzuschätzen ist. Voraussetzungen für das Gelingen sind allerdings klare politische Zielstellungen, vorausschauende Abfallwirtschaftsplanung und klare Aufgaben- und Kompetenzabgrenzungen.

Dann lassen sich auch Standorte für Anlagen zur thermischen Abfallbehandlung finden und durchsetzen. Der Bürger als Produzent des Abfalls muß erkennen, daß es zur Vermeidung ökologisch unerwünschter langer Wege sinnvoll ist, die Anlagen in die Nähe der Städte zu bringen. Nur dort lassen sich Kraft-Wärme-Kopplung und damit eine optimale Energieausnutzung realisieren. Die heutige Anlagentechnik ist geeignet, die Umweltauswirkungen zu minimieren und soweit zu reduzieren, daß ihre Auswirkungen im Vergleich zu anderen Emittenten als äußerst gering zu bezeichnen sind. Wenn außerdem die übrigen Rahmenbedingungen stimmen, dann ist die thermische Abfallentsorgung zu vertretbaren wirtschaftlichen Bedingungen realisierbar.

Literatur

Hartan, J., Zwahr, H. (1995) Die Müllverwertungsanlage Borsigstraße, Beispiel für eine umweltfreundliche und kostengünstige Abfallverwertungsanlage, VDI-Berichte Nr. 1192

Systemvergleich thermischer Abfallbehandlungsanlagen

Kerstin Kuchta, Johannes Jager

1 Einleitung

In der letzten Dekade hat der Entsorgungssektor drastische Veränderungen erfahren. Wurde vor 5 Jahren die Frage gestellt: „Welches thermische Abfallbehandlungsverfahren soll gebaut werden?", so waren die Wahlmöglichkeiten auf technische Details und Fassadengestaltung beschränkt. Wird heute die Frage gestellt, sehen sich die Entscheidungsträger einer Vielzahl von Verfahren und Anbietern gegenüber. Gründe hierfür liegen in den neuen rechtlichen Rahmen, den Forderungen nach einer umweltgerechten und nachhaltigen Abfallwirtschaft und der Minimierung der Entsorgungskosten. Von den Anbietern werden deshalb neue Konzepte und straffe Kalkulationen erwartet.

Für die Beurteilung thermischer Verfahren ist eine breite Palette von Kriterien zu berücksichtigen. Im folgenden werden deshalb die grundsätzlichen Voraussetzungen und Fragestellungen für einen Systemvergleich beschrieben: Vorangestellt ist eine Betrachtung der thermischen Verfahrensprinzipien und des Standes der Entwicklung. Anschließend werden die spezifischen abfallwirtschaftlichen Rahmenbedingungen und Zielsetzungen dargestellt, die Einfluß auf eine Systementscheidung nehmen. Abschließen wird die Durchführung einer entscheidungsvorbereitenden Bewertung skizziert.

2 Entwicklungstrends der thermischen Restabfallbehandlung

Die ursprüngliche Aufgabenstellung thermischer Abfallbehandlungsanlagen lag in der Hygenisierung und der Reduzierung des Abfallvolumens. Mit Beginn der 70er Jahre wurde ein zusätzliches Gewicht auf einen Beitrag zur Energiewirtschaft gelegt. In den letzten Jahren konzentrierten sich die technischen Entwicklungen verstärkt an den stofflichen und umweltspezifischen Problemstellungen der Abfallwirtschaft. Durch die Festlegung von Emissionsgrenzwerten (TA Luft, 17. BImSchV) wurde der Einsatz neuer leistungsfähigerer Rauchgasreinigungskomponenten gefordert, woraufhin sich die Entwicklung der Müllverbrennungsverfahren im wesentlichen auf dem Gebiet der Filtertechnik vollzog. Zur Zeit werden die deutschen Müllverbrennungsanlagen mit Entstickungsanlagen und Dioxinfiltern zur Einhaltung der Grenzwerte gemäß 17. BImSchV ausgerüstet.

Neben der sekundärseitigen Schadstoffabscheidung besteht prinzipiell die Möglichkeit der primärseitigen, d.h. mit Hilfe der Prozeßsteuerung bewirkten Emissionsminderung. Dazu gehören neben konstruktiven Maßnahmen im Feuerraum neue regelungstechnische Konzepte.

Die Entwicklung im Feuerraum konzentrierte sich in den letzten Jahren auf die Verbesserung der Roste. Durch die Verlegung des Hauptluftwiderstandes vom Müllbett in den Rost wurde eine Vergleichmäßigung der Luftströmung und damit der physikalisch-chemischen Prozesse im Müllbett erreicht (Jager et al. 1994). Die Schadstoffbildung, besonders CO, NO_x und organische Substanzen, hängt wesentlich von den Feuerungsbedingungen ab. Diese werden bis heute in der Regel händisch gesteuert. Als Stellgrößen stehen Abfallmenge, Luftzufuhr und Rostgeschwindigkeit zur Verfügung.

Neuere Konzepte versuchen, die Steuerung des Verbrennungsprozesses mit Hilfe von Fuzzy-Systemen zu optimieren, damit die Leistung zu steigern und gleichzeitig die Emissionen zu minimieren. Die Verbrennung mit technischem Sauerstoff ist ein weiteres Konzept zur Weiterentwicklung der Müllverbrennung. Durch die Verringerung des Abgasstroms werden kleinere und leistungsfähigere Rauchgasreinigungsanlagen ermöglicht.

Nach der TA Siedlungsabfall und dem Kreislaufwirtschafts- und Abfallgesetz soll die thermische Restabfallbehandlung die zu beseitigenden Abfälle primär in eine wiederverwertbare oder ablagerungsfähige Rückstandsform überführen (Entschließung des Bundestages 1993).

Diese Vorgaben führten zu Weiterentwicklungen der thermischen Verfahren unter der Zielsetzung der Verbesserung der Rückstände und der Speicherbarkeit der erzeugten Energien. Mit den sogenannten *Konversionsverfahren* präsentieren sich heute Alternativen zur konventionellen Müllverbrennung am Markt. Zu diesen Alternativen zählen zum Beispiel das Thermoselect-Verfahren, das KWU-Schwelbrennverfahren, das Noell Flugstromvergasungsverfahren, die LAUBAG Festbettvergasung und die Verfahren der Lurgi, der VEBA OEL, der Babcock sowie anderer (Tabelle 1). Die prinzipiellen Unterschiede zwischen der Müllverbrennung und den Konversionsverfahren werden im Abschnitt 5 erläutert.

Während zurückgehende Müllmengen immer kleinere Anlagen verlangen, propagiert die Industrie wenige große Anlagen, um eine bessere Ausbeute an Strom und Dampf zu erreichen. Gleichzeitig sei es nach Einschätzung der Industrie notwendig, vereinfachte Müllverbrennungsanlagen zu bauen, bei denen nicht alles automatisiert sein müsse. Auf diese Weise könne man sich den im europäischen Ausland durchaus üblichen Entsorgungskosten von 200 DM/Mg wieder nähern (FAZ, 05.10.1995).

Tabelle 1. Neue Verfahren zur thermischen Restabfallbehandlung (Auswahl)

Name, Hersteller	Beschreibung
Schwelbrenn-Verfahren, Siemens-KWU	Pyrolyse und Verbrennung
Thermoselect-Verfahren, Thermoselect	Integrierte Pyrolyse und Vergasung
NOELL Konversionsverfahren, Noell	Pyrolyse und Vergasung
Öko-Gas-Verfahren, Lurgi	Zirkulierende Wirbelschicht-Vergasung
Pyrolysis Technology, VEBA OEL	Pyrolyse und Vergasung
Festbettvergasung, LAUBAG	Vergasung
Hydrierung, VEBA	Katalytische Hydrierung
THERMO-CYCLING PROCESS, BC/SBW	Pyrolyse und Verbrennung
CONTOP-Schmelzzyklon, KHD	Pyrolyse und Vergasung
Nesa-Pyrolyse-Verbrennung, NESA	Pyrolyse und Verbrennung

3   Prozeßschritte der thermischen Behandlung

Die thermische Behandlung von Restabfällen verläuft in aufeinander folgenden Prozeßstufen bis zur vollständigen Oxidation zu den energieärmsten Verbindungen der Inhaltsstoffe. Die einzelnen Prozeßschritte sind (Abb. 1).

3.1   Trocknung

Die Trocknung beginnt bei 65-75 °C indem die im Abfall vorhandene Feuchte verdampft. Erst nach Entfernung des Wassers kann die Temperatur über 100 °C steigen.

3.2   Entgasung/Pyrolyse

Die Pyrolyse bezeichnet die Zersetzung von Stoffen bei Temperaturen von ca. 150 °C bis ca. 900 °C unter Luftausschluß. Die Begriffe Schwelung oder trockene Destillation bezeichnen denselben Vorgang.

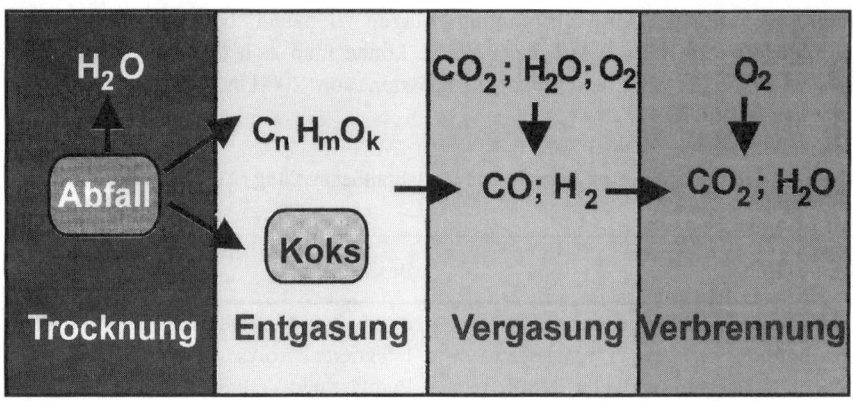

Abb. 1. Phasen des Verbrennungsprozesses

In einer Vielzahl von unterschiedlichen Reaktionen bilden sich gasförmige, niedermolekulare Zersetzungsprodukte und stärker kondensierte Makromoleküle. Die flüchtigen Bestandteile, d.h. Restwasser, Schwelgase, Kohlenwasserstoffe und Teere, gehen in die Gasphase über, während ein fester koksähnlicher Rückstand zurück bleibt.

3.3   Vergasung

In Gegenwart von Sauerstoff und ab etwa 235 °C entzünden sich die Entgasungsprodukte. Im Temperaturbereich zwischen 500 °C und 600 °C wird gebundener Kohlenstoff zu gasförmigen Produkten umgesetzt, wobei Wasserdampf und Sauerstoff den Prozeß fördern.

Bei hohen Temperaturen stellt sich das thermodynamische Gleichgewicht zwischen den exothermen Verbrennungsvorgängen

$$C + O_2 \rightarrow CO_2 \qquad \text{bzw.} \qquad 2\,C_xH_y + (2x + \tfrac{1}{2}y)\,O_2 \rightarrow 2x\,CO_2 + y\,H_2O,$$

der endothermen Boudouard-Reaktion

$$C + CO_2 \rightarrow 2\,CO$$

und der gleichfalls endothermen Wassergas-Reaktion

$$C + H_2O \rightarrow CO + H_2 \qquad \text{bzw.} \qquad C_xH_y + x\,H_2O \rightarrow x\,CO + (x + \tfrac{1}{2}y)\,H_2$$

ein.

Die Hauptreaktionsprodukte der Vergasung sind Kohlenmonoxid, Wasserstoff und Kohlendioxid. Dieses Synthesegas ist nach einer Gasreinigung energetisch nutzbar.

3.4   Verbrennung

In der Verbrennung werden die brennbaren Gase der vorangegangenen Prozesse vollständig zu ihren energieärmsten Verbindungen oxidiert:

$$C + O_2 \rightarrow CO_2 \qquad bzw. \qquad 2\,CxHy + (2x + \tfrac{1}{2}y)\,O_2 \rightarrow 2\,CO_2 + y\,H_2O$$

Da Abfall ein inhomogener Brennstoff mit nur geringem Heizwert ist, wird die vollständige Oxidation der Inhaltsstoffe erschwert. Bei unvollständiger Oxidation können unerwünschte Nebenprodukte entstehen.

Entscheidend für den vollständigen Ausbrand des Abfalls sind guter Kontakt von Brennstoff und Verbrennungsluft sowie eine genügend große Verweilzeit bei genügend hohen Temperaturen.

3.5   Schlackeproduktion/Ausbrand

In Abhängigkeit vom Einsatzstoff und vom Verfahren werden die metallischen, inerten (Glas, Keramik, Steine) und andere anorganische Bestandteile in feste Rückstände (Schlacke oder Asche) überführt. Menge, Qualität, insbesondere Restorganikgehalt und Anfallort der Schlacke sind vom jeweiligen Verfahren abhängig.

3.6   Gasreinigung

Die in thermischen Verfahren entstehenden Gase müssen vor der Ableitung oder Nutzung gereinigt und gegebenenfalls konditioniert werden. Eine moderne MVA-Rauchgasreinigung besteht heute aus den Komponenten: Filtersystem (Staubaustrag), saure Wäsche (HCl, HF), neutrale/alkalische Wäsche (SO_2) und Koksfilter. Unter Umständen können verwertbare Stoffe wie Salzsäure, Schwefel und Gips erzeugt werden. In den meisten Fällen sind die anfallenden Salze und Schlämme als Sonderabfall in Untertagedeponien zu verbringen. Die Menge der Rückstände ist vom Rauchgasvolumen abhängig, die Qualität vom Rauchgasreinigungsverfahren.

3.7   Energienutzung

Die Abwärme des Prozesses sowie das Energiepotential des erzeugten Synthesegases kann zur Stromerzeugung oder zu Heizzwecken genutzt werden. Bei Verbrennungsverfahren sind Kesselsysteme integraler Anlagenbestandteil, bei den Vergasungsverfahren kann das gereinigte Synthesegas vor Ort oder räumlich und zeitlich getrennt energetisch oder stofflich genutzt werden. Die Auftrennung der Prozeßstufen bei den unterschiedlichen Verfahren ist in Abb. 2 gezeigt.

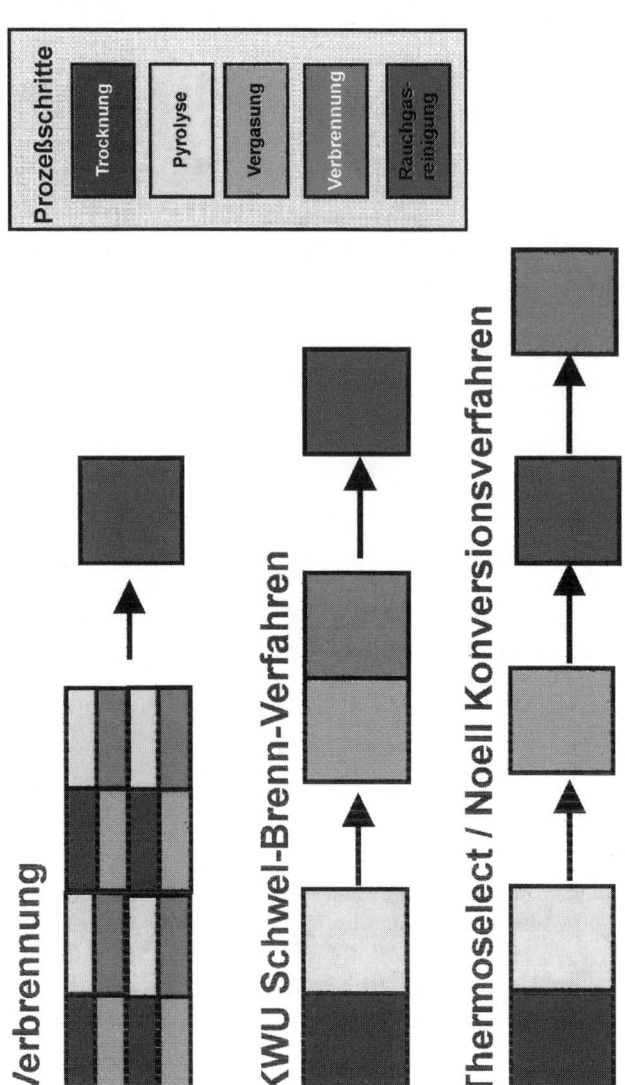

Abb. 2. Anordnung der Prozeßstufen unterschiedlicher Verfahren

4   Entwicklung des Brennstoffs „Abfall"

Die angestrengten Vermeidungs- und Verwertungsstrategien werden die Zusammensetzung und die Menge der zu behandelnden Restabfälle signifikant verändern und damit die verfahrenstechnische Auslegung einer thermischen Behandlungsanlage unmittelbar beeinflussen. Von Bedeutung sind insbesondere veränderte Parameter bezüglich des Heizwerts, des Wassergehalts, des Ascheanteils, des Feinmüllanteils, der Stückigkeit usw.

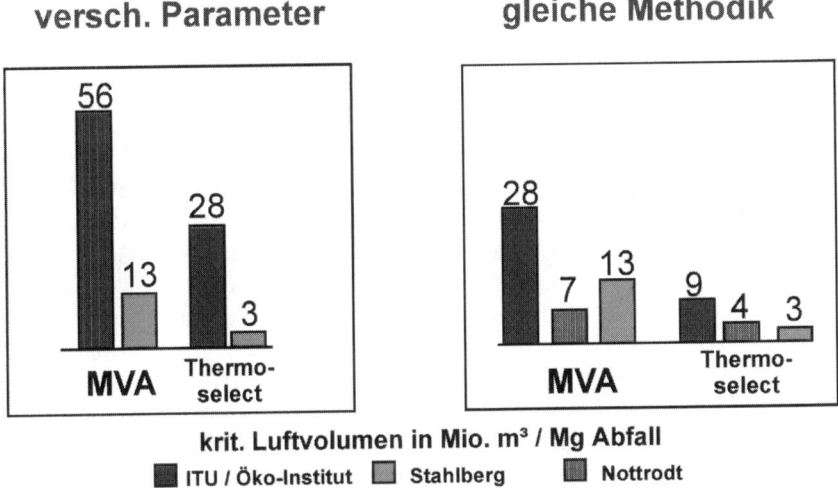

Abb. 3. Gegenüberstellung der kritischen Luftvolumina aus verschiedenen Studien (in Mio. m³/a)

Für eine langfristige Planung ist eine genaue Analyse und eine belastbare Prognose des zu erwartenden Restmüllaufkommens, der Restmülleigenschaften und der Restmüllzusammensetzung notwendig. Die Beeinflussung der verschiedenen Parameter ist jedoch äußerst vielfältig und schwer quantifizierbar: z.B. kann die Zunahme der Restmüllmenge durch wachsende Bevölkerungszahlen, soziologische Veränderungen (Zunahme der Einpersonenhaushalte) oder das Wirtschaftswachstum prognostiziert werden.

Die Verringerung der Abfallmenge kann auf ein geändertes Abfallbewußtsein, sich ändernde Produktionsverfahren und -kreisläufe oder den explosionsartigen Anstieg der Entsorgungskosten zurückgeführt werden. Eine weitere Verringerung wird durch die Umsetzung verschiedener rechtlicher Regelungen, z.B. die Verpackungsverordnung (VerpackV) oder der Erlaß zur flächendeckende Kompostierung, angestrebt. Da besonders der Umsetzungsgrad und der Erfolg dieser Regelungen mit Unsicherheiten belastet sind, ergeben sich für die Abfallprognosen – je nach subjektivem Hintergrund und Gewichtung – Differenzen bei der Prognose der Restmüllqualitäten und -quantitäten.

Die insgesamt zurückgehenden Müllmengen verlangen größere Zweckverbände für zentrale Anlagen oder Techniken für „kleine Lösungen". Dabei muß auch die energetische Verwertung von Abfallströmen in bestehenden Industrieanlagen und die thermische Behandlung von vorbehandelten Teilströmen betrachtet und bewertet werden.

5   Vergleich und Bewertung

In den letzten Jahren wurde eine Vielzahl von Verfahrensvergleichen durchgeführt, die nicht zu übertragbaren Ergebnissen führten. Erschwert werden die Vergleiche durch den unterschiedlichen Entwicklungsstand und den Mangel an belastbarem Datenmaterial. Die Ergebnisse des „Systemvergleichs Restabfallbehandlung Hessen" (ITU/Öko-Institut 1994) geben ebensowenig eine generelle Aussage wie die Untersuchungen des Forschungszentrums Karlsruhe. Die letzte Studie kommt zu dem Ergebnis, daß „... *die heute angebotenen und auch öffentlich diskutierten thermischen Abfallbehandlungsverfahren für Restmüll alle auf extrem hohem Niveau liegen. ... Ökologisch sind sie alle in Ordnung, mit ein bißchen mehr Vorteil hier und ein bißchen mehr Nachteil dort. Als Begründung für die Wahl des Verfahrens reicht das nie und nimmer... . Das Stoffliche* [Anmerkung: Emissions- und Reststoff bezogen] *eignet sich nicht für eine Entscheidung."* (Vogg 1995).

Trotz dieser pauschalisierenden Aussage ist eine ökologische Betrachtung zur Berücksichtigung der spezifischen Rahmen, der fortschreitenden wissenschaftlichen Erkenntnis, der transparenten Darstellung und der absoluten Bewertung in jeden Systemvergleich einzubeziehen.

Maßgebend für die Beurteilung und Auswahl eines Verfahrens sind mit zunehmender Bedeutung die Einstufung hinsichtlich des Standes der Technik und die Entsorgungssicherheit. Das Bundes-Immissionschutzgesetz (BImSchG) und die Technische Anleitung Siedlungsabfall (TASI) definieren den Stand der Technik als den „*Entwicklungsstand fortschrittlicher Verfahren, Einrichtungen oder Betriebsweisen, der die praktische Eignung einer Maßnahme für eine umweltverträgliche Abfallentsorgung gesichert erscheinen läßt"* (§ 3 BImSchG). In diesem Sinne sind Verfahren heranzuziehen, die mit Erfolg im Betrieb erprobt worden sind. Außer der Rostfeuerung befinden sich andere Verfahren bezüglich der Verbrennung von Restmüll noch weitestgehend in der Pilotphase.

Die objektive Durchführung vergleichender Bewertungen thermischer Restabfallbehandlungsanlagen setzt die Festlegung eines Bewertungsmaßstabes voraus. Hierzu müssen die Kriterien und Rahmenbedingungen zu Beginn eines Systemvergleichs parallel zur Grundlagenermittlung ansetzen. Die Voranstellung der Bewer-
tungsmethodik erlaubt es, sich dem Idealzustand der Vollständigkeit der Planungs-
grundlagen zu nähern, welche ihrerseits die Voraussetzung für die Herstellung der
Vergleichbarkeit von Angeboten darstellt. Außerdem erschwert die frühe Festlegung die Versuche der Manipulation und erhöht damit die Glaubwürdigkeit für das
gesamte Verfahren. In die Bewertung gehen neben relativ einfach zu ermittelnden
und unstrittigen Größen, wie spezifische Leistungsdaten und Schadstofffrachten,
auch schwer bewertbare Kriterien, wie sie aggregierte kritische Größen darstellen,
ein. Die Notwendigkeit, die große Zahl verschiedener Schadstoffe in unterschiedlichen Medien zu einer handhabbaren Anzahl kritischer Kennwerte zusammenfassen, ergibt sich aus der Anforderung, unterschiedliche Technologien miteinander
zu vergleichen.

5.1   Technikvergleich

Meistens besteht die Aufgabe eines Systemvergleichs darin, einen Vergleich von
Techniken durchzuführen, die aufgrund

- des unterschiedlichen Entwicklungsstandes,
- des unterschiedlichen stofflichen Inputs sowie
- der unterschiedlichen technologischen Grundideen

im strengen technischen Sinne nicht vergleichbar sind.

Die verfügbaren Unterlagen sind häufig unvollständig und erlauben es oft nicht,
mit hinreichender Sicherheit die prinzipielle technische Machbarkeit der jeweiligen Konzepte zu beurteilen. Eine exakte Überprüfung sämtlicher Zahlenangaben
der Verfahrensdokumentation ist in der meist knapp bemessenen Zeit aufgrund
fehlender Schlüsselwerte im allgemeinen nicht möglich. Die technische Überprüfung umfaßt deshalb die

- Verfahrensbeschreibungen und Verfahrensfließbilder mit Massen- und
  Energieströmen, Zusammensetzungen und Zustandsparameter der wichtigsten
  Stoffströme innerhalb der technischen Bilanzgrenzen des Systems,
- Plausibilitätsprüfung der Massen- und Energiebilanz,
- Angaben der Emissionen, Reststoffe und Reststoffverwertung,
- sonstigen am Verfahren beteiligten Stoffe,
- technische Reife der einzelnen Prozeßkomponenten bzw. ihre
  Verschaltung und den Stand der Technik sowie
- genehmigungsrechtliche Aspekte der Anlagen im konkreten Fall.

5.2   Bewertungsparameter

Die Auswahl der Bewertungsparameter für Ökobilanzen ist nicht standardisiert
und erfolgt subjektiv. Durch die unterschiedlichen Bewertungsmaßstäbe ist ein
Vergleich der Ergebnisse verschiedener Studien nicht oder nur eingeschränkt möglich. Typische Bewertungsparameter sind:

- Entwicklungsstand,
- Stoffmengenbilanz,
- Schadstoffbilanz,
- Flächenbilanz,
- Energiebilanz sowie
- Wirtschaftlichkeit.

Beispielhaft sei im folgenden der Vergleich der Energiebilanzen verschiedener
Verfahren dargestellt. Anschließend sollen die Problemfelder anhand einiger aktueller Beispiele dargestellt werden.

5.2.1   Energiewirkungsgrad verschiedener thermischer
          Abfallbehandlungsverfahren

Da eine vergleichende Bewertung der thermischen Verfahren auf der stofflichen
Ebene bisher nicht durchführbar ist, wird der auch klassisch berechenbare energetische Wirkungsgrad als Vergleichskriterium herangezogen.

Ein Vergleich im Auftrag des Landes-Umweltamtes Nordrhein-Westfalen (Berghoff 1995) ermittelte die in Tabelle 2 dargestellten Energiewirkungsgrade für unterschiedliche thermische Verfahren.

Tabelle 2. Energienutzung bei thermischen Verfahren zur Abfallbehandlung (Berghoff
1995)

	Verbrennung auf dem Rost		Schwelbrenn-Verfahren	Thermoselect-Verfahren	NOELL-Konversions-Verfahren
Zusatzbrennstoff pro Mg Abfall	-	33,5 m3 Erdgas	23,2 m3 Erdgas	33,4 m3 Erdgas	6,0 kg Diesel
Einschmelzung fester Rückstände	ohne	prozeß-extern	prozeßintern	prozeßintern	prozeßintern
η-Verstromung [%]	33,2	33,2	33,2	34	28
Netto-Wirkungs-grad [η-%]	22,5	19	19,8	12	11,8

Tabelle 2 gibt die unter idealen Bedingungen zu erwartenden Energieausbeuten der Verfahren an. Da optimale Verhältnisse aber nicht immer vorliegen, können die ermittelten Energiewirkungsgrade in der Praxis entsprechend abweichen. Insbesondere die neuen Verfahren müssen ihre Angaben noch in der Praxis belegen, aber auch für die Verbrennung auf dem Rost gelten Einschränkungen.

Die Nutzung der Abwärme wurde bei diesen Untersuchungen nicht berücksichtigt. In Abhängigkeit vom jeweiligen Standort können sich durch die Nutzung der Abwärme deutliche Wirkungsgradverbesserungen ergeben.

5.2.2 Abhängigkeit der Ergebnisse von Bewertungsparametern

Trotz der weitgehend ausformulierten Bewertungsmethoden und dem Bemühen um Objektivität sind die Ergebnisse verschiedener Studien meistens nicht direkt miteinander vergleichbar, und die Interpretation kann zu signifikanten Unterschieden führen. Die beiden folgenden Beispiele aktueller Vergleiche thermischer Restabfallbehandlungsverfahren sollen dies verdeutlichen. Die Auswahl der Verfahren Müllverbrennung und Thermoselect und der Bilanzgröße „kritisches Luftvolumen" liegt in der vorliegenden Datenquantität begründet. Die Aussagen sind auf andere Vergleiche und Verfahren übertragbar.

A.   Untersuchung NOTTRODT, Hamburg (Nottrodt 1995)
In Anlehnung an das Konzept der Müllverwertungsanlage Borsigstraße in Hamburg wurde die Planung für eine weitere Müllverbrennungsanlage am Rugenbargerdamm vorgenommen. Unter Zugrundelegung der Scoping-Unterlagen vom September 1994 wurde auf der Basis eines Heizwertes von 9650 kJ/kg ein Verfahrensvergleich Müllverbrennung, KWU Schwelbrennverfahren und Thermoselect durchgeführt. Die Ergebnisse dieses Vergleichs sind in Tabelle 3 zusammengefaßt.

B.   Ökobilanz Thermoselect
Als Bewertungsfaktoren der Ökobilanz wurden kritische Konzentrationen festgelegt, die weitgehend Immissionsgrenzwerten entsprechen. Mit diesen Werten wurden kritische Mengen in den Umweltkompartimenten Luft, Wasser, Boden, Deponie und Untertagedeponie berechnet, die sich aufgrund der Emissionsfrachten in diesen Medien ergeben. Die Ergebnisse der Emissionsbetrachtungen gibt die Tabelle 4 wieder.

Abbildung 3 stellt die Ergebnisse der beiden Studien denen des „Systemvergleichs Restabfallbehandlung Hessen" (ITU/Öko-Institut 1994) gegenüber. Es ist ersichtlich, daß die Ergebnisse der Studien nicht direkt vergleichbar sind. Das betrifft nicht nur die absoluten Werte, sondern auch den relativen Vergleich. Die absoluten Ergebnisse sind unterschiedlich, weil verschiedene Bewertungsparameter und vor allem unterschiedliche Richtwerte herangezogen wurden. Der relative Vergleich zeigt ebenfalls erhebliche Unterschiede: Während Thermoselect im

Systemvergleich etwa die Hälfte der luftseitigen Emissionen verursacht wie die Müllverbrennung, zeigt die Ökobilanz von Thermoselect lediglich ein Viertel der Emissionen für das Thermoselect-Verfahren.

Tabelle 3. Schadstoffemissionen: Beispiele Emissionskonzentrationen

Parameter [g/Mg]	Thermoselect Gasmotor	MVR Hamburg
spezif. Abgasvolumen [m³/Mg]	2400	3950
Staub		<3.9
Gesamt C	4,8	<7,9
HCl	<0,5	<3,9
HF	<0,2	<0,4
SO$_2$	<12	<10
NOx	<24	<314,8
CO	<12	<39,4
Schwermetalle	<0,1	<0,2
Cd/Tl	<4,8	<4,0
Hg	16,8	<4,0
PCDD/F [ng TE/m³]	<0,05	<0,20

Tabelle 4. Emissionen von verschiedenen thermischen Verfahren

Parameter [mg/m³]	Thermoselect	MVA	MVA mit Verglasung
Spezifisches Abgasgewicht [kg]	5100	8000	8400
Staub	1	1	1
C gesamt	1	5	5
S	1	10	10
Cl	0,1	2	2
NOx	30	60	60
Pb	0,005	0,05	0,05
Cu	0,005	0,05	0,05
Zn	0,005	0,05	0,05
Cd	0,002	0,003	0,003
Hg	0,01	0,02	0,02
PCDD/F	0,000000003	0,00000003	0,00000003
krit. Luftvolumen [Mio. kg/Mg]	4,7	14,7	22,2

Die rechte Graphikhälfte zeigt die Ergebnisse der Aggregation der kritischen Luft-volumen mit unterschiedlichen Datensammlungen und einheitlichen Methodik. Hier erweist sich, daß die Ergebnisse signifikante Unterschiede aufweisen und eine unmittelbare Vergleichbarkeit der Ergebnisse in keinem Fall gegeben ist.

5.3   Sensitivitätsanalyse

Zur Überprüfung der verschiedenen Annahmen eines Systemvergleichs sollte mit dem ersten Ergebnis der Bewertung eine Sensitivitätsanalyse durchgeführt werden. Die Sensitivitätsanalyse zeigt die Qualität und Relevanz einzelner Annahmen, identifiziert die Hauptrisikokomponenten und ermöglicht die Ableitung gezielter Maßnahmen zur Verringerung der Emissionen.

Betrachtet man die Ergebnisse der Sensitivitätsanalyse für das kritische Luftvo-lumen aus dem Systemvergleich Restabfallbehandlung Hessen [4], so zeigen sich die folgenden Ergebnisse (Abb. 4): Die Einrechnung fortschrittlicher Verfahren, die über den dem Ergebnis zugrundeliegenden „Standardwerten" hinaus gehen, führt bei der Deponierung zu einer Reduzierung des kritischen Luftvolumens auf ein Drittel. Allein die Anwendung der 17. BImSchV auf die Gasfackel führt zu einer Halbierung der Werte. Ähnliche Potentiale weist danach das Schwelbrenn-verfahren auf, während die Müllverbrennung keine weiteren Potentiale zur Opti-mierung aufweist.

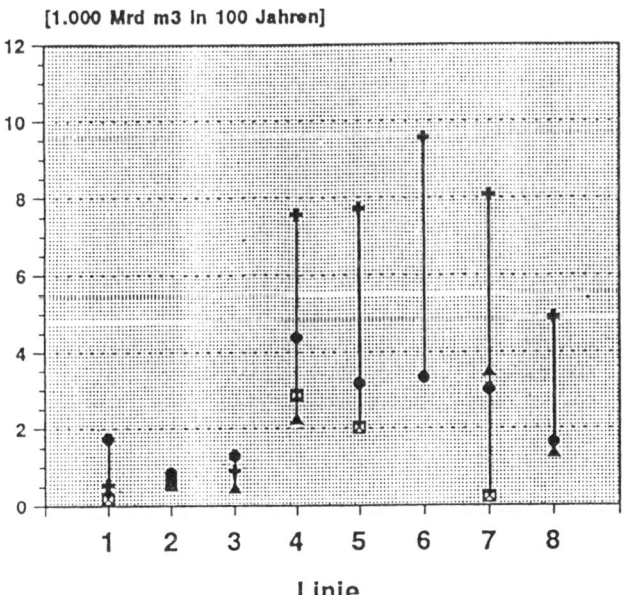

Abb. 4. Sensitivitätsanalyse – Luftemissionen (ITU/Öko-Institut 1994)

● Standard, ✚ 17. BImSchV, ▲ $NO_x = 100 \text{ mg/m}^3$, ⊗ diverse

6   Zusammenfassung

Mit einer Systementscheidung ist stets ein aufwendiges und kostenintensives Vorgehen verbunden. Gleichzeitig kann eine Systementscheidung nur standortbezogen und für die jeweiligen Rahmenbedingungen und Zielsetzungen durchgeführt werden, so daß Anleihen bei anderen Studien lediglich in der Methodik und der Vorgehensweise, nicht aber bei den Ergebnissen vorgenommen werden können.

Der zeitliche Aufwand eines Systemvergleichs kann deutlich verkürzt werden, wenn die Basis der Meta-Informationen (Abfallwirtschaft, Klima, Risiken und Vorbelastungen) umfassend und aktuell ist und die politischen Ziele auf breitem gesellschaftlichem Konsens festgelegt wurden. Insbesondere einem konsistenten Abfallwirtschaftskonzept und der fundierten, aktuellen Datenbasis kommen besondere Bedeutung zu.

Zur Vergleichbarkeit verschiedener Studien ist eine Standardisierung der Bewertungsmethoden und Datenaggregation unbedingt erforderlich. Dabei soll eine stetige Methodikfortschreibung durch einen intensiven Dialog der beteiligten Kreise gefördert und nachvollziehbar dokumentiert werden. Andernfalls stehen die Ergebnisse der verschiedenen Studien nebeneinander und können je nach Intention durch die Parameterauswahl und die Datengrundlagen in den Aussagen signifikant verändert werden.

Literatur

Berghoff, R. (1995) Energiebilanzen verschiedener thermischer Behandlungsverfahren – optimale Energienutzung, in: FDBR – Fachverband des Dampfkessel-, Behälter- und Rohrleitungsbaus (FDBR) (Hrsg.), Die Thermische Abfallverwertung der Zukunft, Schriftenreihe Fakten, Eigenverlag, Düsseldorf

Entschließung des Bundestags zur TA Siedlungsabfall (1993) in: TA Siedlungsabfall, Teil III: Materialien, Bundesanzeiger, 1. Auflage, Bonn

FAZ 5.10.1995 Bericht vom Fachverband Dampfkessel-, Behälter- und Rohrleitungsbau e.V. (FDBR), Düsseldorf

ITU/Öko-Institut (1994) Systemvergleich Restabfallbehandlung, Schriftenreihe der Hessischen Landes-anstalt für Umwelt, Heft 167, Wiesbaden

Jager, J. et al. (1994) Techniken der Restabfallbehandlung in Hessen, WAR Schriftenreihe Band 80, Darmstadt

Nottrodt, A. (1995) Rostfeuerung oder neue thermische Verfahren, Abfallwirtschaftsjournal 7 Nr. 5. S. 291-297

Steiger, F., Stahlberg, R. (Februar 1995) Ökobilanzen für die thermische Abfallbehandlung – Thermoselect und Rostfeuerung, Locarno

Vogg, H. (1995) Ausgewählte stoffliche Gesichtspunkte der thermischen Abfallbehandlung, in: FDBR (Hrsg), Die Thermische Abfallverwertung der Zukunft, Schriftenreihe Fakten, Eigenverlag, Düsseldorf

Schmerzfaktor Kosten – ein Vergleich thermischer Abfallbehandlungsanlagen

Uwe Sievers

1 Einleitung

Seit gut einem Jahr hat man in den Debatten um die Abfallbeseitigung einen scheinbar neuen Aspekt entdeckt: die Kosten. Zumindest haben Kostenfragen in aktuellen Veranstaltungen deutlich an Gewicht gewonnen, während sie früher allenfalls der Vollständigkeit halber kurz am Rande abgehandelt wurden.

Dies mag zum einen daran liegen, daß der Entsorgungsmarkt durch das Investitionserleichterungs- und Wohnbaulandförderungsgesetz privaten Unternehmen geöffnet wurde, die grundsätzlich dem Kosten-Nutzen-Verhältnis größere Aufmerksamkeit schenken. Andererseits ist festzustellen, daß aufgrund der politischen und wirtschaftlichen Entwicklung seit Beginn der 90er Jahre das durchschnittliche verfügbare Einkommen der privaten Haushalte zurückgegangen ist. Früher oder später mußte die Frage gestellt werden, ob die Abfallentsorgung auf dem einst angestrebten hohen ökologischen Niveau mit den vielen kostspieligen Maßnahmen zur angeblichen Akzeptanzsteigerung noch bezahlbar ist. Das neu erwachte Kostenbewußtsein birgt jedoch die Gefahr, daß die einstige Haltung: „Gut ist uns nicht gut genug" ins Gegenteil umschlägt und nun auch sinnvolle Maßnahmen mit dem lapidaren Argument, sie wären nicht bezahlbar, gestrichen werden.

Eine große Zahl von Altablagerungen – nahezu jede Gemeinde hatte früher ihre eigene Müllkippe – werden heute durch die Altlastenerkundung registriert. Im Falle einer Sanierungsdurchführung belasten sie die kommunalen Kassen mit erheblichen Aufwendungen. Aber auch für die heute betriebenen Deponien haben nur wenige Körperschaften Rücklagen für die notwendige jahrzehntelange Nachsorge in ausreichender Höhe – man kalkuliert etwa 50-100 DM/m^3 verfülltes Deponievolumen – gebildet. Dies macht deutlich, daß jahrzehntelang zu Lasten nachfolgender Generationen das Entsorgungsproblem vor sich hergeschoben wurde. Somit eröffnet die Kostendiskussion auch die Chance, alte Dogmen der Abfallwirtschaftspolitik zu hinterfragen und mit Hilfe längst fälliger Kosten-Nutzen-Analysen zu neuen, zwischen Ökologie und Ökonomie optimierten Lösungen zu gelangen.

So galt es jahrelang als schick, mit einer Politik ständiger Gebührenerhöhungen die Vermeidung und Verwertung zu fördern und gleichzeitig die Haushaltskassen zu füllen. Aufgrund dieses enormen, anfangs sicherlich auch motivierenden Kostendrucks ist zwischenzeitlich ein beachtlicher Teil der Abfälle vermieden worden, und es steht heute eine Vielzahl von Verwertungsverfahren anwendungsbereit zur Verfügung. Die hohen Entsorgungsgebühren haben aber auch ein fettes Gewinnpotential für unerwünschte, halb legale oder illegale Entsorgungsgeschäfte der sog. Müllmafia geschaffen. Auch hier muß gegengesteuert werden, um eine bezahlbare und verursachernahe Beseitigung der Abfälle wieder sicherzustellen.

Die Maxime wirtschaftlichen Handelns, vorgegebene Ziele mit einem möglichst geringen Aufwand zu erreichen, ist auch in der Abfallwirtschaft wieder zu beachten. Damit stellt sich die Frage bei der thermischen Abfallbehandlung, welche Faktoren maßgeblich die Kosten beeinflussen. Ist es die Wahl der Technik? Oder gibt es weitere, vielleicht entscheidendere Parameter? Diese Fragen sollen im folgenden versuchsweise beantwortet werden.

Zunächst ist aber noch zu klären, ob die Kosten der Abfallentsorgung inzwischen zum „Schmerzfaktor" geworden sind. Dazu werden im folgenden die Hausmüllgebühren ins Verhältnis zu anderen Gebühren und Abgaben durchschnittlicher Haushalte gesetzt und die Zusammensetzung der Hausmüllgebühren näher analysiert.

2   Müllgebühren

Eine bei der LEG Landesentwicklungsgesellschaft Baden-Württemberg mbH durchgeführte Auswertung der Satzungen etwa der Hälfte aller baden-württembergischen Landkreise hat eine große Spannbreite der Entsorgungsgebühren für einen durchschnittlichen Vierpersonenhaushalt von unter 200 DM/a (Landkreis Ravensburg, Lörrach) bis zu etwa 650 DM/a (Landkreis Esslingen) ergeben. In den Stadtkreisen Mannheim, Heidelberg und Ulm liegen die Gebühren sogar zwischen 700 DM/a bis nahezu 1000 DM/a.

In vielen entsorgungspflichtigen Gebietskörperschaften waren in den letzten Jahren meist zweistellige Zuwachsraten bei der Gebührenentwicklung zu verzeichnen. Da noch nicht alle Maßnahmen einer modernen Abfallwirtschaft umgesetzt sind, ist auch in den nächsten Jahren mit steigenden Entsorgungsgebühren zu rechnen, so daß in manchen Gegenden u.U. bis zu 100 DM pro Monat an Müllentsorgungsgebühren möglich erscheinen. Diese Entwicklung hat zur Folge, daß die Abfallgebühren als Kostenfaktor der Haushalte an Bedeutung gewinnen. Tabelle 1 zeigt die Hausmüllgebühren im Vergleich zu anderen Ausgaben eines durchschnittlichen Haushalts.

Tabelle 1. Hausmüllgebühren im Vergleich mit anderen Kostenfaktoren eines durchschnittlichen Haushalts (nach ESV 1993)

	DM/a
Strom	600-800
Heizung	800-2000
Verkehrsmittel	1000-20 000
Wasser/Abwasser	300-600
Hausmüll	150-1000

Insbesondere in Haushalten, die ihren Energie- und Wasserverbrauch durch entsprechende bauliche Maßnahmen oder geänderte Gewohnheiten verringert haben, können die Abfallgebühren – vor allem, wenn sie sich im oberen Bereich der angegebenen Bandbreite bewegen – zu einer spürbaren Belastung werden.

Zusätzlich zu den durch die Kommunen erhobenen Gebühren zahlt der Verbraucher mit dem Kauf von verpackten Waren Lizenzgebühren an das Duale System Deutschland (DSD). Diese Lizenzgebühren fallen für einen Vierpersonenhaushalt in einer Größenordnung von etwa 150-250 DM/a an (Siebecke u. Hafkesbrink 1994).

Die von der entsorgungspflichtigen Gebietskörperschaft erhobenen Gebühren müssen die laufenden Ausgaben der Abfallwirtschaft decken. Wie sich die Gebühren auf die einzelnen Aufgaben der Abfallwirtschaft verteilen, ist vom BUND für das Jahr 2000 abgeschätzt worden (Umwelt kommunal vom 4.7.1995).

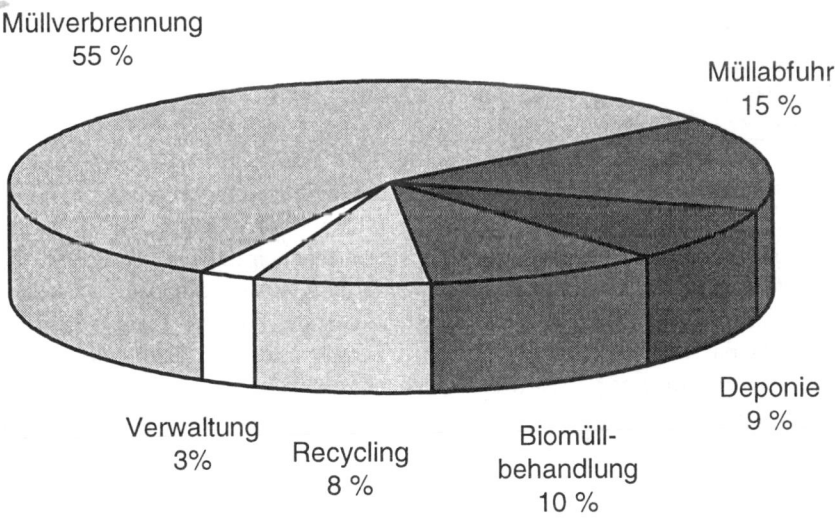

Abb. 1. Aufteilung der durchschnittlichen Müllgebühren eines Dreipersonenhaushaltes im Jahr 2000 (nach BUND, Umwelt kommunal vom 4.7.1995)

In Abb. 1 ist zu erkennen, daß neben den vielen einzelnen Bereichen, wie beispielsweise Recycling, Biomüllbehandlung, Müllabfuhr und Deponie, die Müllverbrennung mit 55 % den größten Anteil der Kosten darstellt. Bei der Berechnung des Anteils der Müllverbrennungskosten ging der BUND von spezifischen
Verbrennungspreisen um 750 DM/t aus. Wie später noch gezeigt werden soll, ist
diese Schätzung sicherlich sehr hoch gegriffen und eine Verbrennung zu wesentlich niedrigeren Kosten möglich.

Eine detailliertere Aufstellung zeigt Abb. 2. Dort ist beispielhaft für den Enzkreis die Aufschlüsselung der Gebühren dargestellt. Danach entfallen allein auf die
Müllabfuhr ca. 21 % der Gebühren. Die Deponie ist mit etwa 13 % an den Gesamtgebühren beteiligt. Die Verwertungsmaßnahmen addieren sich zu einem Ge-
samtanteil von ca. 26 %. Letztendlich steckt auch in der Müllabfuhr ein großer
Anteil, der der Verwertung, beispielsweise durch das getrennte Einsammeln des
Bioabfalls, zuzurechnen ist.

In diesem Zusammenhang ist darauf hinzuweisen, daß viele Verwertungsmaßnahmen nur mit erheblichen spezifischen Kosten durchgeführt werden können,
wenn man alle durch die Verwertung bedingten Zusatzkosten richtig zuordnet. In
Tabelle 2 sind beispielhaft nach Scheffold (1995) die spezifischen Kosten der
separaten Bioabfallbehandlung dargestellt.

Tabelle 2. Spezifische Kosten der separaten Bioabfallbehandlung (Scheffold 1995)

	Kosten (DM/t)
Gefäße	25-30
Einsammeln	80-140
Kompostieren	180-450
Vermarkten	25-50
Summe	**310-670**

Kalkuliert man alle Kosten vom Einsammeln über die Kompostierung bis hin zur
Vermarktung und berücksichtigt auch die für eine hohe Qualität des Bioabfall-
kompostes erforderliche Abfallberatung, so entstehen spezifische Kosten für den
Bioabfall in der Größenordnung von 310-670 DM/t. Je nachdem mit welchen
spezifischen Kosten die thermische Behandlung des Restmülls angesetzt wird,
fallen für das oben angeführte Beispiel Enzkreis zusätzliche Kosten der Abfallwirtschaft an. Andererseits ist jedoch auch zu berücksichtigen, daß beispielsweise
Deponierungskosten nach einer thermischen Behandlung nicht mehr im gleichen
Umfang erforderlich sind.

Ohne die Auswirkungen auf die übrigen abfallwirtschaftlichen Maßnahmen zu
berücksichtigen, ist in Abb. 2 zusätzlich der Anteil der Verbrennungskosten zu den
bestehenden Entsorgungskosten dargestellt worden. Unter der Annahme, daß die

Verbrennung für 500 M/t machbar ist, wird sich der Verbrennungsanteil an den Gesamtgebühren auf 44 % einstellen. Gelingt es jedoch, eine Verbrennungsanlage mit spezifischen Behandlungspreisen von 200 DM/t zu errichten, so sinkt der Anteil der Verbrennung an den Gesamtgebühren auf unter ein Viertel.

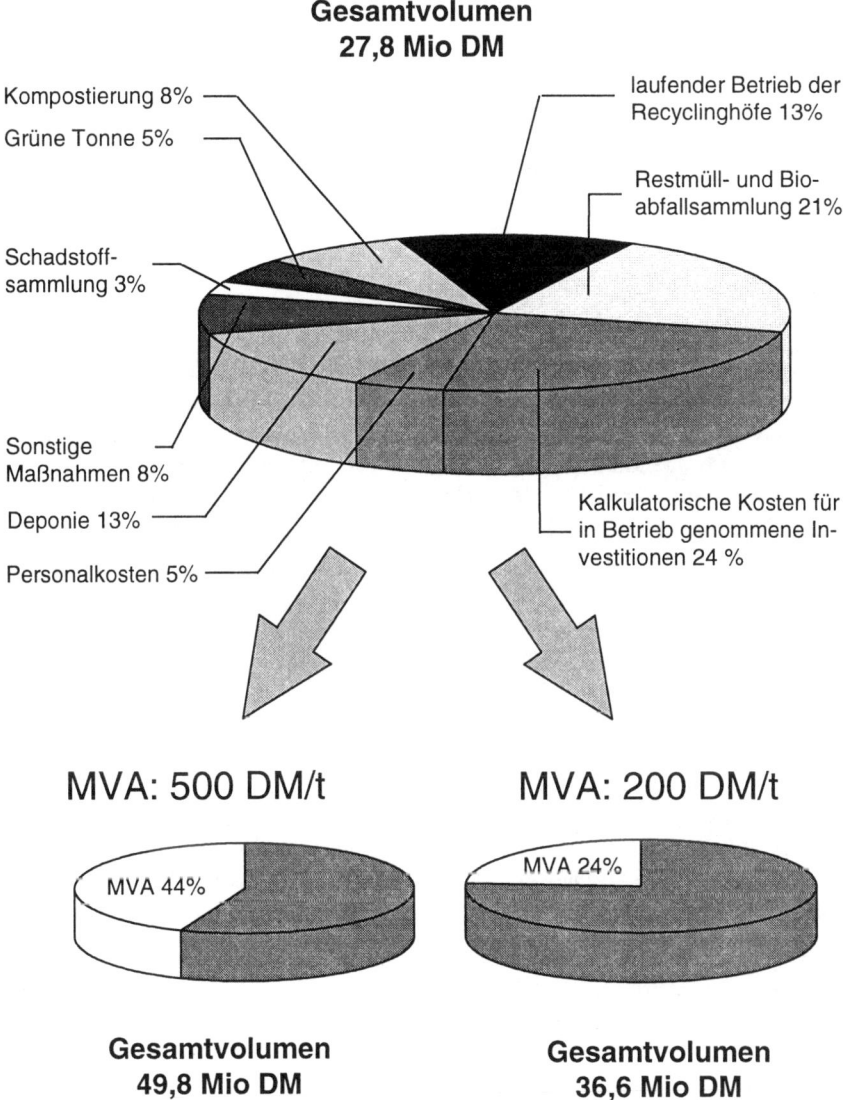

Abb. 2. Aufschlüsselung der Müllgebühren für den Enzkreis im Jahr 1994 sowie darauf aufbauend eine Abschätzung des zukünftigen Kostenanteils durch die geplante Verbrennung

Anhand dieser notwendigen Vorüberlegungen sollte deutlich werden, daß die Gebührenbelastung der Bürger nicht ausschließlich und zwangsläufig mit der Einführung der Verbrennungstechnik in schwindelerregende Höhen ansteigen wird. Kostentreibend wirkt sich vielmehr auch die Vielzahl an kleineren Maßnahmen zur getrennten Erfassung, Sortierung, Verarbeitung und Vermarktung einzelner Abfallfraktionen, wie beispielsweise der Betrieb zahlreicher Wertstoffhöfe, Wertstoffsammelstellen sowie Sortier- und Kompostieranlagen, aus. Unter Kosten-Nutzen-Aspekten wird in manchen Fällen die eine oder andere Verwertungsmaßnahme nicht sinnvoll sein. Auch wenn der Gesetzgeber der Verwertung vor der Entsorgung die höhere Priorität einräumt, muß es erlaubt sein, dann auf diese Maßnahme zu verzichten, um die Gebühren in vertretbaren Grenzen zu halten.

3   Kostenfaktoren der Entsorgung

In Deutschland werden derzeit für die Verbrennung von Hausmüll Entgelte in Höhe von etwa 200-800 DM/t entrichtet. Über 50 Müllverbrennungsanlagen werden derzeit noch ausschließlich nach dem Rostfeuerungsprinzip betrieben. Damit liegen in Deutschland umfangreiche Erfahrungen mit dieser Technik vor. Dennoch sind die genannten Preise mit Vorsicht zu betrachten, da sich die einzelnen Anlagen in Alter, Größe und technischer Ausrüstung zum Teil erheblich voneinander unterscheiden und die Kalkulationsgrundlagen nicht einheitlich gewählt sind.

In den letzten Jahren hat die Rostfeuerung Konkurrenz durch neue verfahrenstechnische Varianten bekommen. Diese unterscheiden sich im wesentlichen dadurch von der Verbrennung, daß die auf dem Rost und in der darüberliegenden Ausbrennkammer erfolgenden Reaktionen der Trocknung, Pyrolyse, Vergasung und Verbrennung zerlegt werden und in separaten Apparaten ablaufen. Diese neuen sog. innovativen Verfahren werden derzeit in verschiedenen Versuchs- und Pilotanlagen erprobt, haben sich aber noch nicht in großtechnischen Ausführungen unter Beweis stellen können. Daher fällt allen Interessierten eine Bewertung dieser Verfahren noch schwer. Dies gilt insbesondere für die Kosten. Für folgende Verfahren wird die erste großtechnische Realisierung angestrebt:

- Wirbelschichtfeuerung in Berlin (3/96 Inbetriebnahme),
- Schwelbrennverfahren in Fürth (im Bau),
- Thermoselect-Verfahren in Karlsruhe (in Planung),
- Konversionsverfahren in Northeim (in Planung),
- Duothermverfahren in Bremerhaven (in Planung).

Da durch die in vielen Körperschaften drastisch rückläufigen Müllmengen der Bedarf nach Anlagen für kleinere Durchsatzmengen unter 50 000 t/a zunimmt, werden in Deutschland weitere Verfahren ins Gespräch gebracht, die speziell für diese kleinen Mengen ausgelegt wurden und sich im Ausland bewährt haben sollen. Hier ist beispielsweise der Pendelrohrofen zu nennen, der in Frankreich an vielen Standorten eingesetzt wird. Ob und inwieweit diese Technik auch für den deutschen Markt geeignet ist, bleibt abzuwarten.

Bevor die Rostfeuerung mit dem Schwelbrennverfahren und dem Thermoselect-Verfahren, für die bereits Angebote im Rahmen von Betreiberausschreibungen vorliegen, unter Kostenaspekten miteinander verglichen werden, sollen noch einige grundlegende Einflußfaktoren auf die Kosten insgesamt diskutiert werden.

3.1 Anlagenkapazität

Aus dem politischen Raum wird häufig die Forderung nach möglichst kleinen Anlagen erhoben. Damit will man zum einen den Vermeidungs- und Verwertungsdruck aufrechterhalten, zum anderen sind kleinere Anlagen sicherlich aufgrund ihrer geringeren Emission umweltverträglicher in die Umgebung zu integrieren. Des weiteren haben Kleinanlagen den Vorteil, daß im Gegensatz zu einer zentralen Großanlage mehrere kleine Anlagen dezentral über die Fläche verteilt werden können. Somit tragen sie zu einem als gerecht empfundenen Lastenausgleich bei und reduzieren das Mülltransportaufkommen.

Andererseits ist es eine allgemein bekannte Tatsache, daß die spezifischen Behandlungskosten mit abnehmender Durchsatzleistung der Anlagen ansteigen. In Abb. 3 sind Erfahrungswerte aus Angebotsvergleichen, wie sie von den Firmen Fichtner und UTG veröffentlicht worden sind, dargestellt (Linder et al. 1995, Horch 1995). Anhand dieser aus zahlreichen Wettbewerben gewonnenen Daten ist bei einer Kleinanlage von beispielsweise 50 000 t Durchsatz mit spezifischen Kosten von um die 1000 DM/t zu rechnen. Mit zunehmender Anlagengröße sinken diese Kosten schnell ab. Beispielsweise kostet die Tonne zu verbrennender Müll in einer 100 000-Tonnen-Anlage zwischen 600 und 800 DM. Ab etwa 150 000 t/a Durchsatzleistung können Behandlungspreise von unter 400 DM/t erreicht werden. Bei richtiger Dimensionierung einer thermischen Entsorgungsanlage sollten Entsorgungspreise um die 300 DM/t jederzeit möglich sein. Als untere Grenze sind derzeit 200 DM/t anzusehen. Die diskutierten Kosten beruhen auf Erfahrungen vergangener Jahre. In letzter Zeit ist der Entsorgungsmarkt insgesamt in Bewegung geraten, und die Preise für Verbrennungsanlagen sind gesunken. Aktuellere Beispiele belegen, daß gerade im Bereich der in Baden-Württemberg vielfach bevorzugten Anlagengröße um die 100 000 t/a sich die Preise nach unten bewegen.

In früheren Zeiten wurde von den entsorgungspflichtigen Gebietskörperschaften vielfach eine autarke Entsorgung mit einer hohen Entsorgungssicherheit gefordert. Dies führte nicht nur zu relativ kleinen Durchsatzleistungen einzelner Anlagen, sondern auch zu Auslegungen mit hohen Redundanzen. Meist war vorgesehen, den Hausmüll auf 3 parallele, identische Feuerungslinien mit unabhängiger Rauchgasreinigung aufzuteilen.

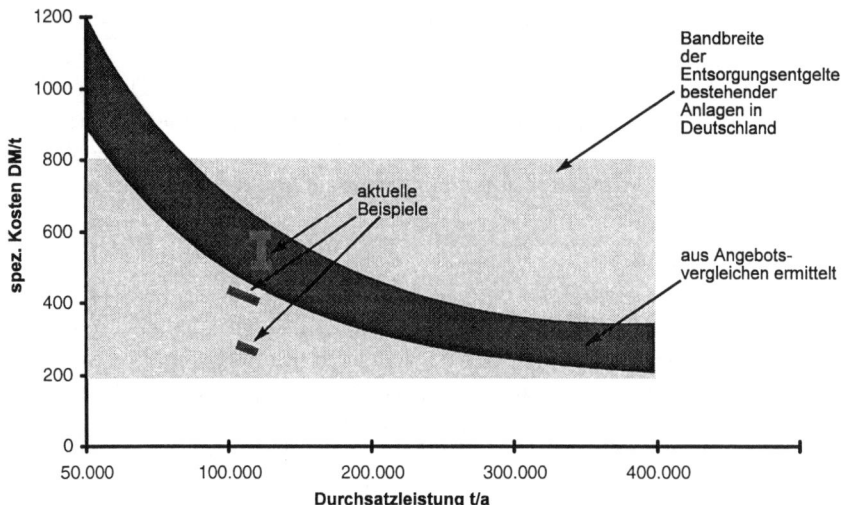

Abb. 3. Spezifische Kosten der thermischen Behandlung in Abhängigkeit der Durchsatzleistung (nach Horch 1995, Schetter 1995)

Aufgrund der insgesamt rückläufigen Abfallmengen ist zukünftig ohnehin eine
stärkere Kooperation der einzelnen Gebietskörperschaften miteinander erforderlich. Indem die Entsorgungssicherheit über Ausfallverbundsysteme mehrerer Anlagenbetreiber gesichert wird, kann auf unnötige Verbrennungslinien verzichtet
werden. Roste für Durchsatzleistungen von ca. 180 000-200 000 t/a sind heute
erprobt und einsetzbar. Indem die Zahl der Linien möglichst klein gewählt wird,
kann man die spezifischen Behandlungskosten in den unteren Bereich der inAbb. 3
angegebenen Bandbreite senken.

3.2   Gesamtkonfiguration der Anlage

Für eine beispielhafte Entsorgungsanlage zur Verbrennung von Restmüll und Klärschlamm mit integrierter Gewerbemüllsortierung und Bioabfallkompostierung
wurde im Jahr 1992 ein Gesamtaufwand von ca. 800 Mio. DM geschätzt. Wie
Abb. 4 zu entnehmen ist, entfallen davon nur ca. 42 % auf die eigentliche Verfahrenstechnik. Etwa 1/7 der Aufwendungen werden für den Grunderwerb, die Erschließung sowie für die Außenanlagen benötigt. Auch wiederum zur Steigerung
der Akzeptanz werden vielfach architektonisch aufwendige Bauwerke, die sich
hervorragend in das Stadt- oder Landschaftsbild einpassen, geplant. Auf das reine
Bauwerk entfallen ca. 1/4, gelegentlich bis 1/3 der Gesamtinvestitionen. Im Bereich der Architektur werden noch große Einsparpotentiale gesehen.

Gesamtaufwand ca. 800 Mio DM

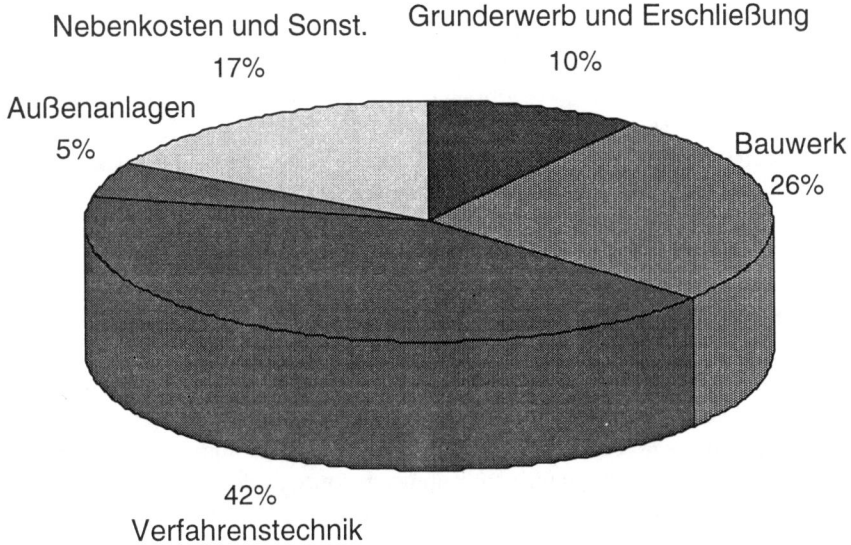

Nebenkosten und Sonst. 17%

Grunderwerb und Erschließung 10%

Außenanlagen 5%

Bauwerk 26%

42% Verfahrenstechnik

Abb. 4. Kostenschätzung nach DIN 276 für eine Entsorgungsanlage mit einem Gesamtinput von ca. 330 000 t/a, Stand 1992

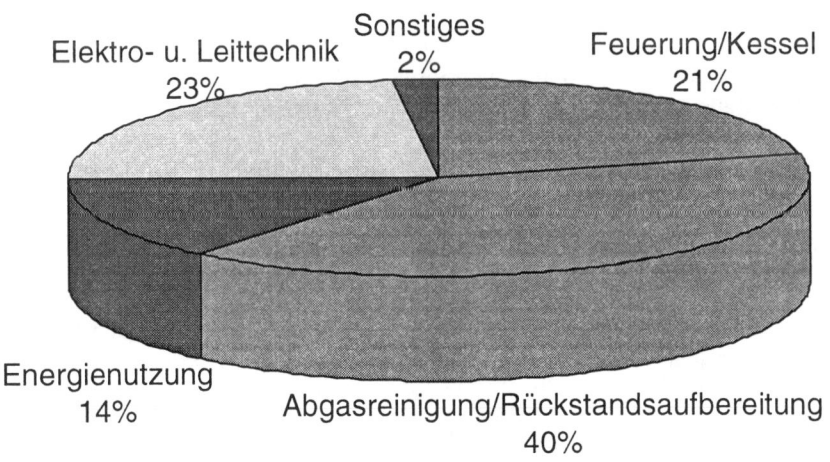

Elektro- u. Leittechnik 23%

Sonstiges 2%

Feuerung/Kessel 21%

Energienutzung 14%

Abgasreinigung/Rückstandsaufbereitung 40%

Abb. 5. Aufteilung der Kosten für die Verfahrenstechnik (Anlagentechnik ohne Bauteil)

Unter den Nebenkosten faßt man alle Planungs- und Ausführungshonorare sowie die Finanzierungskosten zusammen. Auch dieser Kostenblock fällt erheblich ins Gewicht und macht in dem dargestellten Beispiel etwa 17 % des Gesamtaufwandes aus. In anderen Vorhaben schlagen diese Nebenkosten mit bis zu fast 1/3 zu Buche.

Auch am Beispiel des Restmüllheizkraftwerks des Landkreises Esslingen sieht man, daß die unmittelbar der Verbrennung zuzurechnenden Kosten mit nur etwa 40 % zu den Gesamtaufwendungen beitragen. In Abb. 5 ist dieser Technikblock nochmals untergliedert dargestellt. Es fällt auf, daß die Abgas- und Rückstandsbehandlung ca. 40 %, die Elektro- und Leittechnik fast 1/4 der Kosten dieses Blocks verursachen. Die Rostfeuerung mit dem Abhitzekessel hat dagegen nur einen Anteil von gut 1/5.

Alternativen zum Rost, beispielsweise die Wirbelschicht oder das Schwelbrennverfahren, unterscheiden sich im wesentlichen nur durch das Feuerungssystem, benötigen ansonsten aber eine ähnliche Peripherie zur Energienutzung und Abgasreinigung. Der höhere apparative Aufwand zur Vorbehandlung bei der Wirbelschichtfeuerung und beim Schwelbrennverfahren sowie die Kombination von Drehrohr- und Hochtemperaturbrennkammer beim Schwelbrennverfahren schlägt sich prinzipbedingt in höheren Investitionskosten nieder. Durch einen besseren Ausbrand oder geringere Abgasmengen sind andererseits im wesentlich kostenintensiveren Bereich der Abgasreinigung sowie der Rückstandsbehandlung und -entsorgung aber auch Einsparungen möglich.

3.3   Weitere Kostenfaktoren

Neben den hier andiskutierten eher technischen Zusammenhängen werden die Kosten auch maßgeblich durch die erforderlichen konzeptionellen und organisatorischen Maßnahmen beeinflußt. Hier sind insbesondere folgende Bereiche zu nennen:

– integriertes Abfallwirtschaftskonzept,
– Planung und Genehmigungsphase sowie
– Auslastung vorhandener Anlagen.

Nicht umsonst fordert der Gesetzgeber von den entsorgungspflichtigen Gebietskörperschaften, ein integriertes Abfallwirtschaftskonzept frühzeitig und gewissenhaft aufzustellen. Durch eine auch unter Kostenaspekten optimierte Verknüpfung einzelner Anlagen zur Abfallbehandlung, -verwertung und -entsorgung sind teils große Synergieeffekte und erhebliche Einsparpotentiale nutzbar zu machen. Im Rahmen der Erstellung eines Abfallwirtschaftskonzepts ist beispielsweise zu klären, ob und inwieweit Abfälle in getrennten Fraktionen erfaßt und eingesammelt werden sollen oder ob gemeinsam erfaßte Abfälle später in entsprechenden Sortieranlagen wieder in einzelne Stoffströme aufzutrennen sind. Je nach Qualität der einzelnen Abfallfraktionen sind geeignete Anlagen auszuwählen und zu dimensionieren.

Abfallwirtschaftskonzepte können darüber hinaus mögliche und kostenreduzierende Kooperationen mit Nachbarkreisen festschreiben. Bei rückläufigen Müllmengen ist es nicht mehr unbedingt ratsam, daß jede Körperschaft das gesamte Spektrum der Entsorgungsanlagen selbst vorhält. Beispielsweise wird eine Deponie der Klasse II nach Umsetzung der TA Siedlungsabfall voraussichtlich nur noch für sehr wenige Abfallströme benötigt. Dieser Deponietyp wird daher sinnvollerweise von mehreren Landkreisen gemeinsam betrieben und genutzt (Klockow 1995).

Auch für die thermische Entsorgung gibt es Studien, die Einsparpotentiale durch Kooperationen deutlich gemacht haben.

Die Planung und Genehmigung von Abfallentsorgungsanlagen erstreckt sich vielfach nicht nur über einen langen Zeitraum, sondern erfordert auch hohe finanzielle Aufwendungen. Für eine Müllverbrennungsanlage fallen beispielsweise bis zum Baubeginn Kosten in von etwa 50 Mio. DM an (Sievers 1995). Darüber hinaus werden in der Planungsphase wichtige und kostenrelevante Entscheidungen gefällt.

Schließlich ist die von vielen Verbrennungsgegnern so gefürchtete hohe Auslastung der thermischen Behandlungsanlagen sicherzustellen. Da die Behandlungskosten fast ausschließlich durch die fixen Kapitalkosten bestimmt werden, verdoppeln sich die Kosten in etwa bei einer Halbierung der Auslastung. Je preisgünstiger die Verbrennung am Markt angeboten werden kann, um so eher ist das Ziel eines hohen Auslastungsgrades zu erreichen.

Ein flächendeckendes Angebot zur thermischen Entsorgung besteht derzeit und auch in absehbarer Zukunft nicht in Deutschland. Gerade kleinere Landkreise, aber eventuell auch Gewerbebetriebe werden in Zukunft verstärkt versuchen, sich in vorhandene Anlagen einzukaufen, um ihre Entsorgungsprobleme nicht selbst mit hohem Kostenrisiko lösen zu müssen.

Des weiteren ist zu überlegen, ob und inwieweit im Rahmen abfallwirtschaftlicher Maßnahmen bestimmte Abfälle bei Bedarf mitverbrannt werden können. Beispielsweise ist in diesem Zusammenhang auf die Möglichkeiten des Deponierückbaus aufmerksam zu machen. Hohe Nachsorgekosten können den Deponierückbau zukünftig interessant werden lassen. Dazu werden Behandlungskapazitäten – auch thermische – benötigt. Der Rückbau könnte so gesteuert werden, daß vorhandene Anlagen stets mit konstant hoher Last gefahren werden (Sievers 1994).

Wenn auch die hier kurz skizzierten Erfahrungen überwiegend mit Rostfeuerungen gewonnen wurden, gelten die dargelegten Zusammenhänge prinzipiell auch für andere thermische Verfahren. Zusätzlich zu den eigentlichen Anlagenkosten sind in derselben Größenordnung Kosten für Grunderwerb und Erschließung, Bauwerke, Außenanlagen, Honorare sowie Finanzierungskosten zu berücksichtigen. Im Hinblick auf vertretbare Gebühren für die Abfallwirtschaft sind diese Bereiche unter Kostenaspekten zu optimieren. Dies gilt insbesondere auch für die verfahrenstechnischen Anlagen. Im folgenden soll der Frage nachgegangen werden, inwieweit durch die Wahl eines geeigneten Verfahrens zur thermischen Abfallbehandlung ein Beitrag zur Kostenreduzierung erfolgen kann.

4   Kostenvergleich verschiedener Verfahren

Prinzipiell ist dieser Vergleich äußerst problematisch. Allein für die seit Jahrzehnten eingesetzte Rostfeuerung liegt eine Vielzahl von Daten vor, die ausgewertet werden können. In vielen Wettbewerben konnte aufgrund konkurrierender Anbieter ein mehr oder weniger ausgewogener Preis für Müllverbrennungsanlagen mit Rostfeuerung gefunden werden. Dennoch ist hervorzuheben, daß es „die" Rostfeuerung nicht gibt. Rostsysteme, Feuerraumgeometrien, Kesselbauformen und die Abgasreinigung unterscheiden sich von Anlage zu Anlage. Entsprechend variieren die in Deutschland erhobenen Verbrennungsentgelte bis zum 4fachen des günstigsten Preises.

Wie sind nun die Verbrennungskosten der Rostfeuerung mit denen anderer zu vergleichen, für die es bislang noch keine Erfahrungen mit ausgeführten kommerziell betriebenen Anlagen gibt? Wie verläßlich sind Herstellerangaben zu Investitions- und Betriebskosten, zur Störanfälligkeit und zur Verfügbarkeit?

Man kann sich der gestellten Aufgabe zunächst dadurch nähern, daß man aufgrund des apparativen Aufwandes eine qualitative Abschätzung vornimmt. Danach wird die thermische Behandlung durch eine aufwendige Müllvorbehandlung sowie durch die Zerlegung des komplexen Verbrennungsprozesses in die Teilreaktionen Pyrolyse, Vergasung und Verbrennung, die dann in eigenen Reaktoren erfolgen, zunächst verteuert.

Andererseits lassen sich so die einzelnen Prozesse besser steuern, so daß unter Umständen Einsparungen in der nachfolgenden sehr aufwendigen Abgasreinigung möglich sind. Auch eine bessere Qualität der Rückstände, die beispielsweise beim Schwelbrennverfahren aus der schmelzflüssigen Phase gewonnen werden, kann wegen der besseren Vermarktbarkeit kostensenkend wirken.

Letztendlich erhält man für die verschiedenen Bereiche der thermischen Umwandlung, der Abgasreinigung, der Rückstandsbehandlung, der Energienutzung usw. eine Aufstellung mit kostensteigernden, kostensenkenden oder neutralen Vermerken, die in der Summe wiederum nur schwer zu bewerten sein werden.

Wenn auch mit Einschränkungen, erscheint eine Auswertung einer aktuellen Ausschreibung eines Betreibermodells in Baden-Württemberg zur thermischen Behandlung von ca. 120 000 t/a Restmüll am ehesten geeignet, um herauszufinden, ob zwischen den einzelnen Verfahren große Preisunterschiede liegen. Angeboten wurden neben der Rostfeuerung das Schwelbrennverfahren und das Thermoselect-Verfahren.

Der Kostenvergleich der 3 Angebote (Stuttgarter Zeitung vom 26.6.1995) auf dem Preisstand des Jahres 1995 und einem Jahresdurchsatz von 100 000 t wies die Rostfeuerung mit 440 DM/t als das günstigste Verfahren aus. Auch das Schwelbrennverfahren war günstiger als das Thermoselect-Verfahren. Bei Erhöhung der Kapazität auf 120 000 Jahrestonnen würde das Schwelbrennverfahren mit einem Tonnenpreis von 399 DM besser abschneiden. Auch in diesem Fall war das Thermoselectverfahren das teuerste Angebot.

Legt man die Kosten auf die gesamte Laufzeit des Betreibervertrages von 25 Jahren um, so erweist sich das Thermoselect-Verfahren mit einem spezifischen Behandlungspreis von 555 DM/t als das günstigste Verfahren. In diesem Fall wäre die Rostfeuerung knapp 10 % teurer. Das Schwelbrennverfahren würde dann mit einem Preis von 740 DM/t das deutlich teuerste Angebot darstellen.

Welche Schlüsse können aus diesem aktuellen Kostenvergleich gezogen werden? Zunächst ist festzuhalten, daß alle 3 Verfahren je nach Betrachtungsweise ähnlich günstige Behandlungspreise aufweisen. Nur das Schwelbrennverfahren setzte sich am Ende der Vertragslaufzeit etwas deutlicher in eine höhere Preisregion ab. Es wäre sicherlich nicht richtig, hieraus bereits eine allgemeine Tendenz abzuleiten. Vielleicht wurde bei diesem einen Angebot noch ein zu hohes Sicherheitspolster für die lange Vertragslaufzeit von 25 Jahren eingebaut.

Weiter ist anzumerken, daß die geforderte Anlagenkapazität von 120 000 t/a für die thermische Behandlung nicht unbedingt die ideale Größenordnung darstellt. Bei größeren Anlagen sind tendenziell günstigere Preise zu erwarten. Auch könnte sich die Reihenfolge der Verfahren bei anderen Kapazitäten noch verändern.

Zusammenfassend kann daher festgestellt werden, daß sich derzeit keines der diskutierten Verfahren durch deutliche Kostenvorteile hervorheben kann. Vielmehr sind unter den jeweiligen Gegebenheiten die technischen Vor- und Nachteile der angebotenen Verfahren im Zusammenhang mit den Kosten und den abgegebenen Herstellergarantien individuell zu bewerten.

Auf jeden Fall ist aber darauf zu achten, daß bei der Preisfindung die Vorteile des Wettbewerbs genutzt werden und dieser nicht durch ein vorzeitiges Festlegen auf das Verfahren nur eines Anbieters ausgeschaltet wird. Der Entsorgungsmarkt ist in den letzten Jahren mit dem Auftritt neuer Wettbewerber erheblich in Bewegung geraten, so daß derzeit teilweise beachtliche Preisnachlässe gegenüber früheren Planungen möglich geworden sind.

5   Zusammenfassung

Die Entsorgungskosten einer Gebietskörperschaft werden durch eine Vielzahl von Faktoren geprägt, denen in der Vergangenheit nicht immer die erforderliche Aufmerksamkeit gewidmet wurde.

Damit die Kosten nicht zum Schmerzfaktor werden, sind folgende wesentliche Maßnahmen durchzuführen:

- Die vorhandenen Abfallwirtschaftskonzepte sind hinsichtlich der Kosten zu optimieren. Dazu sind detaillierte Müllanalysen und -prognosen sowie Bedarfsanalysen für notwendige Anlagen zu erstellen. Gibt es Synergieeffekte, die noch nicht genutzt werden, gibt es Kooperationsmöglichkeiten mit Nachbarkreisen oder privaten Entsorgungsbetrieben? Welche neuen Aufgaben kommen zukünftig auf die Abfallwirtschaft zu? Welche Verknüpfungen zu anderen Betätigungsfeldern der öffentlichen Hand, beispielsweise der Altlastensanierung, kommen künftig in Frage?
- Optimale Auslastung vorhandener Anlagen.
- Prüfung noch nicht umgesetzter Maßnahmen unter Kosten-Nutzen-Aspekten.
- Mit zunehmenden gebietsübergreifenden Kooperationen gewinnen Zwischenlager und Eisenbahnanschlüsse an Bedeutung. Eventuell werden Vorbehandlungen notwendig oder wirken kostensenkend.
- Durchführung von Planungs- und Genehmigungsverfahren nur nach Baufreigabe durch die Entscheidungsgremien, von Anfang an unter strenger Beachtung der Kosten.
- Nutzen der Chancen des Wettbewerbs bei der Auftragsvergabe stets und keine vorschnelle Festlegung auf einen Anbieter.
- Anlagen sollten so zweckmäßig wie möglich ausgelegt werden. Dabei muß auch der Umweltschutz im gebotenen Umfang berücksichtigt werden, ein Wettlauf der Grenzwerte sollte aber unterbleiben. An dieser Stelle ist auch die Kostenverantwortung der Genehmigungsbehörden hervorzuheben.

Werden die notwendigen Entscheidungen zukünftig nicht nur „politisch" sondern sachbezogen und unter Beachtung der Kosten getroffen, wird auch die Entsorgung bezahlbar bleiben. Investitionen in 3stelliger Millionenhöhe sind auf der Versorgungsseite Gang und Gäbe. Zum Beispiel entstanden bei der Renovierung nur eines Kaufhauses in Stuttgart Kosten in Höhe von ca. 120 Mio. DM. Die thermische Behandlung von Siedlungsabfällen wird in modernen Anlagen auf hohem Niveau erfolgen müssen. Dennoch sollte ein spezifischer Behandlungspreis von etwa 500 DM/t zukünftig die obere Grenze markieren. In Baden-Württemberg bietet die LEG den entsorgungspflichtigen Gebietskörperschaften ihre Unterstützung bei allen hierfür erforderlichen Planungs- und Genehmigungsaufgaben an.

Literatur

ESV (1993) Umweltschutz durch kommunales Satzungsrecht, Berlin

Horch K. (1995) Wege zur Minimierung der Kosten der thermischen Abfallbehandlung, in VDI-Berichte 1192 „Thermische Abfallentsorgung" Tagung Veitshöchheim 27./28.6.95, VDI-Verlag Düsseldorf

Klockow S. (1995) TA Siedlungsabfall, Brauchen wir zukünftig noch Abfalldeponien? Müll und Abfall 10/95

Linder K.-J., Bohlmann J., Prick G. (1995) Kalte Verfahren als Vorschaltmaßnahme vor der thermischen Verwertung/Behandlung Vortrag beim VDI GET „Thermische Abfallentsorgung" am 27./28.6.95 in Veitshöchheim

Scheffold K. (1995) Bioabfall eine relevante Gebührengröße, Müll und Abfall 4/95

Schetter G. (1995) Auswirkungen geänderter Randbedingungen auf Planung, Genehmigung und Realisierung von thermischen Abfallbehandlungsanlagen am Beispiel Esslingen, in VDI-Berichte 1192 „Thermische Abfallentsorgung" Tagung Veitshöchheim 27./28.6.95, VDI-Verlag Düsseldorf

Siebecke D., Hafkesbrink J.,(1994) Gesetzliche Auflagen lassen die Hausmüllgebühren in die Höhe schnellen, EP 3/94

Sievers U. (1994) Deponierückbau – ein neuer Baustein integrierter Abfallwirtschaftskonzepte? Müll und Abfall 9/94

Sievers U. (1995) Planung und Genehmigung von Abfallentsorgungsanlagen – Professionelles Projektmanagement gegen wachsende Kostenlawinen, in VDI-Berichte 1192 „Thermische Abfallentsorgung" Tagung Veitshöchheim 27./28.6.95, VDI-Verlag Düsseldorf

Stuttgarter Zeitung vom 26.6.1995: Müllklassiker plötzlich wieder im Rennen

Umwelt kommunal vom 4.7.95: Soviel kostet unser Müll

Kostenoptimierung thermischer Abfallbehandlungsanlagen am Beispiel des AHKW Velsen

Werner Bayer[1]

1 Kostenseite noch immer ein Stiefkind der Planung

Bei der Errichtung und dem Betrieb einer Abfallverbrennungsanlage steht die Erfüllung der Emissionsgrenzwerte logischerweise an erster Stelle. Darauf konzentrierte sich nach dem erwachten Umweltbewußtsein in verstärktem Maße die Kunst der Ingenieure mit – wie man zugeben muß –beachtlichem Erfolg. In relativ kurzer Zeit ist es gelungen, eine Verfahrenstechnologie für eine „saubere" Abfallverbrennung zu entwickeln.

Die bange Frage „Was kostet eine solche saubere Abfallverbrennung?" beschäftigt seitdem gebeutelte Gebührenzahler ebenso wie verunsicherte Kommunalpolitiker. Die Frage ist berechtigt, denn in der Tat stehen höchst anerkennenswerte technische Ingenieurleistungen bei der Planung und Errichtung der Großanlagen zum „Nebenziel" einer ökonomisch ausgewogenen Lösung in einem krassen Mißverhältnis.

Die Antwort, was die Abfallverbrennung kostet, wird in aller Regel erst durch die Praxis der in Betrieb genommenen Anlagen beantwortet, also zu einem Zeitpunkt wo kostenmindernde Einflußnahme auf Bauwerke, Anlage und Organisation nicht mehr möglich ist. Außerdem werden häufig die Kosten bzw. deren Höhe wie ein unabwendbares Ereignis hingenommen, die Planbarkeit der Kosten unterschätzt oder glatt bestritten.

---

[1] über das Ergebnis einer Studie, die der KABV Kommunaler Abfallentsorgungsverband Saar an die SE/DU Ingenieurgemeinschaft vergeben hat. Die Veröffentlichung von Auszügen daraus erfolgt mit freundlicher Genehmigung des Vorstandsvorstehers des KABV, Herrn Prof. Dr. Peter Bähr; Dr. Werner Bayer ist Geschäftsführer der SE – Systems Engineering GmbH Berlin

Nicht selten erleben vertrauensselige Bauherren mit der Fertigstellung und Inbetriebnahme einer Anlage böse Überraschungen. Das ist bei Abfallheizkraftwerken nicht anders als bei Schwimmbädern. Ein nicht immer sachliches Medienecho verteufelt dann zu teure Lösungen und unterentwickeltes Kostenbewußtsein bei den Planern und Entscheidern.

Die für die Angemessenheit der Kosten verpflichtete Projektsteuerung beschränkt sich bei großtechnischen Anlagen noch häufig auf die Terminplanung und eine Obligoverwaltung. Nur in seltenen Fällen sind industrieerprobte Verfahren zur Kostenplanung und -steuerung wirklich im Einsatz. Anlagenoptimierung und Kostenmanagement sind im öffentlichen Bereich, anders als in Industriebetrieben, Fremdworte, und so nimmt es nicht Wunder, daß in der Planungsphase verläßliche Zahlen über Investitions- und Nutzungskosten technischer Anlagen nicht bekannt sind und optimierende Eingriffe ausbleiben.

2   Qualitäts- und Kostenmangement, Gliederungsschemata und Aktionsparameter

Qualitäts- und Kostenmanagement ist ein industrieerprobtes Verfahren, bei dem bildlich gesprochen jedes Teil „in die Hand genommen" und erfragt wird, muß es dieses Material, diese Konstruktionsform sein, darf es ein Serienteil sein etc. Auf ein Abfallheizkraftwerk bezogen könnten weitere Fragen lauten: Muß es dieser Flächenansatz für die Raumgröße, diese Stahlarmierung für den Beton, muß es diese Finanzierungsform, muß es diese Organisationsform sein? In der Automobilindustrie hat man mit Qualitäts- und Kostenmanagement in konkreten Fällen bis zu 20 % der Herstellungskosten eingespart. Bei einem Abfallheizkraftwerk sind die Möglichkeiten zur Kosteneinsparung noch weit größer.

Die Anwendung des Qualitäts- und Kostenmanagements bei einer technischen Anlage wie einem Müllheizkraftwerk ist am wirkungsvollsten, wenn Investitions- und Nutzungskosten gleichzeitig betrachtet werden;dies vor allem, weil die Nutzungskosten – wie wir noch sehen werden – sehr erheblich sind, und Nutzungskosten durch Investitionsmaßnahmen substituiert werden können (bessere Materialien erhöhen beispielsweise die Standzeit und mindern somit die Instandhaltungskosten).

Eine auf Erfolg gerichtete Kostenplanung und -steuerung braucht zum einen Ordnung und Übersicht. Die Kostengliederungsschemata der DIN 276 für Investitionskosten und der DIN 18960 für Nutzungskosten sind erprobt und haben sich trotz mancher Mängel bestens bewährt. Zum zweiten muß man die Einflüsse auf die Investitions- und Nutzungskosten kennen.

Abbildung 1 zeigt eine Übersicht aus der im Auftrag des KABV für das Abfallheizkraftwerk Velsen erstellten Studie.

Abb. 1. Einflüsse auf die Investitions- und Nutzungskosten des AHKW Velsen

Zum dritten muß man die Einflußgrößen, welche auf die Investitions- und Nutzungskosten wirken, unterscheiden in solche, die für den Planer keinen Hand-
lungsspielraum bieten, aber zu beachten sind, und in solche, die als Aktionsparameter des Planers zu sehen sind.

Im vorliegenden Fall sind dies insbesondere

- der Gestaltungsspielraum, der im Rahmen der Ingenieurplanung für Anlagenoptimierung und damit zur Senkung der Investitions- und Nutzungskosten
  besteht,
- die Auswahl der günstigsten Finanzierungsform,
- die Nutzung des Gestaltungsspielraums zum Aufbau einer optimalen Organisation, die neben der Anlagenoptimierung einen Hauptansatz zur Reduzierung
  der Nutzungskosten darstellt,
- die Vermarktung der gewonnenen Sekundärenergie und die Verwertung der
  Reststoffe.

3   Dynamische Simulation – ein Instrument des Kostenmanagements

Welche Kombination der Aktionsparameter im Hinblick auf die Investitions- und Nutzungskosten die günstigste ist, wird im vorliegenden Fall durch ein dynamisches Simulationsmodell beantwortet.

Das Simulationsmodell bildet dazu den komplexen Prozeß der thermischen Abfallbehandlung in Planung, Errichtung und Betrieb in all seinen Wirkungsverflechtungen in genauer Zeitfolgewirkung nach innen und außen ab.

Die Simulation ist das Vor- oder Nachvollziehen eines realen Prozesses mit einem künstlichen Mittel. Der reale Prozeß ist im vorliegenden Fall der über 40 Jahre dauernde Betrieb des Abfallheizkraftwerks. In der Simulation wird er gewissermaßen im Zeitraffer durchlaufen. Dabei werden Kenntnisse über die Eigenheiten des Abfallheizkraftwerkes vermittelt, die sonst nur nach vielen Betriebsjahren und mit großangelegten Untersuchungen zu erhalten wären. Das künstliche Mittel ist hier nicht ein Sandkasten, sondern ein Computerprogramm, eben das Simulationsmodell.

Die benutzte Simulationstechnik ist seinerzeit am MIT (Massachusetts Institute of Technology) entwickelt und unter dem Namen System Dynamics (SD) bekannt geworden. Die SD-Technik hat als Planungsinstrument erstmals eine weltweite Anerkennung erfahren, als der Club of Rome seine Studie „Zur Lage der Menschheit" mit dem Buch „Die Grenzen des Wachstums" (Meadows et al. 1972) verlegte. Die Studie baut auf einem SD-Simulationsmodell auf, durch das wissenschaftlich exakt und in nachvollziehbarer Weise Ergebnisse geliefert wurden, die in ihrer alarmierenden Zukunftsprognose das Thema Umwelt zu einem politischen Thema machten.

Wie allgemein bekannt, war die Experimentalphysik der Schlüssel zur Erforschung der Naturgesetze, auf denen unsere ganze moderne Technik aufbaut. Das mit der Computersimulation eröffnete Experimentierfeld steht für die Planung und Optimierung komplexer technischer Anlagen in bezug auf Funktionalität und Wirtschaftlichkeit noch am Anfang. Insofern kommt dem Simulationsmodell „Abfallheizkraftwerk" besondere Bedeutung zu.

Das entstandene Simulationsmodell ist übrigens auch ein erstklassiges „Diagnoseinstrument", mit dem es möglich ist, bestehende Anlagen auf Schwachstellen und Ansätze zur Kostenreduzierung zu „durchleuchten".

4   Struktur und Eckwerte der Abfallverwertungsanlage Velsen

4.1   Geplante Anlagen und Investitionskosten der Gesamtanlage

Die Abfallverwertungsanlage AVA Velsen besteht aus mehreren Teilanlagen (s. Abb. 2):

- Abfallheizkraftwerk AHKW mit einer Kapazität von 210 000 t/a bei 7000 Betriebsstunden und einem Investitionsvolumen von 467,6 Mio. DM,
- Klärschlammverbrennungsanlage mit einer Kapazität von 30 000 t/a für Klärschlamm mit 30 % Trockensubstanz, Investitionsvolumen 50,4 Mio. DM,
- Gewerbemüll- und Bauabfallsortieranlage mit einer Kapazität von 85 000 t/a bei 3600 Betriebsstunden und einem Investitionsvolumen von 40,8 Mio. DM,
- Biokompostieranlage mit einer Kapazität von 30 000 t/a bei 2000 Betriebsstunden und einem Investitionsvolumen von 79,4 Mio. DM.

Das Abfallheizkraftwerk ist der zentrale Teil der AVA Velsen. Es ist eine kapitalintensive High-tech-Anlage mit einem hohen Prozentsatz verschleißintensiver Anlagenteile.

Nach einer für die einzelnen Bau- und Anlagenteile durchgeführten Analyse sind 10,6 % der Bau- und Anlagenteile voraussichtlich bereits nach 8 Jahren verschlissen und müssen ersetzt werden. 66,1 % der Bau- und Anlagenteile haben eine voraussichtliche Lebensdauer von 15 Jahren. Der Rest ist, wie die Gesamtlebensdauer der Anlage, auf 30 Jahre kalkuliert.

Der Realisierungszeitraum für Planung und Baudurchführung ist auf 5 Jahre angesetzt. Die Aufnahme des Probebetriebs für das Abfallheizkraftwerk ist für Anfang 1997 geplant. Der Normalbetrieb wird ab Mitte 1997 erwartet. Die anderen Teilanlagen sollen bis 1999 in Betrieb gehen.

4.2   Alle 5 Jahre wiederholt sich das Investitionsvolumen in Form der Nutzungskosten

Die Nutzungskosten eines Abfallheizkraftwerks sind sehr erheblich. Für das Abfallheizkraftwerk Velsen wurden 86,5 Mio. DM jährliche Nutzungskosten ermittelt. Im Verlauf der 30jährigen Lebensdauer des Abfallheizkraftwerks ist die Investitionssumme damit 6mal für Nutzungskosten aufzubringen. Darin ist der Kapitaldienst für die Erstinvestition enthalten. Dabei sind inflatorische Einflüsse nicht einmal mitgerechnet. Die Nutzungskosten ergeben sich zu einem erheblichen Teil aus dem Verfahrensablauf wie aus Abb. 3 und 4 zu ersehen.

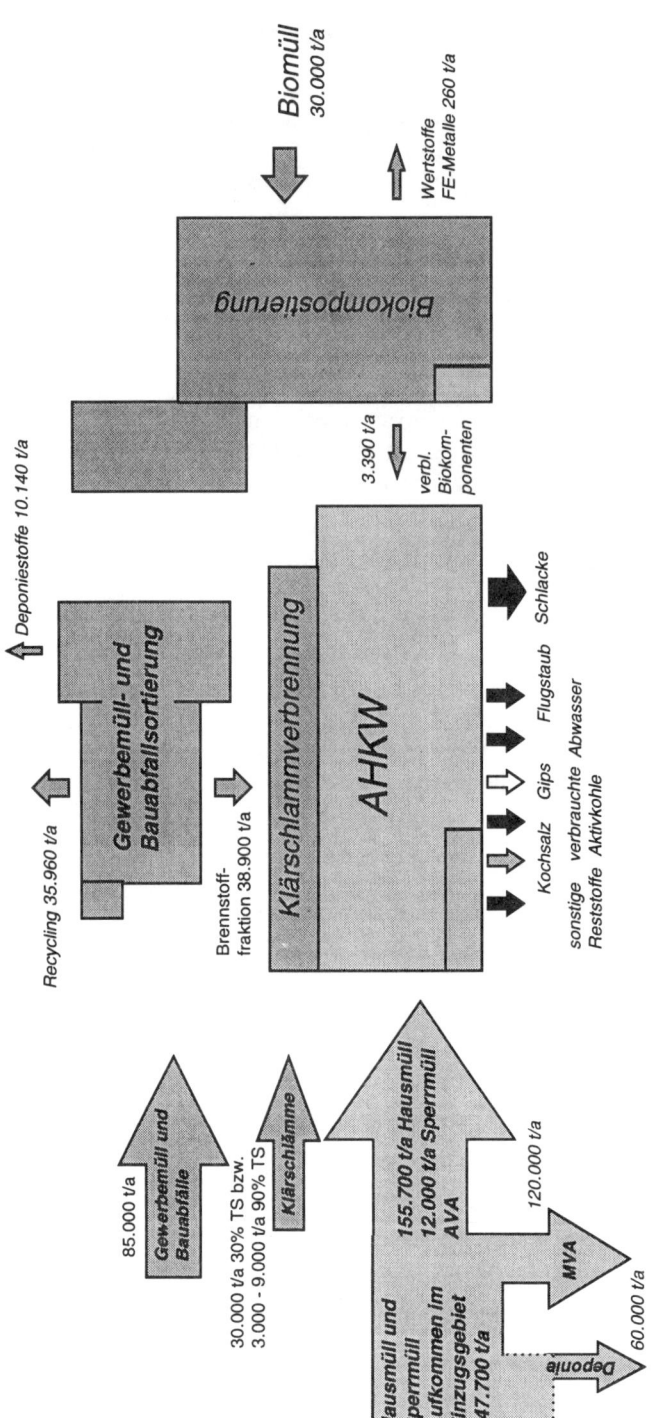

Abb. 2. Schemaskizze AVA Velsen

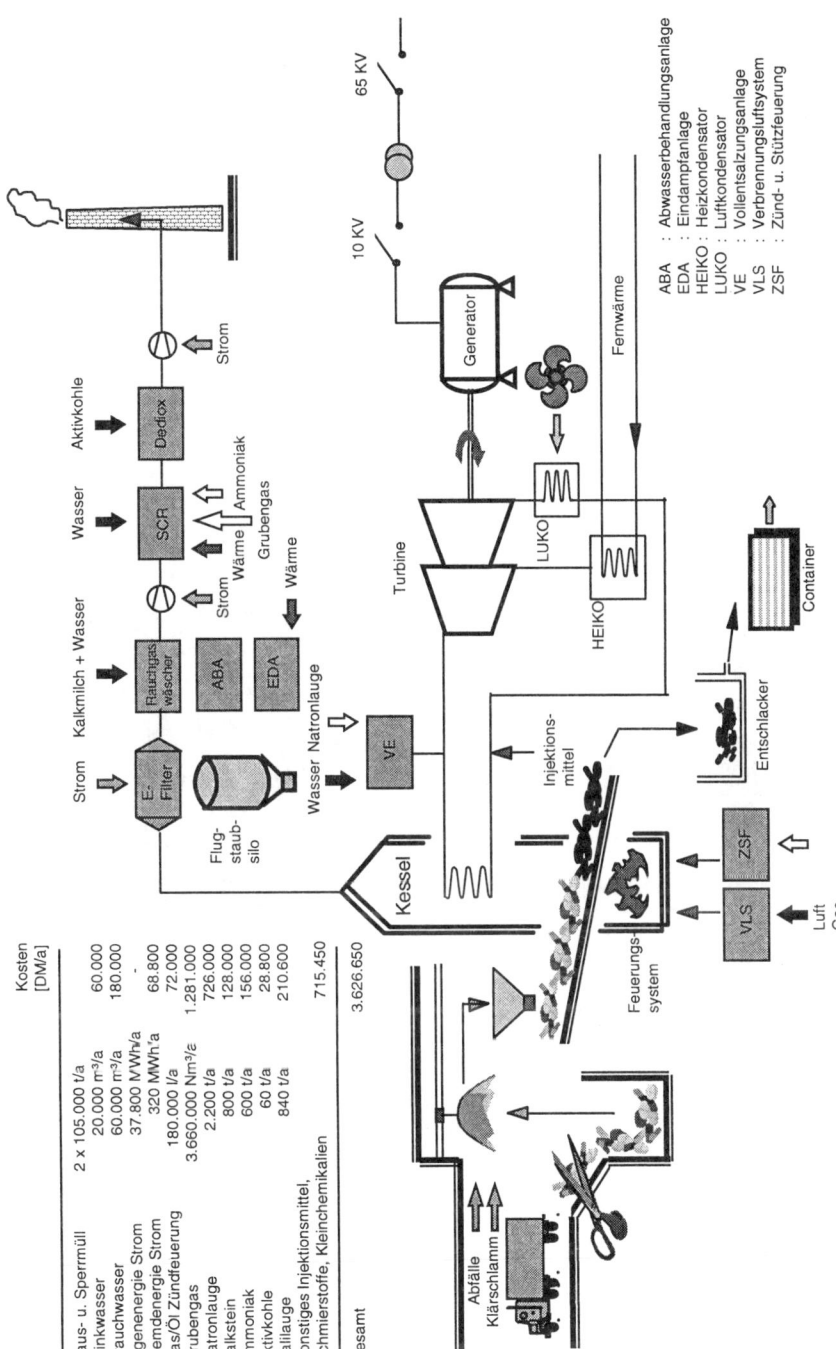

		Kosten [DM/a]
Haus- u. Sperrmüll	2 x 105.000 t/a	
Trinkwasser	20.000 m³/a	60.000
Brauchwasser	60.000 m³/a	180.000
Eigenenergie Strom	37.800 MWh/a	-
Fremdenergie Strom	320 MWh/a	68.800
Gas/Öl Zündfeuerung	180.000 l/a	72.000
Grubengas	3.660.000 Nm³/a	1.281.000
Natronlauge	2.200 t/a	726.000
Kalkstein	800 t/a	128.000
Ammoniak	600 t/a	156.000
Aktivkohle	60 t/a	28.800
Kalilauge	840 t/a	210.600
Sonstiges Injektionsmittel, Schmierstoffe, Kleinchemikalien		715.450
Gesamt		3.626.650

ABA   : Abwasserbehandlungsanlage
EDA   : Eindampfanlage
HEIKO : Heizkondensator
LUKO : Luftkondensator
VE   : Vollentsalzungsanlage
VLS   : Verbrennungsluftsystem
ZSF   : Zünd- u. Stützfeuerung

Abb. 3. Verfahrensablauf und Anlagenkomponenten AHKW Velsen – Input

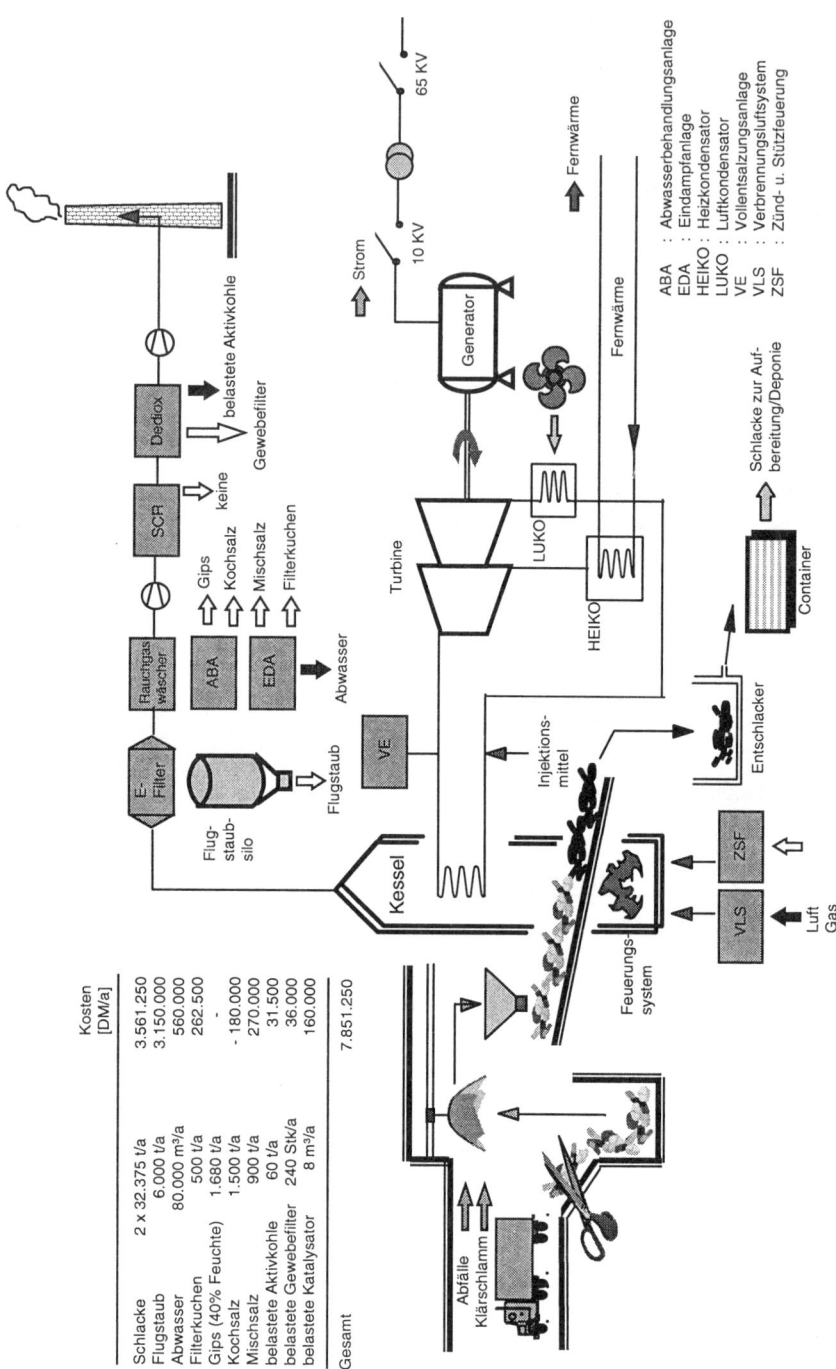

Abb. 4. Verfahrensablauf und Anlagenkomponenten AHKW Velsen – Output

		Kosten [DM/a]
Schlacke	2 x 32.375 t/a	3.561.250
Flugstaub	6.000 t/a	3.150.000
Abwasser	80.000 m³/a	560.000
Filterkuchen	500 t/a	262.500
Gips (40% Feuchte)	1.680 t/a	-
Kochsalz	1.500 t/a	- 180.000
Mischsalz	900 t/a	270.000
belastete Aktivkohle	60 t/a	31.500
belastete Gewebefilter	240 Stk/a	36.000
belastete Katalysator	8 m³/a	160.000
Gesamt		7.851.250

ABA   : Abwasserbehandlungsanlage
EDA   : Eindampfanlage
HEIKO : Heizkondensator
LUKO : Luftkondensator
VE   : Vollentsalzungsanlage
VLS   : Verbrennungsluftsystem
ZSF   : Zünd- u. Stützfeuerung

Die Betriebsmittel von 3 626 650 DM sind ein Teil der Betriebskosten, ebenso die Kosten für Wartung, Inspektion und Kleinreparaturen mit 8 868 000 DM. Die Personalkosten für das 64köpfige Betriebsverwaltungs- und Führungspersonal betragen 5,74 Mio. DM/a. Tabelle 1 zeigt die wichtigsten Komponenten der Nutzungskosten.

Tabelle 1. Nutzungskosten einschließlich Tilgung AHKW, Momentaufnahme 1998

	TDM/a	%
Zinsen Vorfinanzierung Erstinvestition[a]	0	0
Kapitaldienst Erstinvestition (Zinsen und Tilgung)	54,937	63,20
Betriebsverwaltungskosten	2,800	3,21
Betriebsmittelkosten	3,627	4,20
Wartungs- und Inspektionskosten	8,868	10,20
Betriebs- und Betriebsverwaltungspersonal	5,740	6,60
Unterhalt der Verkehrsflächen und Grünanlagen	0,400	0,46
Reststoffentsorgung Schlacke, Asche etc.	8,151	9,37
Steuern Anteil AHKW (Vermögens- und Gewerbekapital)	0,408	0,46
Zuschläge Wagnis und Gewinn	2,000	2,30
Kapitaldienst Reinvestition	0	
(Unterhalt Bauwerke und Anlagen)		
Nutzungskosten einschl. Tilgung 1998	**86,931**	**100,00**

[a]   fällt nur im Zeitraum der Jahre 1993-1997 an

Der Kapitaldienst enthält Zinsen und Tilgung für das 8 %ige Darlehen der Erstinvestition und die aufgelaufenen Geldkosten (Zinsen) der Vorfinanzierung während der Bauphase, soweit letztere nicht aus Eigenmitteln bestritten werden. Ab dem 8. Jahr nach Inbetriebnahme tritt an die Stelle des Kapitaldienstes der Erstinvestition schrittweise der geringfügig niedrigere Kapitaldienst für die Reinvestition bzw. der Bau- und Anlagenunterhaltung. An Energieverkaufserlösen werden nach Abzug des Eigenbedarfs für 109 200 MWh/a verkaufbarer elektrischer Energie bei Beschränkung auf Strom ohne Fernwärmeauskopplung 982 Mio DM/a erwartet. Alle Beträge für Investitionen, Nutzungskosten und Energieverkaufserlöse sind Bruttozahlen, also mit Mehrwertsteuer.

4.3   ABC-Klassifikation der Nutzungskosten für das Abfallheizkraftwerk

Eine ABC-Klassifikation der Nutzungskosten zeigt:

- Die Zinsen sind stärkster Kostenfaktor - und wenig beeinflußbar.
- Die Unterhaltung von Bauwerken und Anlagen zusammen mit Zinsen sind größter Kostenfaktor – Einflußnahme über Organisationsgrad sehr hoch.
- Die Reststoffentsorgung ist der viertgrößte Kostenfaktor – hier liegt ein großes Innovationsfeld.

Abbildung 5 zeigt den zeitlichen Verlauf von Zinsen und Unterhaltskosten (hier Tilgung) für die Erstinvestition. Die Spitzen bei der Tilgungsrate gehen auf die unterschiedlichen Laufzeiten für Anlagen mit 8, 15 und 30 Jahren Lebensdauer zurück. Die zugehörigen Darlehenslaufzeiten betragen 8, 15 und 20 Jahre.

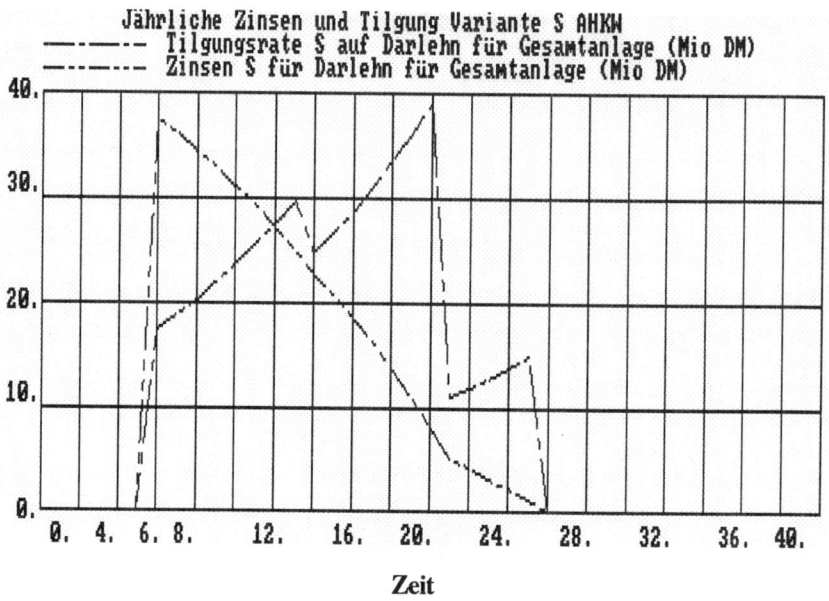

Abb. 5. Jährliche Tilgung und Zinsen

Als Finanzierungsformen für das Abfallheizkraftwerk Velsen wurden betrachtet:

– Finanzierung durch Kommunalkredit mit vollständiger oder teilweiser Fremd-finanzierung für Erst- und Reinvestition,
– Finanzierung durch einen Fonds in Verbindung mit einer emittierenden Bank,
– Finanzierung durch eine privatwirtschaftliche Investitions- und Betreiber-gesellschaft.

Jede der genannten Finanzierungsformen hat ihre Vor- und Nachteile. Im Eigenbetrieb bleiben hoheitliche Aufgaben und Betrieb des Abfallheizkraftwerks in einer Hand. Liquiditätsvorteile durch fehlende Verrechnungsmöglichkeit der Mehrwertsteuer gehen dabei verloren. Tarifliche Zwänge behindern einen leistungsorientierten Betrieb nach privatwirtschaftlichem Vorbild. Fondsbildung kann zinsgünstigere Finanzierung bieten, ist aber keine für solche Fälle erprobte Finanzierungsform. Finanzierung über private Investoren für die Errichtung und das Betreiben des Abfallheizkraftwerks schafft langfristige Abhängigkeiten, die bei sachgegebenen Unwägbarkeiten vertraglich äußerst schwierig zu regeln sind. Dort aber ist in der Regel Tradition und Erfahrung in der wirtschaftlich erfolgreichen Betriebsführung vorhanden.

In Abwägung dieser Gesichtspunkte und in Erkenntnis betriebswirtschaftlicher Eigenheiten eines Abfallheizkraftwerks, insbesondere um vorhandene Spielräume zur Senkung der Nutzungskosten zu schaffen, wurde eine Organisationsform gewählt, bei der der Zweckverband die Erstinvestition leistet und der gesamte Betrieb des Abfallheizkraftwerkes einschließlich Vermarktung der Sekundärenergie und die Reinvestition einer Betriebsführungs GmbH übertragen werden (s. hierzu auch Abschnitt 5.5).

5 Anlagen- und Organisationsoptimierung durch Qualitäts- und Kostenmanagement

Eine besonders attraktive (lukrative) Anwendung der dynamischen Simulation gelingt, wenn es um alternative Ausführungen für eine technische Großanlage oder deren Betriebsorganisation geht. Mit Hilfe der Simulation wird

- die Höhe der Abfallverbrennungskosten für ein Grundszenario berechnet,
- ferner die Auswirkung unterschiedlicher Kapazitätsnutzung auf die Verbrennungskosten quantifiziert,
- ein Beispiel der Anlagenoptimierung für alternative Nutzung der Sekundärenergie durchgespielt,
- ein weiteres Beispiel der Anlagenoptimierung ermittelt, das Konsequenzen für alternative Klärschlammbehandlung hat,
- und schließlich wird der Einfluß des Organisationsgrads auf die Nutzungskosten untersucht.

In allen Fällen wurde die Anlagenausstattung und der gesamte Prozeß der Abfallbehandlung von der Anlieferung bis zur Reststoffentsorgung im Modell abgebildet und über einen Zeitraum von 40 Jahren simuliert.

5.1 Die Meßlatte der Verbrennungskosten liegt bei 400 DM/t

Die Kosten für die thermische Abfallbehandlung einschließlich Reststoffentsorgung für das Abfallheizkraftwerk Velsen wurden mit 366,73 DM/t ermittelt. Die Kosten der thermischen Abfallbehandlung einschließlich Reststoffentsorgung ergeben sich aus den jährlichen Nutzungskosten unter Berücksichtigung der Energieverkaufserlöse bezogen auf die jährliche Abfalltonnage bei voller Kapazitätsnutzung des Abfallheizkraftwerks sowie im Simulationsmodell erfaßt.

Der Vergleich von 3 näher untersuchten Abfallheizkraftwerken ergibt spezifische Abfallverbrennungskosten, die zwischen 360 und 440 DM/t liegen. Zum Betriebsvergleich waren Normierungen und Ergänzungen von Basisdaten und Ausstattung nötig, damit Rückschlüsse von einer Anlage auf die andere überhaupt möglich wurden. Die DIN 276 und DIN 18960 sowie die Struktur des Simulationsmodells waren dabei hilfreiche Ordnungsmittel. Mit 366,73 DM/t Abfallbehandlungskosten liegt das AHKW Velsen im Vergleich mit anderen Anlagen sehr günstig.

5.2 Reduzierte Verfügbarkeit der Anlage verteilt die Verbrennungskosten

Die spezifischen Abfallverbrennungskosten ergeben sich aus den Nutzungskosten unter Anrechnung der Energieverkaufserlöse in Relation zur thermisch behandelten Abfallmenge. Bei einer 100 %igen Kapazitätsnutzung des Abfallheizkraftwerks wurde bei der gewählten Organisations- und Finanzierungsform der bereits erwähnte Verbrennungspreis von 366,73 DM/t ermittelt (Abb. 6.).

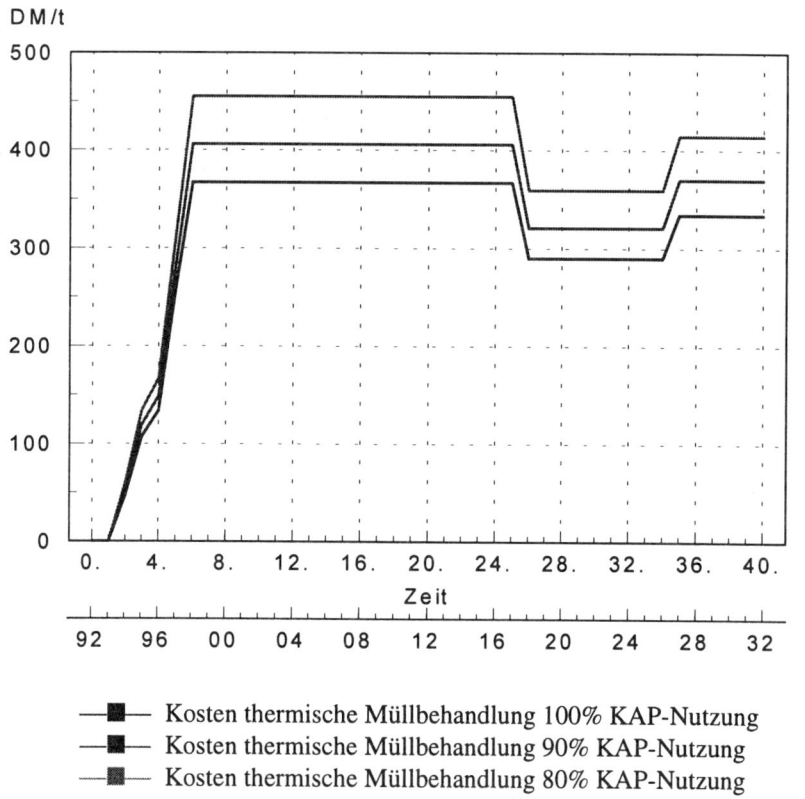

—■— Kosten thermische Müllbehandlung 100% KAP-Nutzung
—■— Kosten thermische Müllbehandlung 90% KAP-Nutzung
—■— Kosten thermische Müllbehandlung 80% KAP-Nutzung

Abb. 6. Kosten thermische Müllbehandlung. Die Einbuchtung nach dem 24. Jahr resultiert aus der gewählten Finanzierungsform. Die Darlehenslaufzeit der Erstinvestition für Anlagenteile mit 30 Jahren und längerer Lebensdauer ist auf 20 Jahre begrenzt. Die Reinvestition für diese Anlagenteile beginnt – sofern überhaupt – erst 30 Jahre nach Inbetriebnahme des AHKW

Eine Reduzierung der verfügbaren Kapazität um 10 % führt zu einer 10,45 %igen Steigerung der Verbrennungskosten, eine 20 %ige Abnahme der Kapazität zu einer solchen von 21,4 %.

Der Grund für diese Erscheinung liegt in der Tatsache, daß von den 86,8 Mio. DM jährlichen Nutzungskosten trotz schlanker Organisationsform gerade 20 % der Nutzungskosten variabel sind. Der Rest der Nutzungskosten sind Fixkosten, die allenfalls mittelfristig und auch nur z.T. variabel gestaltet werden können. Das ist der Fluch der Fixkosten, der Fluggesellschaften, Hotels und Abfallheizkraftwerke gemeinsam trifft.

Dieses Beispiel lehrt, wie sensibel eine reduzierte Kapazitätsnutzung auf die Verbrennungskosten reagiert und wie wichtig es deshalb ist, durch organisatorische Maßnahmen eine hohe Verfügbarkeit des Abfallheizkraftwerks zu gewährleisten.

5.3   Alternative Anlagenausführung für Stromerzeugung oder Strom und Fernwärme

Im Ergebnis zeigt sich rein wirtschaftlich die Ausstattung des Abfallheizkraftwerks für die Auskopplung und Weitergabe von Fernwärme als nicht vertretbar. Die Ausstattung der Turbine für Fernwärmeauskopplung und Fortleitung ist mit einer zusätzlichen Investition von 16,74 Mio. DM verbunden, was mit einem durchschnittlich um 1,45 Mio. DM höheren Kapitaldienst über 20 Jahre erkauft wird. Die Betriebskosten erhöhen sich durch die Fernwärmeauskopplung und Fortleitung nur marginal.

Durch die gleichzeitige Erzeugung von Strom und Fernwärme werden im Abfallheizkraftwerk jährlich 259 000 MWh verwertbare Sekundärenergie erzeugt. Davon 119 000 MWh/a elektrische Energie und 140 000 MWh/a Fernwärme (das reicht aus für ca. 4000 Wohneinheiten). Bei Beschränkung auf ausschließliche Stromerzeugung liefert das Abfallheizkraftwerk dagegen nur 141 400 MWh verwertbare Sekundärenergie, allerdings in der veredelten Form von Strom. Der Verkaufspreis für Strom ist mit 90 DM/MWh kalkuliert, für Fernwärme 19 DM/MWh.

Alles in allem – der Eigenbedarf des Abfallheizkraftwerkes eingerechnet – bedeutet die Schaffung der Voraussetzung zur Fernwärmeabgabe um 9,06 DM/t erhöhte Kosten der Abfallbehandlung, die in vollem Umfang gebührenwirksam werden.

5.4   Organisationsgrad als Produktionsfaktor

Eine Hauptaufgabe der Simulation des Betriebs des Abfallheizkraftwerks war es herauszufinden, wie sich gewisse organisatorische Maßnahmen auf die Verbrennungskosten auswirken. Auf „schlanke" Organisation und Herstellen einer Wettbewerbssituation, wo immer möglich, wurde geachtet.

Die wichtigsten durchgespielten Aktionsparameter dieses Szenarios sind:

– Vorbeugende Instandhaltung mit Wartung, Inspektion und dabei durchgeführte Kleinreparaturen, alles in Fremdvergabe; Führung einer entsprechenden Anlagendatei und Einführung eines Controlling mit dem Ziel, vorzeitigen Werteverzehr der Anlagen zu vermeiden; damit längere Anlagenstandzeiten und höhere Verfügbarkeit;

– Anreize für pfleglichen Umgang mit den Anlagen und Einrichtungen durch Motivationssysteme und Incorporate Identity, Ausloben eines entsprechenden Prämiensystems dafür;

– Ausschöpfen der Möglichkeiten des Beschaffungsmarktes für Betriebsmittel durch zentrales Bestellwesen und ökonomische Lagerhaltung für Betriebsmittel und Ersatzteile; Entsprechendes gilt für die Beschaffung von Dienstleistungen, Abschluß von Versicherungen etc.;

– Konzentration auf Energieformen und Abgabewege mit besseren Erlöschancen, Ausschöpfen der gesetzlichen Möglichkeiten, umweltfreundliche Energieformen bei der Vermarktung zu fördern, Anstreben einer Vertragsform mit Arbeits- und Leistungspreis etc.;

– Ausschöpfen der marktgebotenen Möglichkeiten für konventionelle Reststoffentsorgung und parallel dazu Schaffung neuer Wege für die Reststoffaufbereitung und Verwertung.

In Einzelfällen sind dazu zusätzliche Mittel für Marketing und Motivationssysteme nötig, die in der Summe jährlich mit ca. 1 Mio. DM in die Rechnung eingehen, sich aber letztlich ganz erheblich kostenmindernd auswirken.

Das Simulationsergebnis zeigt, daß ein ausgereizter Organisationsgrad des Abfallheizkraftwerks Velsen die vorgenannten *Nettonutzungskosten um 12 % reduziert* und gleichzeitig die *Verfügbarkeit des Abfallheizkraftwerks um 7,14 % erhöht*. Damit streben die Kosten der thermischen Abfallbehandlung wie Abb. 7 zeigt, dem Grenzwert von 300 DM/t zu! Das bedeutet eine Ergebnisverbesserung von 20 %.

Auch wenn das Simulationsergebnis „nur" als richtungsweisender Orientierungswert zu sehen ist, wird damit das Gewicht der Organisation als Produktionsfaktor für ein Abfallheizkraftwerk deutlich unterstrichen. 9,5 Mio. DM jährlich geringere Nutzungskosten sprechen eine deutliche Sprache.

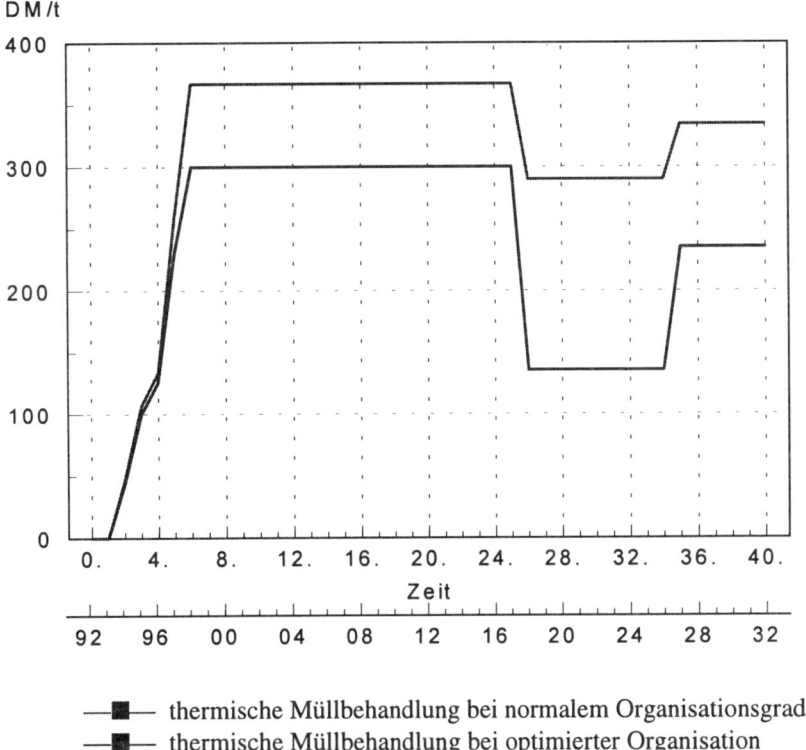

—■— thermische Müllbehandlung bei normalem Organisationsgrad
—■— thermische Müllbehandlung bei optimierter Organisation

Abb. 7. Kosten thermische Müllbehandlung AHKW bei unterschiedlichen Organisations-graden

Inwieweit es gelingt, das hier zweifellos vorhandene Potential in der Praxis umzu-setzen, hängt nicht zuletzt von der Führungsqualität des Werkleiters ab und davon, inwieweit es gelingt, diese Ansätze in einer entsprechenden Organisation zu ver-wirklichen und inwieweit diese von den Mitarbeitern des Betriebes mitgetragen und gelebt wird.

5.5 Funktionsteilung zwischen dem Abfallentsorgungsverband, der Gesellschaft für Abfallwirtschaft, der Besitzgesellschaft und der Betriebsgesellschaft

Der kommunale Abfallentsorgungsverband KABV hat zur Erledigung seiner Auf-gaben drei Kapitalgesellschaften gegründet. An die Gesellschaft für Abfallwirt-schaft ABW hat er seine Entsorgungsaufgaben komplett übertragen und zahlt dafür ein Entgelt. Die ABW ihrerseits zahlt an die Betriebsgesellschaft des AHKW Velsen BG ein jährliches Entsorgungsentgeld. Die Betriebsgesellschaft BG ihrer-seits zahlt jährlich an die Vermögensgesellschaft GAV einen Pachtzins (Abb. 8).

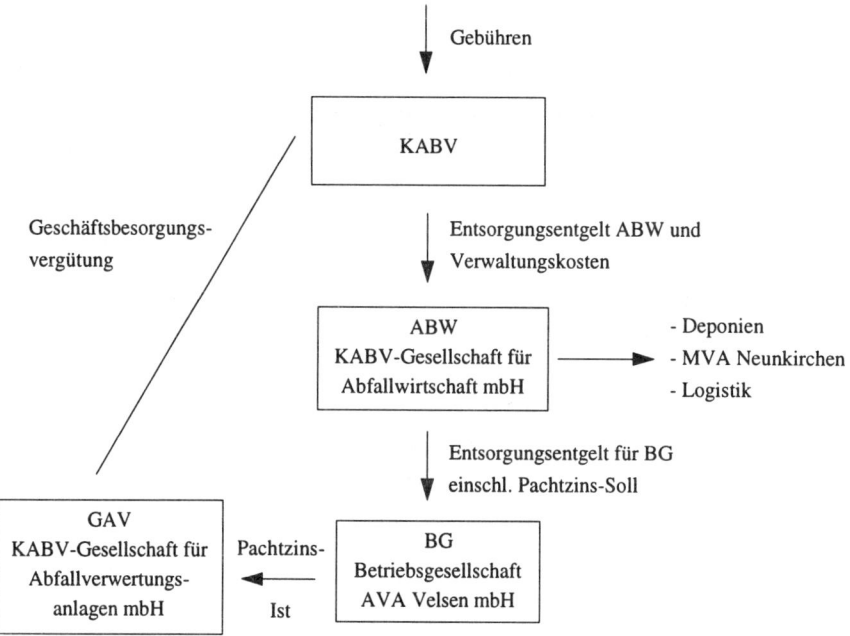

Abb. 8. Funktionsteilung KABV, ABW, GAV und BG

Das Entsorgungsentgeld für die BG ist so ausgelegt, daß die kalkulierten und als Sollwert vorgegebenen „betriebsnotwendigen Jahreskosten" abgedeckt sind zuzüglich eines fixen Betrags „Pachtzins-Soll".

Die betriebsnotwendigen Jahreskosten enthalten die Betriebs- und Eigenverwaltunskosten für das AHKW, einschließlich der kalkulierten Kosten für Wartung, Inspektion, Kleinreparaturen, Reststoffentsorgung und einen Zuschlag für Wagnis und Gewinn, jedoch ohne Kapitaldienst für Erst- und Ersatzinvestition und abzüglich der kalkulierten Energieverkaufserlöse.

Unterschreiten die tatsächlichen Jahreskosten den Sollwert, so verbessert sich das Betriebsergebnis der BG. Ähnlich sind die Verhältnisse beim Pachtzins, den die BG als fixen Betrag von der ABW erhält und der in variabler Höhe „Pachtzins-Ist" an die Besitzgesellschaft GAV geht.

Der Pachtzins-Soll orientiert sich an den Erst- und Ersatzinvestitionen, bei einer kalkulierten, im Investitionsrahmenplan festgelegten Lebensdauer der Anlagen und Bauwerke. Der Pachtzins-Ist ermittelt sich aus dem tatsächlichen Werteverzehr der Anlagen und Bauwerke, der durch die jährliche Inspektion sowie Zeitpunkt und Höhe der Ersatzinvestition kontrolliert wird.

Verlängert sich die Lebensdauer eines Anlagenteils durch vorbeugende Instandhaltung und pfleglichen Umgang über den kalkulierten Zeitraum hinaus, so verbessert auch dies das Betriebsergebnis der BG, weil das betreffende Analgenteil später ersetzt und die Ersatzinvestition später als geplant nötig wird und somit der von der BG empfangene Pachtzins-Soll höher ausfällt als der von der BG zu zahlende Pachtzins-Ist.

Diese durch Vertrag und Formelwerk fixierte Vergütungsregelung bewirkt eine natürliche Interessenlage der BG an einer wirtschaftlichen Betriebsführung und ist damit zur Erreichung niedriger Verbrennungskosten wirksam. Der häufig anzutreffenden Regelung, wonach die Betriebsgesellschaften feste Tonnenpreise für die Abfallbehandlung erhalten oder die Betriebskosten und Investitionen vom Verband in voller Höhe zuzüglich eines Prozentsatzes für Gewinn erstattet werden, ist damit eine zwar kompliziertere, im Ergebnis für den Gebührenzahler aber freundlichere Regelung gegenübergestellt.

Die Berechnungsformeln für das Entsorgungsentgeld und den Pachtzins sind alle 3 Jahre aufgrund veränderter Eckwerte, z.B. des mittleren Heizwerts der Abfälle und der bis dahin gemachten Erfahrungen, revisionsfähig – erstmals nach 3 vollen Betriebsjahren nach Inbetriebnahme.

6   Umsetzung

Die Umsetzung kostengünstiger Lösungen in die Praxis setzt das Zusammenspiel

- der geschäftsführenden aufsichtsführenden Gremien,
- der Geschäftsführung des Betreibers,
- der Qualifikation und Motivation der Mitarbeiter
- und der zielgerichteten Organisation von Betrieb und Verwaltung
- sowie der Verfügbarkeit leistungsfähiger Organisationsmittel,
  d.h. rechnergestützter Systeme für Betrieb und Verwaltung, voraus.

Die Gewinnung qualifizierten und motivierten Personals setzt klare Stellenpläne und Stellenbeschreibungen voraus, gezielte Einstellung nach erkennbarem Leistungsvermögen und Leistungswillen, eine angemessene Bezahlung, Lohnanreizsysteme und vor allem eine permanente Schulung der Mitarbeiter. Die Errichtung einer zielgerichteten Organisation muß frühzeitig – 18 Monate vor Inbetriebnahme – angepackt werden.

Zunächst muß die Basisorganisation mit Abläufen für Stoffe und begleitende Informationen entwickelt werden – davon sind die Anforderungen an die EDV abzuleiten. Tabelle 2 zeigt die Entwicklungsschritte, die dabei zu gehen sind.

Tabelle 2. Entwicklungsschritte Betriebsführungsorganisation AHKW Velsen

Ziele	ABC - Ebene Kosten- und Leistungshierarchie		Instrumente	Motivationsmittel
Nutzungskosten ≤ 380 DM/t	• Bau- und Anlagenunterhaltung (Reinvest = größtes Potential) Finanzierung ~ Effektivzins	32 - 28	• Vorbeugende Instand- haltung	Organisationsschulung (Kostenbewußtsein)
	• Wartung und Inspektion	8,8	• Rechnergestützte Materialwirtschaft	Anwenderschulung EDV
			• BDE mit Frühwarnung	Technische Schulung
	• Reststoffentsorgung (reduzierbar bei Reststoff- verarbeitung)	8,1	• Vertragsgestaltung/Inno- vation	Lohnanreizsystem LAS
	• Personalkosten	5,7	• Stellenbeschreibung, Personalkommission/ Arbeitsverträge mit LAS	
	• Betriebsmittel (sprungfixe Kosten bei Betriebsunter- brechung beider Linien)	3,6	• Lagerwirtschaft/ Be- schaffungsverträge	Schulung Lohnanreizsystem
	• Sonstiges (Steuern, Grün, Zuschläge)	5,6		

Zunächst sind die Ziele der Betriebsführung festzulegen. Dann sollte in einer ABC-Analyse ermittelt werden, wo die dicksten Kosten liegen und welche Einflußnahme besteht. Daraus ergeben sich die Anhaltspunkte auf denen die Basisorganisation und rechnergestützte Betriebs- und Verwaltungsorganisation aufbaut.

7   Resümee

Die aufgezeigten Beispiele zeigen, wie durch Qualitäts- und Kostenmanagement die Gesamtkosten eines Abfallheizkraftwerks um 20 % und mehr reduziert werden können. Es ist davon auszugehen, daß die Zukunft kostengünstigere Lösungen auf den Markt bringt. Wenn ein namhafter Anbieter – wie die Geislinger Zeitung am 13.02.1995 berichtet: „sein Angebot für den Bau eines Müllheizkraftwerks unversehens um 135 Mio. DM zusammenstreicht (von 462 auf 327 Mio. DM)" – bestätigt das vorhandene Spielräume.

Die aufgezeigten Beispiele bestätigen auch die enorme Bedeutung und Beeinflußbarkeit der Nutzungskosten eines Abfallheizkraftwerks. Die Simulationstechnik wird über kurz oder lang in der Planung von komplexen technischen Anlagen und ihrer Betriebsorganisation eine wichtige Rolle übernehmen, wie das heute schon in vielen Wissensbereichen der Biologie, Ökologie, Medizin und Ökonomie der Fall ist. Das gilt in gleicher Weise für die Reorganisation bestehender Anlagen.

Literatur

Bauer, S. (1993) Wirtschaftlichkeitsbetrachtungen. In: Integrative Gestaltung innovativer Montagesysteme (Bullinger, H.-J., Hrsg.). Springer-Verlag, Berlin, Heidelberg, S. 231-271

Bauknecht, Kohlas, Zehnder (1976) Simulationstechnik (Allgemeine Einführung). Springer-Verlag, Berlin

Bayer, W. (1982) Automatische Studiobewirtschaftung unter Einbezug eines automatisierten Kassettenarchivs. Praktische Anwendung der SD-Simulationstechnik, Süddeutscher Rundfunk Stuttgart. Büro für angewandte Mathematik, Selbstverlag, Stuttgart

Bayer, W. (1992) Kosten-Nutzen-Analyse Überörtliche Abwasserentsorgung – 6 alternative Ausführungsvarianten für Netze und Abwasserbehandlungsanlagen, Wasser- und Abwasserzweckverband Oberes Rinnetal, Systems Engineering GmbH Berlin. Selbstverlag, Berlin

Bayer, W., Binder, G. (1984) Studie zur Infrastruktur des Neubaus der Universitätsklinik Regensburg, Simulation der Verkehrs- und Transportsysteme. Büro für angewandte Mathematik, Selbstverlag, Stuttgart

Bayer, W., Panning, F. (1994) Studie über die Möglichkeiten einer gemeinsamen Trinkwasserversorgung und Abwasserentsorgung im Gebiet der Zweckverbände Panke-Finow und Panketal, OCT Umwelt, Land Brandenburg, Systems Engineering GmbH Berlin. Selbstverlag, Berlin

Bayer, W., Preißing, W., Ziegler, H.J. (1980) Anwenderhandbuch zum Programmsystem GESIM. Büro für angewandte Mathematik, Selbstverlag, Stuttgart

Bayer, W., Preißing, W. et al. (1985) Logistikplanung und Simulationstechnik im Bauwesen, Kontakt & Studium, Bd. 127. Expert Verlag

Bayer, W., Veit, R., Hinze, J. (1993) Simulationsmodell zur Prüfung der wirtschaftlichen Tragfähigkeit des Vorhabens – Abwasserbehandlungsanlagen Oberes Rinnetal, OCT Umwelt, Systems Engineering GmbH Berlin. Selbstverlag, Berlin

Bilitewski, B., Härdtle, G., Marek, K. (1990) Abfallwirtschaft – Eine Einführung. Springer-Verlag, Berlin, Heidelberg

Bitz, M. (1993) Investitionsplanung bei unsicheren Erwartungen. In: Handwörterbuch der Betriebswirtschaft (Wittmann, W., Kern, W., Köhler, R. et al., Hrsg.), 5. Aufl., Bd. 3, Stuttgart, Sp 1965-1982

Bürstner, H. (1988) Investitionsentscheidung in der rechnerintegrierten Produktion. Springer-Verlag, Berlin, Heidelberg

Dörner, D. (1989) Die Logik des Mißlingens, Reinbek

Eversheim, W., Schmitz, W., Ullmann, C. (1993) Bewertung neuer Technologien. Prozeß-orientierte Wirtschaftlichkeitsbetrachtung für eine innovative Betriebsmittelkombination zur funkenerosiven Bearbeitung, VDI-Zeitschrift (Düsseldorf) 135 (11/12), 70-73

Forrester, J.B. (1969) Industrial Dynamics. Cambridge, MA

Forrester, J.B. (1972) Der teuflische Regelkreis (World Dynamics, einfaches Weltmodell). DVA, Stuttgart

Horváth, P. (1988) Wirtschaftlichkeit neuer Produktions- und Informationstechnologien, Tagungsband Stuttgarter Controller-Forum. C.E. Poeschel Verlag, Stuttgart

Horváth, P., Kleiner, F., Mayer, R. (1987) Dynamische Investitionsrechnung für flexibel automatisierte Werkzeugmaschinen, Die Betriebswirtschaft 47 (1), 69ff

Lüder, K. (1993) Investitionsplanung und -kontrolle. In: Handwörterbuch der Betriebswirtschaft (Wittmann, W., Kern, W., Köhler, R. et al., Hrsg.), 5. Aufl., Bd. 3, Stuttgart, Sp 1982-1999

Meadows, D. et al. (1972) Die Grenzen des Wachstums (Bericht des Club of Rome zur Lage der Menschheit). DVA, Stuttgart, rororo 6825, Hamburg

Preißing, W. (1981) Gebäude-Energie-Simulation, Deutsche Bauzeitschrift, August 1981

Pugh, A.L. (1977) DYNAMO User's Manual (DYNAMO Anwenderhandbuch). MIT Press, Cambridge, MA

Rall, K., Bauer, C.-U. (1990) Die Wirtschaftlichkeit von CIM „berechnen" – Ein Verfahren zur Bewertung komplexer Investitionsvorhaben, VDI Zeitschrift (Düsseldorf) 132 (10), 54-63

Scheper, K. (1995) Technisches Führungs- und Verwaltungskonzept AVA Velsen, Studie im Auftrag des KABV, Kommunaler Abfallentsorgungsverband Saar. Selbstverlag SE/DU, Berlin

Schreuder, S., Upmann, R. (1988) Wirtschafltichkeit von CIM – Grundlage für Investitionsentscheidungen, CIM Management (München) 64 (4), 10ff

Wildemann, H. (1986a) Investitionsplanung für CAD/CAM. Fachverlag für Wirtschaft und Steuern, Stuttgart

Wildemann, H. (1986b) Strategische Investitionsplanung für neue Technologien in der Produktion. In: Strategische Investitionsplanung für neue Technologien (Albach, H., Wildemann, H., Hrsg.), ZfB-Ergänzungsheft 1/1986, 1ff

Zahn, E. (1988) Produktionsstrategie. In: Handbuch Strategische Führung (Henzler, H., Hrsg.) Wiesbaden, S. 515-542

Zahn, E. (1994) Produktion als Wettbewerbskraft. In: Handbuch Produktionsmanagement (Corsten, H., Hrsg.) Wiesbaden, S. 241-258

Zahn, E., Dogan, D. (1991) Strategische Aspekte der Beurteilung von CIM-Installationen, CIM Management (München) 67 (3), 4-11

Einsatzbereiche derzeit verfügbarer Strömungs- und Ausbreitungsmodelle

Gerd Schädler

1 Einleitung

Seit einigen Jahren haben numerische Strömungs- und Ausbreitungsmodelle, welche vordem fast nur im universitären Bereich schwerpunktmäßig zu Forschungszwecken eingesetzt wurden, Eingang in die gutachterliche Praxis gefunden. Dies ist zum einen bedingt durch gestiegene Anforderungen, zum anderen durch die Verfügbarkeit solcher Modelle und die stark angestiegene Leistung von Personal Computern und Workstations. Im Bereich Lufthygiene kam z.b. in den 70er und 80er Jahren der Hauptanteil an Luftschadstoffen aus Kraftwerken und Industrieanlagen, welche aus hohen Schornsteinen emittierten. Unter diesen Umständen konnten mit relativ einfachen Modellen, wie es z.b. in der TA Luft beschrieben ist, zumindest realistische Größenordnungen erzielt werden. Inzwischen haben sich die Fragestellungen gewandelt, oft handelt es sich um bodennahe Quellen (z.B. Kfz-Verkehr), die Quellen liegen in topographisch gegliedertem Gelände, und es interessieren spezielle Strömungen, z.B. Kaltluftabflüsse (Frischluftversorgung, Geruchsprobleme); in solchen Fällen kann mit einfachen Modellen, z.B. Gauß-Modellen, oft keine zuverlässige Aussage gemacht werden.

Die Modellierung erfaßt mittlerweile ein großes Problemspektrum mit einem entsprechend großen Skalenbereich von einigen Metern bis zu einigen Kilometern. Hierfür werden mikroskalige bzw. mesoskalige Modelle eingesetzt. Es ist nicht möglich, in diesem kurzen Text alle Einsatzbereiche zu diskutieren. Der Schwerpunkt dieses Beitrags liegt auf Strömungs- und Ausbreitungsvorgängen im Bereich einiger Kilometer und Freisetzung in Bodennähe bzw. niedriger Höhe.

Im folgenden sollen unter numerischen Modellen Rechenmodelle verstanden werden, welche sowohl vom Konzept als auch von der Handhabung deutlich aufwendiger als Modelle nach TA Luft oder VDI-Richtlinie 3782, Blatt , sind. Näheres hierzu folgt in den Abschnitten2 und 3.

Die folgende Liste soll einen kurzen Überblick über einige Fragestellungen, welche mit solchen Modellen behandelt werden können, geben.

Bereich Klima/Wind:
- Durchlüftungsprobleme im städteplanerischen Bereich, Breite von Belüftungsschneisen,
- Lokalisierung und Quantifizierung klimarelevanter Kaltluftabflüsse,
- optimierte Positionierung von Windkraftanlagen, zu erwartende Jahresleistung,
- Windkomfort bei der Bauplanung;

Bereich Lufthygiene:
- Standortsuche, z.b. bei Deponien und Müllheizkraftwerken,
- Störfalluntersuchungen,
- Genehmigungsverfahren und Umweltverträglichkeitsuntersuchungen (Deponien, Kraftwerke, Industrieanlagen, Straßen).

Für klimatologische und lufthygienische Fragestellungen besteht neben der numerischen Modellierung auch die Möglichkeit der Messung und der physikalischen Modellierung im Windkanal. Tabelle 1 faßt die Vor- und Nachteile der einzelnen Methoden kurz zusammen.

Tabelle 1. Beurteilung der Methoden

Vorteile	Nachteile
Messungen	
alle Effekte erfaßt	nur punktuelle Messungen mit geringer räumlicher Repräsentativität
	hoher zeitlicher und finanzieller Aufwand
	keine Prognose möglich
physikalische Modellierung (Windkanal)	
komplizierte Topographien und Bebauungen können berücksichtigt werden	relativ hoher finanzieller Aufwand
Prognose möglich	Berücksichtigung der atmosphärischen Schichtung noch nicht ausgereift
flächendeckende Information	Variantenbetrachtung aufwendig
	Vorbelastung, Meteorologie und Emission müssen bekannt sein
numerische Modellierung	
Deposition, Auswaschen etc. können berücksichtigt werden	nur Boxmittelwerte
Prognose möglich	Modell muß validiert sein
flächendeckende Information	komplizierte Strukturen nur näherungsweise erfaßbar
relativ geringer zeitlicher und finanzieller Aufwand	Vorbelastung, Meteorologie und Emission müssen bekannt sein

Als großer Vorteil sowohl der numerischen als auch der physikalischen Modellierung erscheint die Möglichkeit, Prognosen abzugeben, also auch Planzustände zu erfassen, und die Tatsache, daß z.b. Konzentrationen flächendeckend für das gesamte Untersuchungsgebiet ermittelt werden können. Die Einsatzbereiche numerischer Strömungs- und Ausbreitungsmodelle illustriert Tabelle 2, welche einen Überblick über einschlägige VDI-Richtlinien gibt.

Tabelle 2. VDI-Richtlinien – Überblick

Titel	Richtlinien-Nummer	Beispiel	Status
Ausbreitung von Luftverunreinigungen in der Atmosphäre; Gaußsches Ausbreitungsmodell für Luftreinhaltepläne	3782 Blatt 1	Gauß-Modell nach TA Luft	W
Umweltmeteorologie; praktische Anwendungen; Ausbreitung von Kfz-Emissionen	3782 Blatt 8		B
Regionale Ausbreitung von Luftverunreinigungen über komplexem Gelände; Modellierung des Windfeldes I	3783 Blatt 6	REWIMET	W
Umweltmeteorologie; prognostische mesoskalige nichthydrostatische Windfeldmodelle	3783 Blatt 7	FITNAH	E
Umweltmeteorologie; prognostische mikroskalige nicht-hydrostatische Windfeldmodelle (Gebäudeumströmung)	3783 Blatt N.N.	MISKAM	P
Umweltmeteorologie; diagnostische Windfeldmodelle; mikroskaliger Bereich (Gebäudeumströmung)	3783 Blatt 10	ABC	B
Umweltmeteorologie; diagnostische Windfeldmodelle; mesoskaliger Bereich (Strömung in topographischem Gelände)	3783 Blatt N.N.	CONDOR, DIWIMO	B
Umweltmeteorologie; Angewandte Klimatologie; Kaltluft	3787 Blatt 5	KALM, FITNAH	B
Umweltmeteorologie; atmosphärische Dispersionsmodelle – Gaußsche Modelle; Gaußsches Wolkenmodell (Puffmodell)	3945 Blatt 1		E
Umweltmeteorologie; atmosphärische Dispersionsmodelle – Eulermodelle mit K-Ansatz	3945 Blatt 2	TRADI	P
Umweltmeteorologie; atmosphärische Dispersionsmodelle – Partikelmodelle	3945 Blatt 3	LASAT	B
Umweltmeteorologie; Übersicht derzeitig genutzter atmosphärischer Ausbreitungsmodelle; Dachrichtlinie	N.N. N.N.		P

B in Bearbeitung; *E* Entwurf; *P* geplant; *W* Weißdruck

In Abschnitt 2 werden zunächst Windfeldmodelle vorgestellt und dann ihre Anwendungsbereiche anhand von Beispielen diskutiert. Dasselbe wird in Abschnitt 3 für die Ausbreitungsmodelle gemacht und Hinweise zu ihren Anwendungsbereichen gegeben.

2   Windfeldmodelle

In topographisch gegliedertem Gelände wird das Windfeld vor allem in Bodennähe von der Topographie und der Landnutzung geprägt. Solche Effekte, die das Windfeld und damit auch das Schadstoffausbreitungsverhalten erheblich modifizieren können, werden in älteren Ausbreitungsmodellen, z.B. dem Modell der TA Luft, nicht oder nur näherungsweise berücksichtigt. Die Berücksichtigung von Topographie und Landnutzung kann mit numerischen Windfeldmodellen geschehen; auf diese Modelle wird im folgenden eingegangen.

Die grundlegenden Erhaltungsgleichungen, die ein Windfeldmodell erfüllen sollte, sind – in der Reihenfolge ihrer Bedeutung – die folgenden:

– Erhaltung der Masse,
– Erhaltung des Impulses,
– Erhaltung der Energie.

Die Erhaltung der Masse ist unabdingbar; erst dies macht ein mit einem Windfeldmodell berechnetes Windfeld für Ausbreitungsrechnungen geeignet, da ein solches massenerhaltendes oder divergenzfreies Windfeld keine fiktiven Quellen oder Senken enthält. Modelle, bei denen nur die Massenerhaltung gewährleistet ist, werden in der üblichen Terminologie *diagnostische* Windfeldmodelle genannt. Vorteile der diagnostischen Windfeldmodelle sind:

– Massenerhaltung gewährleistet;
– relativ geringer Rechenzeitbedarf, daher auch zur Bereitstellung von Windfeldern für die Berechnung von statistischen Kennwerten (Jahresmittelwerte, 98-Perzentilwerte) geeignet;
– geringer Eingangsdatenbedarf (i.allg. nur Topographie und Landnutzung).

Diesen Vorteilen stehen folgende Nachteile der diagnostischen Windfeldmodelle gegenüber:

– Effekte wie Strömungsablösung an Geländestufen können nicht berücksichtigt werden;
– thermisch induzierte Windsysteme (z.B. Kaltluftabflüsse) werden nicht erfaßt;
– größerskalige Einflüsse (z.B. Kanalisierungseffekte breiter Täler, Land-See-Windzirkulationen, Drehung des Windes mit der Höhe) werden nicht erfaßt.

Häufig fallen diese Nachteile jedoch nicht zu sehr ins Gewicht, da z.b. thermische Windsysteme durch Einarbeiten der Ergebnisse z.b. von Kaltluftmodellen und größerskalige Einflüsse durch Einarbeiten gemessener Windstatistiken berücksichtigt werden können.

Falls die genannten Effekte dennoch explizit berücksichtigt werden sollen, muß bei der Modellierung auch die Impuls- und Energieerhaltung berücksichtigt werden. Man hat dann die sog. *prognostischen* Modelle. Diese ermöglichen die Berücksichtigung von thermischen Windsystemen sowie größerskaliger Einflüsse. Der Anwendung dieser Modelle, besonders zur Erstellung von Wind- bzw. Ausbreitungsklassenstatistiken, stehen jedoch folgende Nachteile gegenüber:

– sehr viel größerer Rechenzeitbedarf;
– sehr viel größerer Eingangsdatenbedarf, z.B. Startprofile für Wind und Temperatur in der Atmosphäre, räumliche Verteilung von Bodentemperatur und Bodenfeuchte. Im allgemeinen stehen diese Größen nicht im geforderten Umfang und der geforderten Genauigkeit zur Verfügung, so daß man auf Schätzungen bzw. Analogien angewiesen ist, welche zumindest einen Teil der vom Modell her möglichen Genauigkeit zunichte machen.

Bei den prognostischen Modellen wird weiter unterschieden zwischen hydrostatischen Modellen und nichthydrostatischen Modellen. Die hydrostatischen Modelle haben einen deutlich geringeren Rechenzeitbedarf als die nichthydrostatischen Modelle, dürfen aber nur angewendet werden, wenn die Vertikalgeschwindigkeiten wesentlich kleiner sind als die Horizontalgeschwindigkeiten, d.h. bei großen Maschenweiten bzw. wenn die Topographie nicht zu steil ist und keine konvektiven Windsysteme zu erwarten sind. Hydrostatische prognostische Modelle sind in VDI-Richtlinie 3783, Blatt 6 beschrieben, nichthydrostatischen in VDI-Richtlinie 3783, Blatt 7.

Bisherige Erfahrungen deuten darauf hin, daß im Skalenbereich von einigen Kilometern diagnostische und prognostische Modelle ähnliche Ergebnisse liefern, sofern keine thermischen Windsysteme auftreten; dies ist meist bei höheren Windgeschwindigkeiten der Fall. Kaltluftsysteme können entweder mit nichthydrostatischen prognostischen Modellen erfaßt werden oder aber – mit wesentlich geringerem Aufwand und vergleichbaren Ergebnissen – mit speziellen Kaltluftmodellen. Die zugehörige VDI-Richtlinie 3783, Blatt 5 ist in Arbeit.

Wie bereits in der Einleitung erwähnt, ist die Erstellung synthetischer Windrosenbeete, d.h. die flächenhafte Darstellung der Häufigkeitsverteilung der Windrichtung bzw. Windgeschwindigkeit, ein Hilfsmittel bei Klima- und Ausbreitungsuntersuchungen. Ein Beispiel zeigt Abb. 1, in welcher ein Vergleich von berechneten und gemessenen Windrosen gezeigt ist, welche mit einem diagnostischen Windfeldmodell in Verbindung mit dem Kaltluftmodell KALM (Schädler und Lohmeyer 1994) und Meßdaten erzeugt wurden.

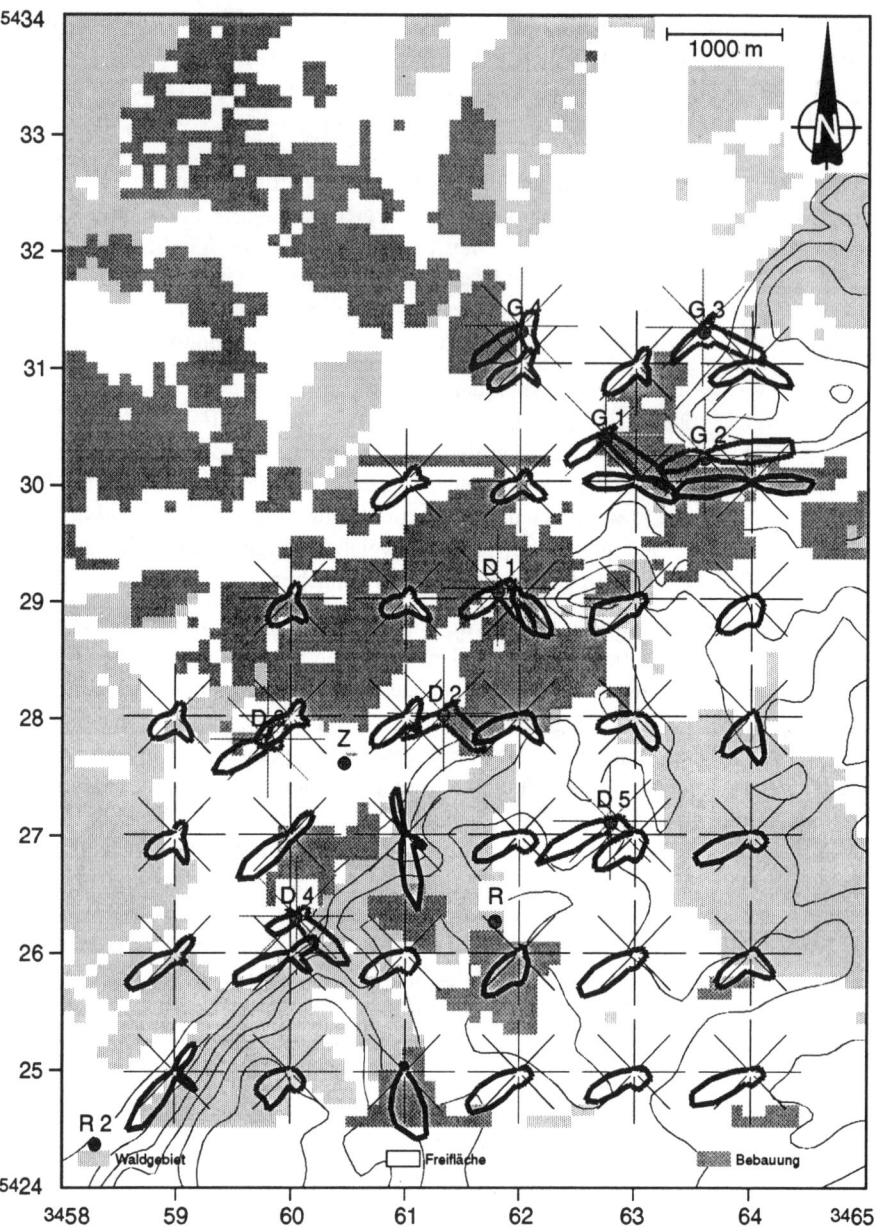

Abb. 1. Windrosenbeet Karlsruhe (Nacht); gerechnete Windrosen (*schwarz*), gemessene Windrosen (*grau*); Auftraggeber: Stadt Karlsruhe, Stadtplanungsamt

3   Ausbreitungsmodellierung

Bei der Auswahl eines Modells zur Ausbreitungsmodellierung spielen neben den fachlichen Gesichtspunkten, welche in Übersicht 1 dargestellt sind, auch die geforderte Untersuchungstiefe und -genauigkeit, der rechtliche Status sowie der finanzielle Rahmen eine Rolle. Bei Standortsuchen z.b., bei denen mehr der Vergleich als die Absolutwerte von Immissionen im Vordergrund stehen, wird man aus Zeit- und Kostengründen versuchen, mit einfacheren Modellen aussagefähige Resultate zu erzielen, während bei Genehmigungsverfahren und Umweltverträglichkeitsuntersuchungen Zuverlässigkeit und Genauigkeit der berechneten Immissionswerte gefordert sind.

Übersicht 1. Komponenten des Ausbreitungspfades mit einigen Einflußfaktoren

* **Emission:**
  – Quellstärke,
  – Quelltyp: bodennah, abgehoben, Punkt-, Flächen-, Linien-, Volumenquellen,
  – Zeitverhalten: kontinuierlich/intermittent,
  – Ausbreitungsbedingungen: thermischer/mechanischer Impuls,
  – Korngrößenverteilung.

* **Transmission:**
  – Meteorologie: Windrichtung, Windgeschwindigkeit, atmosphärische Stabilität, Niederschlag, thermische Windsysteme,
  – Topographie/Landnutzung, Bebauung.

* **Immissionen:**
  – Konzentrationen,
  – trockene/nasse Deposition (Landnutzung),
  – Reaktivität.

Die derzeit in der Praxis eingesetzten Modelltypen sollen im folgenden kurz mit ihren Anwendungsbereichen beschrieben werden. Die bislang am häufigsten verwendeten Ausbreitungsmodelle sind sicherlich die Gaußschen Ausbreitungsmodelle wie z.B. das Modell der TA Luft oder das Gaußsche Ausbreitungsmodell für Luftreinhaltepläne der VDI-Richtlinie 3782, Blatt 1. Den Vorteilen dieser Modelle, nämlich Einfachheit und geringer Rechenzeitbedarf, stehen Nachteile und Erfahrungen gegenüber, welche Skepsis hinsichtlich der Anwendung, insbesondere des Modells nach TA Luft, angebracht erscheinen lassen.

Als wesentlicher Fortschritt des Modells nach VDI 3782 gegenüber dem TA-Luft-Modell ist die Höhenabhängigkeit der Transportgeschwindigkeit zu nennen. Hierdurch können zumindest bodennahe Quellen realistischer berücksichtigt werden.

Dennoch bleiben viele weitere Einschränkungen bestehen:

- kein topographisch gegliedertes Gelände, horizontal homogenes Windfeld,
- eine niedrigen Windgeschwindigkeiten (kleiner als etwa 1 m/s),
- keine Aussagen in unmittelbarer Quellnähe (etwa 100 m Umkreis).

Selbst für die Anwendung, für die das Modell der TA Luft konzipiert war, nämlich den „hohen Emittenten", ergeben sich große Abweichungen zwischen Modellprognose und Messungen. So berichten z.b. Biniaris und Wilhelm (1991) von einem Vergleich zwischen berechneten und gemessenen SO_2-Immissionen aus Braunkohlekraftwerken, in dem das Gauß-Modell der TA Luft in einigen Fällen um den Faktor 4 zu hohe 98-Perzentilwerte berechnete.

In einem gemeinsamen Projekt des Deutschen Wetterdienstes und der Hessischen Landesanstalt für Umwelt (HLfU 1994) wurde ein Vergleich zwischen einer Immissionsprognose nach TA Luft und einer „modernen" Immissionsprognose mit einem prognostischen Strömungsmodell und einem Lagrangeschen Ausbreitungsmodell durchgeführt. Es ergaben sich deutliche qualitative und quantitative Unterschiede zwischen den Prognosen, wobei sich die Erfahrung bestätigte, daß das TA-Luft-Modell innerhalb seines Beurteilungsgebietes die Immissionen überschätzte, während die „modernere" Prognose niedrigere Werte, aber ein größeres Einflußgebiet berechnete. Der Vergleich wird dadurch erschwert, daß die beiden Rechnungen mit verschiedenen meteorologischen Statistiken durchgeführt wurden.

Eine Weiterentwicklung des beschriebenen Gauß-Modells vor allem für Störfallanwendungen ist das sog. Gauß-Puff-Modell, welches die Ausbreitung kurzzeitig freigesetzter Emissionen simulieren kann. Auf diesen Modelltyp soll hier nicht weiter eingegangen werden.

Bei den eigentlichen numerischen Ausbreitungsmodellen unterscheidet man Eulersche und Lagrangesche Modelle. Beide Modelltypen benötigen extern berechnete Wind- und Turbulenzfelder, so daß verschiedene Windfeld- und Ausbreitungsmodelltypen im Prinzip miteinander kombiniert werden können.

Bei den *Eulerschen Ausbreitungsmodellen* wird, ähnlich wie bei den numerischen Windfeldmodellen, das zu untersuchende Gebiet mit einem Rechengitter überzogen und unter Verwendung der berechneten Wind- und Turbulenzfelder sowie vorhandener Schadstoffquellen für die einzelnen Gitterboxen eine Schadstoffbilanz gemacht, aus welcher die Schadstoffkonzentrationen berechnet werden.

Bei den *Lagrangeschen Ausbreitungsmodellen* wird die Bahn von Partikeln, welche eine bestimmte Schadstoffmenge repräsentieren, berechnet. Diese Bahn wird zum einen bestimmt durch die mittlere (aber von Ort zu Ort variierende) Transportgeschwindigkeit, wie sie vom vorgeschalteten Windfeldmodell berechnet wurde, und eine Schwankungsgeschwindigkeit, welche vom Turbulenzzustand der

Atmosphäre (Windscherung, Temperaturgradienten) abhängt. Zur Auswertung wird das Rechengebiet mit einem Auszählgitter überzogen und die in den Gitterboxen vorhandene Anzahl von Partikeln in Schadstoffkonzentrationen umgerechnet.

Lagrange-Modelle haben den Vorteil, daß sie massenerhaltend sind und daß die Quellkonfiguration (Punkt-, Flächen-, Linien-, Volumenquelle, Bodenquelle oder abgehobene Quelle) nachmodelliert werden kann. Ferner können Lagrange-Modelle das Ausbreitungsverhalten im Nahfeld etwas realistischer simulieren als Euler-Modelle. Nachteil der Lagrange-Modelle ist die hohe erforderliche Partikelzahl, um statistisch abgesicherte Immissionen zu erhalten. Insgesamt bestehen keine signifikanten Unterschiede in der Qualität der Modellergebnisse zwischen Eulerschen und Lagrangeschen Modellen; bei großen Gebieten mit vielen flächenhaft verteilten Quellen zeichnen sich Rechenvorteile bei der Verwendung Eulerscher Modelle ab. Bei komplizierten Quellkonfigurationen und Topographien sind beide Modelltypen in Bezug auf Flexibilität, Realitätsnähe und physikalischen Gehalt den Gauß-Modellen überlegen. Zudem können Prozesse wie trockene und nasse Deposition, chemische Umwandlungen und radioaktiver Zerfall direkt in die Ausbreitungsrechnung integriert werden.

Ein Beispiel für eine Immissionsprognose unter komplizierten Quell- und Ausbreitungsbedingungen zeigt Abb. 2. Die Arbeiten wurden im Auftrag der WISMUT GmbH durchgeführt. Dargestellt sind die Isolinien des Jahresmittelwertes der Radonzusatzbelastung im Bereich des Sanierungsbetriebs Aue der WISMUT GmbH zusammen mit der Topographie, den Quellen sowie den Umrissen der Bebauung. Es liegen zum einen komplizierte topographische Bedingungen vor (Wohnbebauung in einem eingeschnittenen Flußtal mit Seitentälern, z.T. steile Hänge, ausgeprägte Kaltluftabflüsse), zum anderen auch komplizierte Quellbedingungen (emittierende Abraumhalden sowie Abwetterschächte mit thermischem und mechanischem Impuls). Die Ausbreitungsrechnungen wurden mit dem Lagrangeschen Ausbreitungsmodell LASAT (Janicke 1989) mit vorgeschaltetem diagnostischem Windfeldmodell sowie dem Kaltluftmodell KALM (Schädler und Lohmeyer 1994) durchgeführt. Insgesamt ergibt sich in vielen Bereichen des Untersuchungsgebietes eine gute Übereinstimmung von Messung und Modellrechnung. Auch die aus der Korrelation zwischen Meßwerten und Rechenwerten abgeleitete Grundbelastung von etwa 30 Bq/m^3 stimmt gut mit Literaturwerten (BfS 1994) überein.

Im Rahmen dieser Ausbreitungsrechnungen wurden auch Vergleichsrechnungen hinsichtlich der Berücksichtigung von Topographie- und Kaltluftabflüssen durchgeführt.

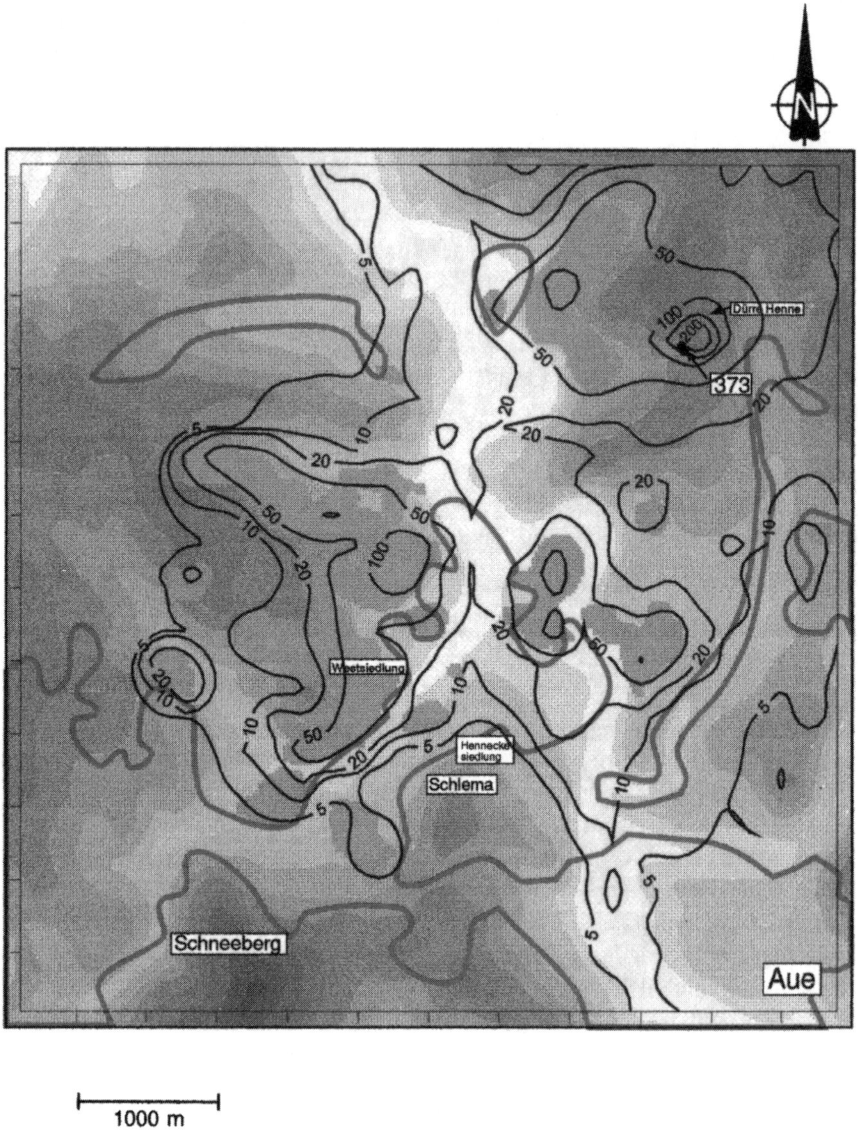

1000 m

Abb. 2. Jahresmittelwerte der berechneten Radonzusatzbelastung (in Bq/m³) infolge Exhalation der Quellen; Auftraggeber: WISMUT GmbH

Im Vergleich zur Rechnung ohne Berücksichtigung der Topographie ergeben sich für den Jahresmittelwert der Zusatzbelastung mit Berücksichtigung der Topographie in Tälern (Lage der Aufpunkte unterhalb der Quelle) bis zu 50 % niedrigere Werte und an Bergrücken (Lage der Aufpunkte oberhalb der Quelle) bis zu 50 % höhere Werte.

Bei Berücksichtigung von Kaltluftabflüssen ergaben sich je nach Aufpunktlage Änderungen des Jahresmittelwerts der Zusatzbelastung von bis zu 30 Bq/m^3. Dabei nimmt die Konzentration in Kaltluftsammelgebieten i.allg. zu und in Kaltluftabflußgebieten ab.

4   Schlußbemerkung

Am Beispiel topographisch gegliederten Geländes im Grenzbereich zwischen Mikro- und Mesoscale wurden einige Möglichkeiten aufgezeigt, welche die numerische Strömungs- und Ausbreitungsmodellierung derzeit bietet. Mit den verfügbaren Modellen kann den gestiegenen Anforderungen an die Strömungs- und Ausbreitungsmodellierung durchaus Rechnung getragen werden.

Um jedoch das Potential dieser Modelle auszuschöpfen, müssen auch die anderen Komponenten der Immissionsprognose überdacht werden:

- gute Qualität der Emissionsdaten,
- bei den meteorologischen Daten bessere Berücksichtigung der niedrigen Windgeschwindigkeiten, Übergang zu Zeitreihen und zu quantitativen Stabilitätsmaßen.

Bei den Modellen selbst sind systematische Modellvalidierungen erforderlich, ferner sind Verbesserungen bei der Parametrisierung, z.B. der nassen Deposition, wünschenswert.

Literatur

BfS (1994) Jahresbericht 1993, Hrsg. Bundesamt für Strahlenschutz, Salzgitter
Biniaris, S., Wilhelm, M. (1991) Ausbreitungsberechnungen nach TA Luft 1986 im Vergleich mit Meßdaten, Meteorol. Rdsch 44, 2-6
Janicke, L. (1989) Anwendungen des Simulationsmodells LASAT in ebenem und komplexem Gelände, in: Ausbreitungsrechnungen im Rahmen des Vollzugs der Störfall-Verordnung. Kolloquium, UBA Texte 1/89, S. 41-49

HLfU (1994) Thehos, R., Pflüger, U., Dittmann, E., Baltrusch, M., Büchen, M.: Vergleich
von Ausbreitungsrechnungen mit der Modellkombination FITNAH/Lagrangesches Partikeldispersionsmodell und dem Verfahren nach TA Luft. Bericht über ein gemeinsames
Projekt von Deutscher Wetterdienst (DWD) und Hessische Landesanstalt für Umwelt
(HLfU), Heft 173

Schädler, G., Lohmeyer, A. (1994) Simulation of nocturnal drainage flows on personal
computers, Meteorol. Zeitschrift, N.F. 3, 167-171

Ist die TA Luft überhaupt noch anwendbar?

Helmut Kumm

Einleitung

Der Titel dieses Beitrags ist sicherlich für einige Leser eine Provokation. Es ist nun einmal ein Faktum, daß die TA Luft angewendet wird. Die Genehmigungsbehörden haben keine Alternative. Meines Wissens gibt es noch kein Urteil eines Verwaltungsgerichtes, das die TA Luft ernstlich in Frage stellt. Auf der anderen Seite gibt es Genehmigungsverfahren von Anlagen, deren Standorte klimatisch so problematisch sind, daß eine Immissionsprognose nach TA Luft unrealistische Ergebnisse liefert und daß aus diesem Grund die Betreiber von sich aus oder nach Aufforderung durch die Genehmigungsbehörden mit Antragsunterlagen in das Genehmigungsverfahren gehen, die weit über den Standard einer Immissionsprognose nach Anhang C der TA Luft hinausgehen.

Es ist also durchaus legitim, die differenzierende Frage zu stellen, ob die TA Luft noch brauchbar ist, um die Immissionsbelastung in der Umgebung einer genehmigungsbedürftigen Anlage zu beurteilen und inwieweit der einfache Untersuchungsrahmen einer Immissionsprognose nach Anhang C der TA Luft zu erweitern ist, um realistische Vorstellungen der prognostizierten Immissionsbelastung zu gewinnen, auf denen eine Entscheidung über die Genehmigungsfähigkeit gründen kann.

Im folgenden wird aus dem Erfahrungsschatz von etwa 30 Planfeststellungs- bzw. Genehmigungsverfahren nach dem Bundesimmissionsschutzgesetz berichtet, die durch das Ingenieurbüro für Meteorlogie und technische Ökologie, Darmstadt, betreut wurden. Es handelte sich ausnahmslos um Anlagen, deren Standorte aus Sicht der atmosphärischen Ausbreitung problematisch waren. In den allermeisten Fällen vertraten wir die Interessen der Antragsgegner. In mehreren Fällen wurden die Genehmigungen vor Oberverwaltungsgerichten oder Verwaltungsgerichtshöfen der Länder angefochten. Zwei Urteile liegen vor, mehrere Verfahren sind noch nicht entschieden. Das Thema wird in 3 Punkten behandelt:

1. Was ist brauchbar an der TA Luft?
2. In welchen Fällen sind Immissionsprognosen nach Anhang C der TA Luft unrealistisch und woran liegt es?
3. Wie kann man die TA Luft zu einem brauchbaren Entscheidungsinstrument machen?

Zu Punkt 1: Was ist brauchbar an der TA Luft?

1.1   Beurteilung der Gesamtbelastung
Die TA Luft beurteilt die Immissionsbelastung anhand der Gesamtbelastung und nicht anhand der von der Anlage ausgehenden Zusatzbelastung. In der Regel darf die Gesamtbelastung für keine Schadstoffkomponente die entsprechenden Immissionswerte (IW-Werte) der TA Luft überschreiten.

Damit wird die beantragte Anlage innerhalb des Rahmens der bestehenden Immissionsbelastung gestellt, und es wird gewährleistet, daß planerische Eingriffe, z.b. Sanierungen in Belastungsgebieten, möglich sind.

In anderen europäischen Ländern wird nur die von der Anlage ausgehenden Zusatzbelastung beurteilt.

1.2   Vorsorgeprinzip
Nach Punkt 2.2.1 (b) der TA Luft sind Anlagen so zu betreiben,

„daß ... Vorsorge gegen schädliche Umwelteinwirkungen ... getroffen ist"
(TA Luft 1986).

Damit findet das sogenannte Vorsorgeprinzip Eingang in die TA Luft. Dies ist ein Schutzstandard, der einen Schutz der Gesundheit gewährleisten soll und einen deutlich besseren Schutz gewährt als der Standard der Gefahrenabwehr. (s. hierzu Kühling 1994).

1.3   Offenheit und Dynamik
Bekanntlich entstand die TA Luft in den 60er Jahren. Im Bewußtsein der Unzulänglichkeiten und Mängel des damaligen Kenntnisstandes und im Blick auf die zukünftige Entwicklung der Technik ist die TA Luft kein statisches Regelwerk, sondern läßt eine gewisse Offenheit und Raum für dynamische Entwicklung zu, so z.B. in Punkt 2.2.1.3 der TA Luft. Aufgrund der Vorschrift dieses Punktes ist es möglich, in einer Sonderfallprüfung die Immissionsbelastung auch für solche Schadstoffe durchzuführen, für die die TA Luft keine IW-Werte ausweist. Die toxikologischen Gutachten, die in vielen Genehmigungsverfahren eine Rolle spielen, gründen auf dieser Vorschrift der TA Luft.

In Punkt 2.6.4.1 der TA Luft (s. unten) wird die Anwendbarkeit des Berechnungsverfahrens von Anhang C eingeschränkt, und zwar dann, wenn folgende Einflüsse auf die atmosphärische Ausbreitung eine Rolle spielen:

a)   das Geländerelief,
b)   Windverwirbelungen an Gebäuden oder Kühltürmen,
c)   sehr häufige Schwachwindlagen,
d)   chemische oder physikalische Umwandlungen der Emissionen,
e)   nichtkonstante Ausbreitungssituationen.

Punkt 2.6.4.1 der TA Luft:

„Die Kenngrößen für die Zusatzbelastung I1Z und I2Z für gasförmige Luftverunreinigungen, Schwebstaub und Staubniederschlag sind nach dem Berechnungsverfahren in Anhang C zu ermitteln. Dabei ist zu beachten, daß

a) *im Beurteilungsgebiet Einflüsse des Geländereliefs zu berücksichtigen sind;
dies geschieht in der Regel dadurch, daß auch bei Anwendung von 2.4.4
für die Asubreitungsrechnung die unkorrigierte Schornsteinhöhe nach 2.4.3
eingesetzt wird;*

b) *im Beurteilungsgebiet Einflüsse von Gebäuden zu berücksichtigen sind;
Einflüsse von Gebäuden sind in der Regel zu vernachlässigen, wenn die
Schornsteinbauhöhe mehr als das 1,7fache der Höhe von Gebäuden oder
das 1,5fache der Höhe von Kühltürmen beträgt, die weniger als die 4fache
Gebäudehöhe bzw. Kühlturmhöhe entfernt sind;*

c) *sehr häufige Schwachwindlagen besonders zu berücsuichtigen sind; dies ist
in der Regel erforderlich, wenn mittlere Windgeschwindigkeiten von
weniger als 2 Knoten im 10-Minutenmittel am Standort der Anlage in mehr
als 30vom Hundert der Stunden des Jahres zu erwarten sind;*

d) *das Berechnungsverfahren keine chemische bzw. physikalische Umwandlung der Emissionen innerhalb des Beurteilungsgebietes berückschtigt;*

e) *das Berechnungsverfahren während jeder Ausbreitungssituation konstante
Ausbreitungsbedingungen voraussetzt. "*

(Quelle: TA LUft 1986)

Zu Punkt 2: In welchen Fällen sind Immissionsprognosen nach Anhang C der TA Luft unrealistisch, und woran liegt es?

2.1   Meteorologische Datenbasis

Dic meteorologische Datenbasis für die Ausbreitungsrechnung nach Anhang C
der TA Luft ist die Ausbreitungsklassenstatistik nach Klug/Manier, eine dreidi-
mensionale Häufigkeitsstatistik von Stundenmittelwerten der Windrichtung, der
Windgeschwindigkeit und der Ausbreitungsklasse. Sie gründen in der Regel auf
Windmessungen in 10 m Höhe über Grund und Beobachtungen des Bedeckungs-
grades des Himmels. Durch diese Datenbasis wird die Grenzschicht der Atmosphäre, innerhalb derer der Ausbreitungsvorgang vonstatten geht, als gleichförmig
dahinströmendes Medium mit gleichförmiger Turbulenz beschrieben. Dies ist
unrealistisch, ganz besonders in stark gegliedertem Gelände wie z.B. eingeschnittenen Flußtälern oder Beckenlagen und bei stark ausgeprägten Inversionssperrschichten.

In einzelnen Fällen wird mit Hilfe des Übertragungsverfahrens nach Brenk die meteorologische Datenbasis von mehreren hundert Kilometer entfernten Meßstationen auf Standorte übertragen. Das kann zu absurden Ergebnissen führen, die aber letztlich von der Vorschrift des Anhangs C der TA Luft gedeckt sind. Dagegen lassen sich die tatsächlichen vertikalen Wind- und Turbulenzprofile mittels SODAR-Messungen erfassen. Mit SODAR-Daten arbeitet z.b. das Kernkraftwerk-Fernüberwachungssystem in Hessen mittels SODAR-Meßgeräten. Und in einigen Planfeststellungsverfahren (z.b. MVA Ulm-Donautal und Kraftwerk Franken II Block 3) wurde die meteorologische Datenbasis anhand von halbjährigen SODAR-Messungen bestimmt.

2.2 Ausbreitungsmodell

Das Ausbreitungsmodell des Anhangs C der TA Luft stammt aus der ersten Fassung der TA Luft von 1966. Es ist ein sogenanntes Gauß-Modell. Es entspricht dem wissenschaftlichen Stand dieser Zeit. Man kann es etwa so charakterisieren:

- Es ist ein sehr einfacher Modellalgorithmus, dessen ausschlaggebender Parameter die Schornsteinhöhe ist. Der wichtigste meteorologische Parameter ist die Häufigkeit der Hauptwindrichtung. Es liefert Ergebnisse, die weitgehend unberührt von den klimatischen Besonderheiten eines Standortes sind.

- Der Hauptkritikpunkt am Gauß-Modell des Anhangs C der TA Luft ist, daß folgende Randbedingungen der atmosphärischen Ausbreitung nicht berücksichtigt werden:

  - orographische Hindernisse und Inversionssperrschichten,
  - niedrige Windgeschwindigkeiten,
  - räumliche und zeitliche Veränderungen des Windfeldes,
  - atmosphärische Schichtung mit extrem niedriger Turbulenz,
  - die Ausbreitungssituation des Fumigationtyps,
  - die nasse Deposition.

Auch wenn es oft anders behauptet wird, so kann das Gauß-Modell des Anhangs C der TA Luft nicht als geeicht oder verifiziert gelten (s. z.B. Dilger 1977). Seit etwa 10 Jahren gibt es Berechnungsverfahren zur Bestimmung der atmosphärischen Ausbreitung von Schadstoffen, die weitgehend frei von den Mängeln des TA-Luft-Modells sind. Insbesondere hat sich das Windfeldmodell FITNAH in Verbindung mit einem Lagrange-Partikelmodell durchgesetzt. Es wurde in einigen Planfeststellungsverfahren verwendet, um besonders ungünstige Immissionssituationen (sog. „worst case") zu modellieren. Seit kurzem ist es möglich, vollständige Immissionsprognosen mit diesem Verfahren zu berechnen.

Die Diskrepanz zwischen einer realen Ausbreitungssituation und den Ergebnissen einer Ausbreitungsrechnung mit dem Gauß-Modell des Anhangs C der TA Luft können sehr groß sein. Dies wird im folgenden anhand einer beispielhaften Immissionsberechnung illustriert (Abb. 1-8).

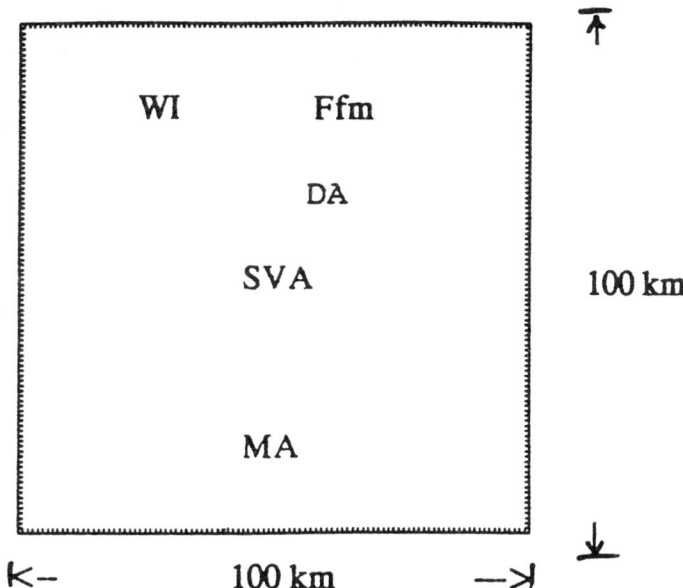

Abb. 1. Gebietsausschnitt für die Darstellung der Emissionswolken in den Abb. 2-4 (Kumm u. Angelow 1994). Abszisse: Emissionsquelle von West nach Ost; Ordinate: Entfernung von Süd nach Nord; *SVA* Emissionsquelle der SVA Biebesheim, *Ffm* Frankfurt/Main, *DA* Darmstadt, *WI* Wiesbaden, *MA* Mannheim

Die Abbildungen 1-8 zeigen den zeitlichen Verlauf und die räumliche Verteilung der Immissionskonzentration in der bodennahen Luftschicht während der Inversionswetterlage vom 17.10.1989 bis zum 20.10.1989. Es sind die Ergebnisse einer Simulationsrechnung mittels eines Lagrange-Partikelmodells auf der Grundlage der gemessenen meteorologischen Daten.

Es handelt sich um eine Inversionswetterlage, bei der an der Meßstation „Crumstadt" der Hessischen Landesanstalt für Umwelt ein besonders hoher Dioxinmeßwert von 430 fg/m³ I-TEq (Internationale Toxische Äquivalente) auftrat (HLfU 1991). Dies gab den Anlaß, die Wettersituation während der Tage um die Probenahmedauer vom 17.10.1989 13.00 Uhr bis 20.10.1989 14.50 Uhr zu untersuchen.

Am 17.10.1989 war ein mäßig ausgeprägtes Hoch über dem südlichen Mitteleuropa wetterbestimmend. Am 18. und 19.10.1989 schwächte es sich ab und verlagerte sich südwärts über die Alpen, während von Westen her atlantische Störungen in rascher Folge über den Norden Deutschlands zogen, dort Regen brachten und über dem Süden Deutschlands eine südliche Strömung bewirkten, die milde Luftmassen aus Süd bis Süd-West heranführten. Am 20.10.1989 beendete der Einfluß eines Sturmtiefs mit Zentrum über Island die Hochdruckwetterlage.

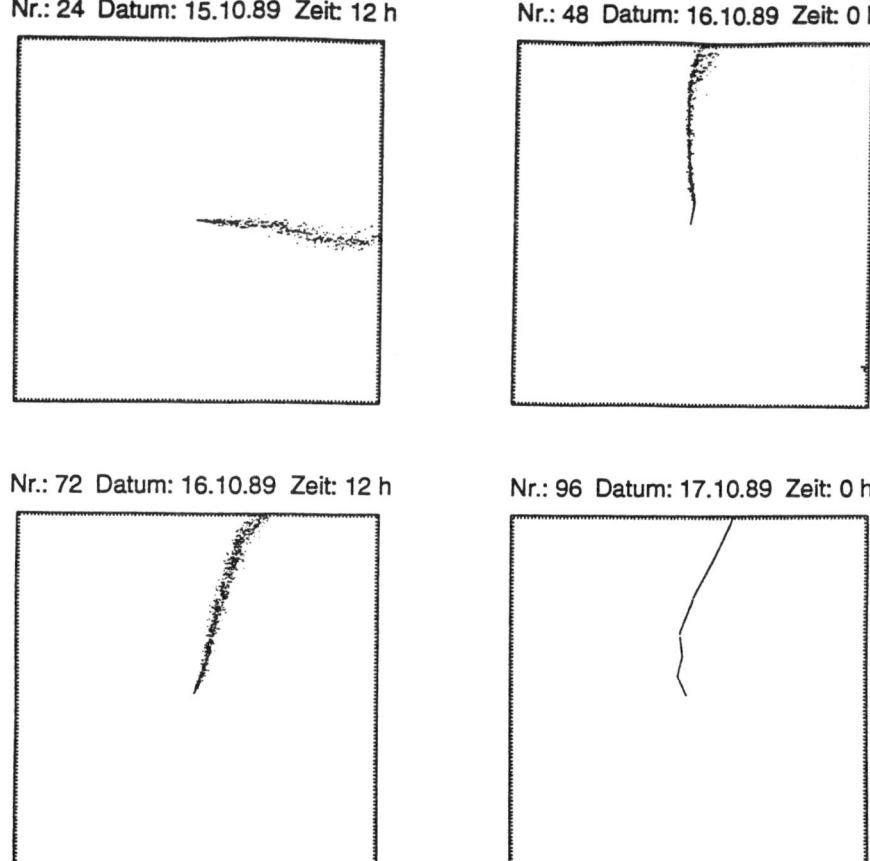

Abb. 2. Emissionswolke infolge von kontinuierlichen Emissionen aus der SVA Biebesheim zu den Zeitpunkten 15.10.1989 12:00 Uhr bis 17.10.1989 0:00 Uhr (MEZ); Punktwolkendarstellung, aus der Vogelperspektive gesehen. Die Dichte der Punktwolke ist ein qualitatives Maß für die Immissionskonzentration in der bodennahen Luftschicht bis 100 m Höhe. (Kumm u. Angelow 1994)

Während der Zeitdauer der Probenahme bestand eine ausgeprägte, tiefliegende Inversionssperrschicht mit einer Höhe von etwa 100 m über Grund. Der Himmel war stark bewölkt (Bedeckungsgrad 7/8) oder neblig. Der Wind kam aus dem Sektor Süd bis Süd-West, zeitweise auch aus nordwestlichen Richtungen. Die Windgeschwindigkeit war gering, und zeitweise flaute der Wind ganz ab (DWD 1989a, b).

Nr.: 120 Datum: 17.10.89 Zeit: 12 h

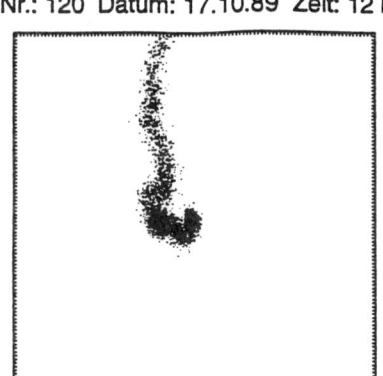

Nr.: 144 Datum: 18.10.89 Zeit: 0 h

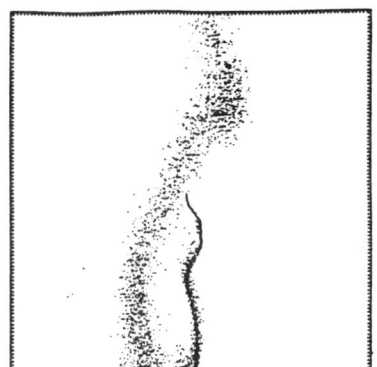

Nr.: 168 Datum: 18.10.89 Zeit: 12 h

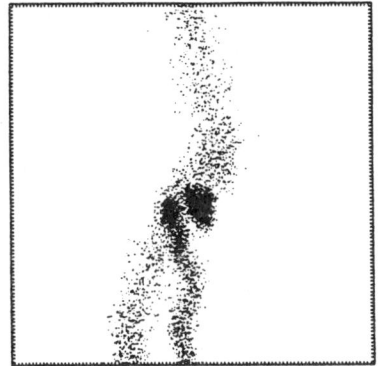

Nr.: 192 Datum: 19.10.89 Zeit: 0 h

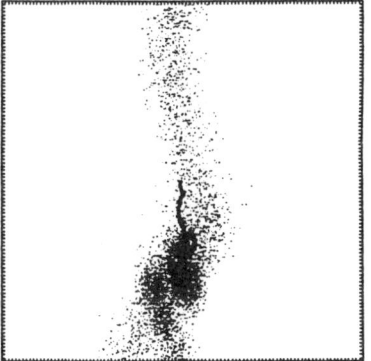

Abb. 3. Emissionswolke infolge von kontinuierlichen Emissionen aus der SVA Biebesheim zu den Zeitpunkten 17.10.1989 12:00 Uhr bis 19.10.1989 0:00 Uhr (MEZ); Darstellung wie in Abb. 1. (Kumm u. Angelow 1994)

Für die Zeitspanne vom 17.10.1989 bis zum 20.10.1989 wurde eine Simulationsrechnung einem Lagrange-Partikelmodell durchgeführt, mittels derer die Emissionen aus dem Schornstein der SVA Biebesheim in einem Umkreis von 50 km rechnerisch verfolgt wurden. Die Wetterdaten für diese Zeitspanne wurden nach Angaben der Hessischen Landesanstalt für Umwelt und nach veröffentlichten Daten aus der Europäischen Wetterkarte in Halbstundenschritten bestimmt (DWD 1989a, b) und (HLfU 1994). Während der Zeitspanne der Probenahme vom 17.-20.10.1989 traten Wettersituationen mit den folgenden besonderen Ausbreitungsbedingungen auf:

– Schwachwindlage,
– Inversionslage,

218   H. Kumm

– Ausbreitung bei den Bedingungen des Fumigationtyps,
– regionaler Schadstofftransport zu den Randhöhen des Rheintals.

Der Verlauf der Inversionswetterlage ist in den Abb. 1-8 dargestellt:

– Abbildung 1 zeigt den Gebietsausschnitt, innerhalb dessen die Emissionswolke simuliert wurde.
– Die Abbildungen 2-4 zeigen in Schritten von 12 Stunden Momentaufnahmen
  der Emissionswolke aus der Vogelperspektive, so als ob sie auf die Bodenflä-
  che projiziert wären. Der Ausschnitt, in dem die Emissionswolke dargestellt
  ist, ist ein Gebiet von 100 x 100 km Fläche, mit der Emissionsquelle der
  SVA Biebesheim als Mittelpunkt.

Nr.: 216 Datum: 19.10.89 Zeit: 12 h

Nr.: 240 Datum: 20.10.89 Zeit: 0 h

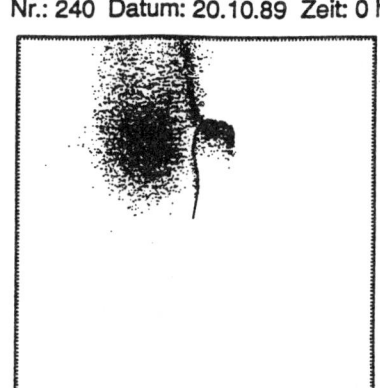

Nr.: 264 Datum: 20.10.89 Zeit: 12 h

Nr.: 288 Datum: 21.10.89 Zeit: 0 h

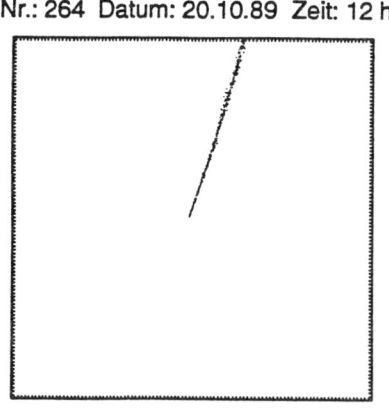
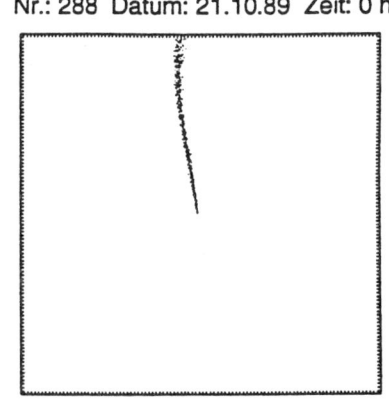

Abb. 4. Emissionswolke infolge von kontinuierlichen Emissionen aus der SVA Biebesheim
zu den Zeitpunkten 19.10.1989 12:00 Uhr bis 21.10.1989 0:00 Uhr (MEZ);
Darstellung wie in Abb. 1. (Kumm u. Angelow 1994)

– Abbildung 5 definiert die vertikale Schnittfläche, auf der im folgenden die vertikale Verteilung der Emissonswolke dargestellt ist.

– In den Abbildungen 6-8 sind die Emissionswolken in seitlicher Projektion gezeigt, so als ob alle Partikelpunkte von der Richtung SÜD aus auf eine, senkrecht auf der Blickrichtung stehende, im Norden aufgestellte Leinwand projiziert wären.

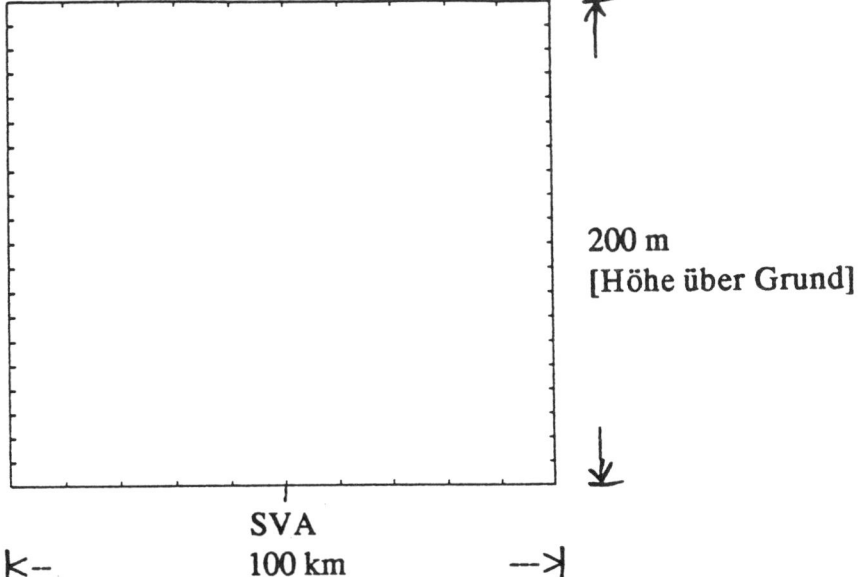

Abb. 5. Vertikale Schnittfläche für die Darstellung der Emissionswolken in den Abb. 6-8. (Kumm u. Angelow 1994)
Abszisse: Entfernung von West nach Ost; Ordinate: Höhe über Grund; *SVA* Emissionsquelle der SVA Biebesheim

Die Emissionswolke der SVA Biebesheim hatte in der Zeitspanne vom 15.10.1989 3 Uhr bis zum 17.10.1989 9 Uhr die typische Form einer durch Turbulenz verbreiterten Abgasfahne, die mit dem Wind zügig in Richtung Nord abtransportiert wurde. So sieht typischerweise eine Emissionswolke aus, die mit dem Gauß-Modell des Anhangs C der TA Luft berechnet wird.

Ab dem Zeitpunkt 17.10.1989 9 Uhr änderte sich das Erscheinungsbild grundlegend. Die Windgeschwindigkeit sank auf Werte unter 1 Knoten, und die Windrichtung wechselte innerhalb des Sektors zwischen Nord-Nord-West und Ost. Dadurch war der Abtransport im Windfeld stark behindert. Statt dessen verblieben die emittierten Schadstoffe länger in der Nähe der Emissionsquelle und reicherten sich innerhalb eines Nord-Süd orientierten Wolkenbandes von einigen Kilometern Breite an.

220   H. Kumm

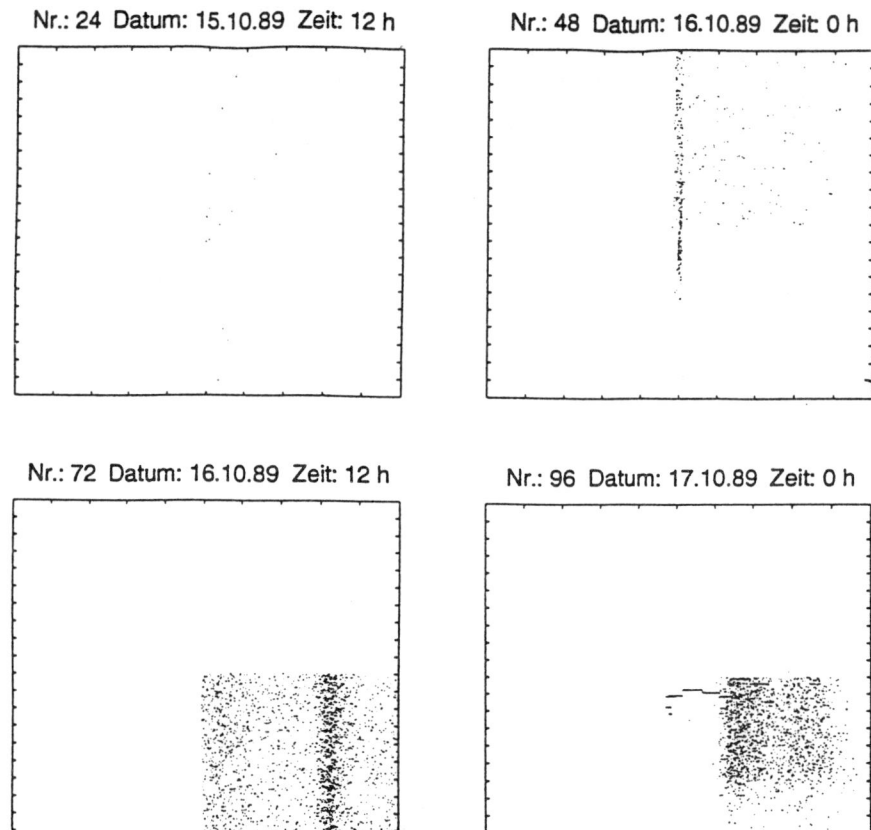

Abb. 6. Emissionswolke infolge von kontinuierlichen Emissionen aus der SVBA Biebesheim zu den Zeitpunkten 15.10.1989 12:00 Uhr bis 17.10.1989 0:00 Uhr (MEZ); Punktwolkendarstellung, seitlicher Blick aus Richtung Süd auf eine Projektionsebene senkrecht zur Blickrichtung. Die Dichte der Punktwolke ist ein qualitatives Maß für die Immissionskonzentration über die ganze horizontale Ausdehnung der Emissionswolke. (Kumm u. Angelow 1994)

Ab dem 17.10.1989 21 Uhr bis zum Morgen des 18.10.1989 setzten sich vermehrt die Windrichtungen aus dem Sektor Nord-Nord-West bis Nord-Nord-Ost durch. Dadurch wurde die Emissionswolke nach Süden transportiert. Zugleich aber kam die Schadstoffwolke, die in den Stunden zuvor nach Norden abgezogen war, mit dem Wind aus nördlichen Richtungen zurück in das Gebiet um die SVA Biebesheim, so daß es zu einer besonders großen Schadstoffkonzentration kam. Im weiteren Verlauf bis zum 20.10.1989 0 Uhr blieb das Nord-Süd orientierte Schadstoffwolkenband bestehen. Zeitweise stieg die Akkumulation der emittierten Schadstoffe noch weiter an, nämlich immer dann, wenn die Windgeschwindigkeit abnahm.

Nr.: 120 Datum: 17.10.89 Zeit 12 h   Nr.: 144 Datum: 18.10.89 Zeit: 0 h

Nr.: 168 Datum: 18.10.89 Zeit 12 h   Nr.: 192 Datum: 19.10.89 Zeit: 0 h

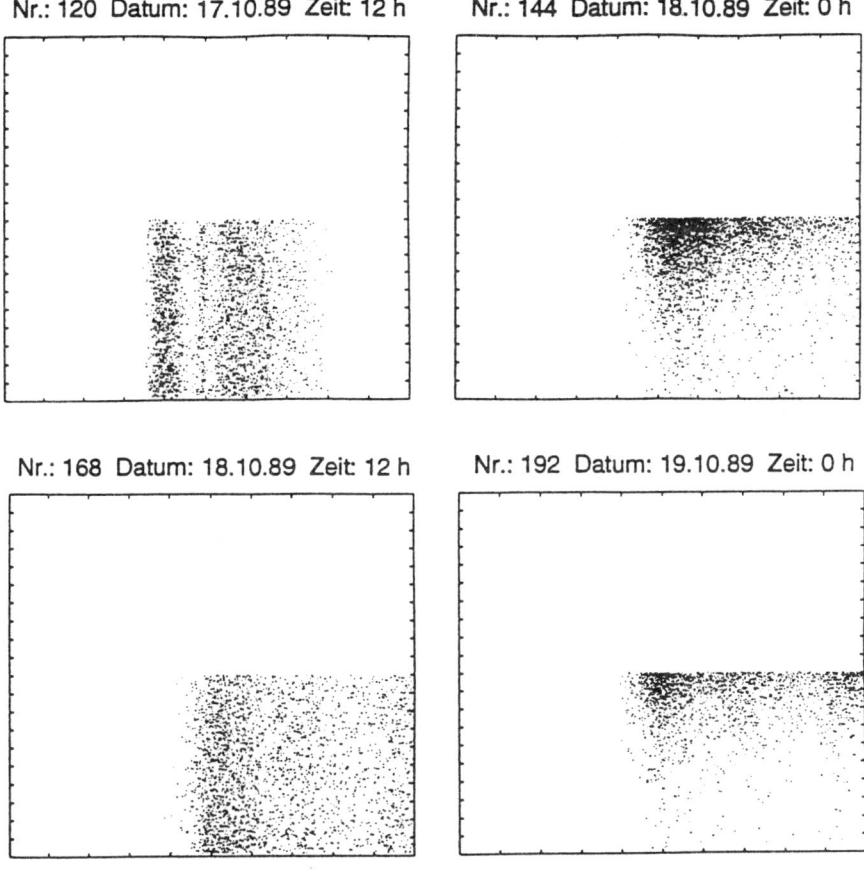

Abb. 7. Emissionswolke infolge von kontinuierlichen Emissionen aus der SVBA Biebesheim zu den Zeitpunkten 17.10.1989 12:00 Uhr bis 19.10.1989 0:00 Uhr (MEZ); Darstellung wie in Abb. 6. (Kumm u. Angelow 1994)

Während der dreitägigen Inversionswetterlage vom 17.10.1989 bis zum 20.10.1989 bestand eine Schadstoffwolke, die sich aus der Summe der aktuellen Emissionen und der akkumulierten Schadstoffe, die teilweise weg vom Raum Biebesheim und später wieder zurückgeweht wurden, zusammensetzte. Sie bewirkte in einem großen Gebiet um Biebesheim hohe Schadstoffbelastungen in der bodennahen Luft.

Hätte man statt des Lagrange-Partikelmodells das Berechnungsverfahren des Anhangs C der TA Luft verwendet, so hätte man ein völlig anderes Bild der Ausbreitungssituation erhalten:

– Das Gauß-Modell des Anhangs C der TA Luft simuliert immer nur den Abtransport der Emissionswolke. Es erlaubt nicht die Berücksichtigung eines

222   H. Kumm

möglichen Zurückwehens der zuvor abgezogenen Emissionswolke in das
Gebiet um die Emissionsquelle. Demzufolge wäre es nicht möglich gewesen,
das Zurückwehen der Schadstoffe und die Akkumulation im Raum Biebesheim zu erfassen.

– Das Gauß-Modell des Anhangs C der TA Luft hätte es nicht zugelassen,
niedrige Windgeschwindigkeiten zu berücksichtigen. Es hätte einen Abzug der
Emissionswolke mit einem Mindestwert der Windgeschwindigkeit simuliert.

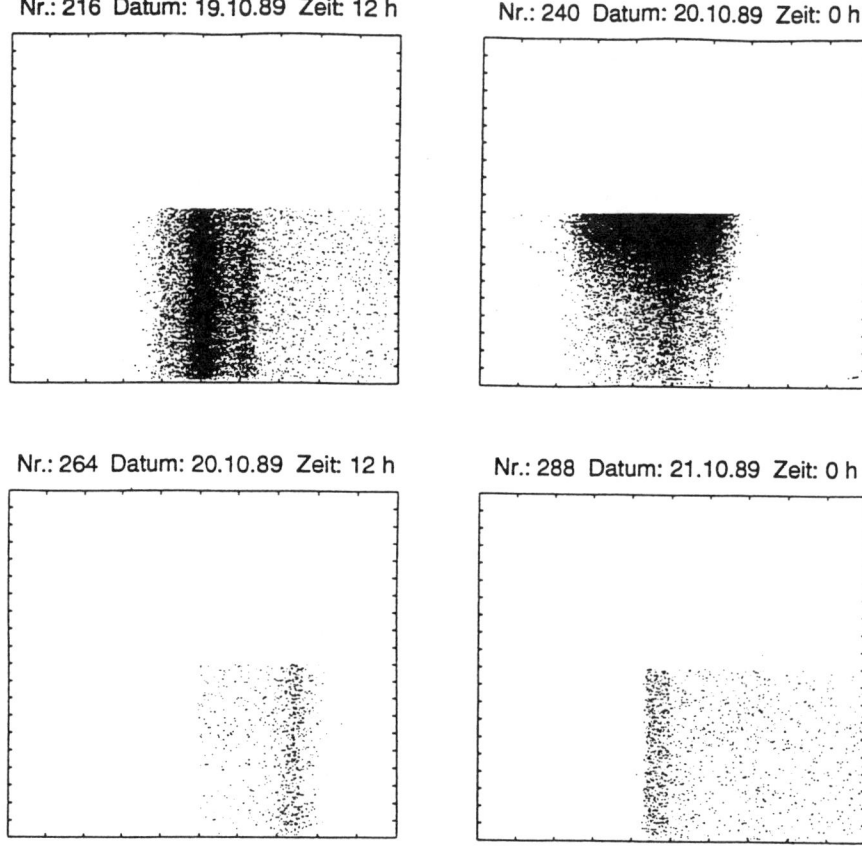

Abb. 8. Emissionswolke infolge von kontinuierlichen Emissionen aus der SVBA Biebesheim zu den Zeitpunkten 19.10.1989 12:00 Uhr bis 21.10.1989 0:00 Uhr (MEZ); Darstellung wie in Abb. 6. (Kumm u. Angelow 1994)

Das Gauß-Modell des Anhangs C der TA Luft hätte über den ganzen Zeitraum der
Inversionswetterlage nur Ausbreitungssituationen wie in den Abb. 4 bzw. 6 erge-
ben, nämlich Ausbreitungssituationen, in denen die emittierten Schadstoffe vom
Schornstein weggeweht werden. Als zweites Beispiel für die Unzulänglichkeit des

Gauß-Modells des Anhangs C des TA-Luft-Modells wird ein gemessenes Schad-
stoffdepositionsfeld während eines Industrieschneefalls gezeigt (Abb. 9).

Im Umkreis der SVA Biebesheim wurden seit Inbetriebnahme der Anlage örtlich
begrenzte Schneefälle beobachtet, die mit den Emissionen der Anlage in Verbindung gebracht wurden. Solche Schneefälle, die in der technischen Terminologie
als Industrieschnee bezeichnet werden, wurden in der Öffentlichkeit „HIM-
Schnee" genannt.

In der Abb. 9 ist die Kartierung der Schneedecke des letzten Industrieschnee-
Ereignisses im Umkreis der SVA Biebesheim vom 04. Februar 1993 wiedergegeben.

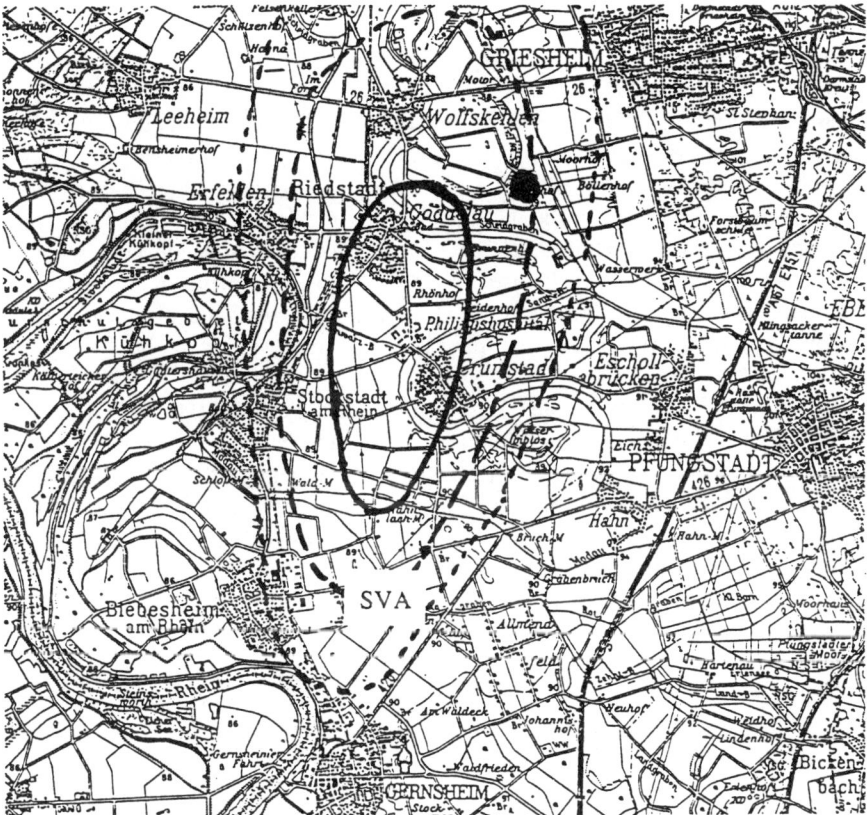

Abb. 9. Kartierte Verteilung der Schneehöhe nach dem Industrieschnee-Ereignis vom
04. Februar 1993, vermessen in der Zeit von 8:15Uhr bis 10:00 Uhr (Unger 1993)
——— 1,0-2,0 cm Schnee; – – – 0,5-1,0 cm Schnee; ------- lückenhaft, < 0,5 cm;
● Podest für Probenahme (Kumm u. Angelow 1994)

Das räumlich vermessene Schneefeld hat die Form von Immissionsverteilungen, wie sie typischerweise von Ausbreitungsmodellen bei einfachen meteorologischen Bedingungen berechnet werden. Die Achse des ovalen Schneefeldes hat dieselbe Richtung wie die Windrichtung in den Morgenstunden des Schneefalls. Der Ort des Schornsteins der SVA Biebesheim liegt in allen Fällen auf der Achse des Schneefeldes.

Bemerkenswert ist aber, daß der Ort des Schornsteins innerhalb des Schneefeldes liegt. Das widerspricht der gängigen Vorstellung, die durch die Ergebnisse mit dem Gauß-Modell des Anhangs C der TA Luft vermittelt wird. Dort liegt der Ort der Emissionsquelle immer deutlich außerhalb der maximalen Isolinie der berechneten Immissionsverteilung. Der Abstand von der Emissionsquelle ist im allgemeinen um so größer, je höher die Quelle und je größer die Windgeschwindigkeit ist.

Das Gauß-Modell des Anhangs C der TA Luft kann eine solche Ausbreitungssituation nicht erfassen. Hierzu können innerhalb der Diskussion noch weitere Ausführungen gemacht werden.

Als drittes Beispiel für die Mängel des Gauß-Modells des Anhangs C der TA Luft wird eine Vergleichsrechnung dieses Modells mit den Ergebnissen der Modellkombination FITNAH + LPDM gezeigt. Diese Vergleichsrechnung wurde von der Hessischen Landesanstalt für Umwelt (HLfU) zusammen mit dem Deutschen Wetterdienst (DWD) durchgeführt (Abb. 10 und 11).

In Abb. 10 ist ein Beispiel aus der Veröffentlichung von HLfU/DWD wiedergegeben. Es handelt sich um die räumliche Verteilung der mittleren jährlichen Immissionszusatzbelastung durch NO_x im Raum Biebesheim, die durch eine Emissionsquelle mit der Schornsteinhöhe von 75 m und der Quellstärke von 15 kg/h ausgeht (für weitere Emissionsdaten s. HLfU 1994). Bei der Ausbreitungsrechnung wurde die Überhöhung der Emissionswolke infolge des thermisch bedingten Aufstiegs der heißen Abgase berücksichtigt. (Dabei wurde nach den Vorschriften in Anhang C der TA Luft verfahren.)

Abbildung 11 zeigt eine Vergleichsrechnung nach TA Luft für dieselben Emissionsbedingungen. Der Unterschied zwischen den beiden Immissionsverteilungen ist sehr erheblich. Von Bedeutung sind vor allem:

• Das mit FITNAH/LPDM berechnete Immissionsfeld ist in seiner Flächenausdehnung um ein Vielfaches größer als das nach TA Luft berechnete und auch um ein vielfaches größer als das Beurteilungsgebiet nach TA Luft. Das FITNAH/LPDM-Immissionsfeld ist unzusammenhängend, mit einem Maximum, einem Nebenmaximum und zwei abgelösten Immissionsbereichen an den Randhöhen des Odenwaldes. Das Immissionsfeld nach TA Luft dagegen ist eine konvexe Fläche um den Standort der Emissionsquelle.

LPDM mit Überhöhung

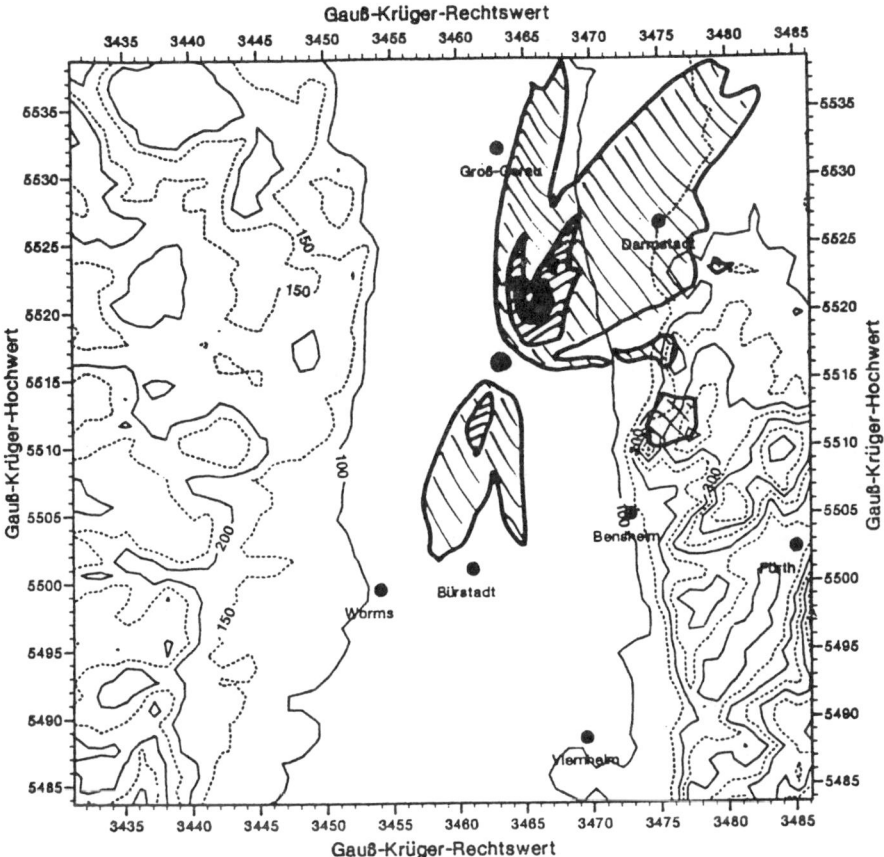

Abb. 10. Räumliche Verteilung der mittleren jährlichen Immissionszusatzbelastung durch NO_x im Raum Biebesheim, berechnet mit dem Simulationsmodell FITNAH/LPDM nach dem HLfU/DWD-Verfahren. (Nach Ergebnissen aus HLfU 1994)
Schornsteinhöhe: 75 m; Quellstärke; 1500 lkg/h; Konzentration in $\mu g/m^3$ am Boden (max. 0,52): ▉▉▉ 0,40-0,50, ▨▨▨ 0,30-0,40, ▧▧▧ 0,10-0,20

- Der maximale Immissionswert nach FITNAH/LPDM ist um den Faktor 1.33 größer als nach TA Luft. Der maximale Aufpunkt und auch das Nebenmaximum liegen außerhalb des Beurteilungsgebiets nach TA Luft.

Diese beiden Resultate bestätigen die schon früher vorgebrachte Kritik an der Zuverlässigkeit des TA-Luft-Verfahrens. Sie sind juristisch relevant, ganz besonders in der Auseinandersetzung um die Frage der Betroffenheit, die meist auf das Beurteilungsgebiet nach TA Luft begrenzt wurde.

TA Luft mit Überhöhung

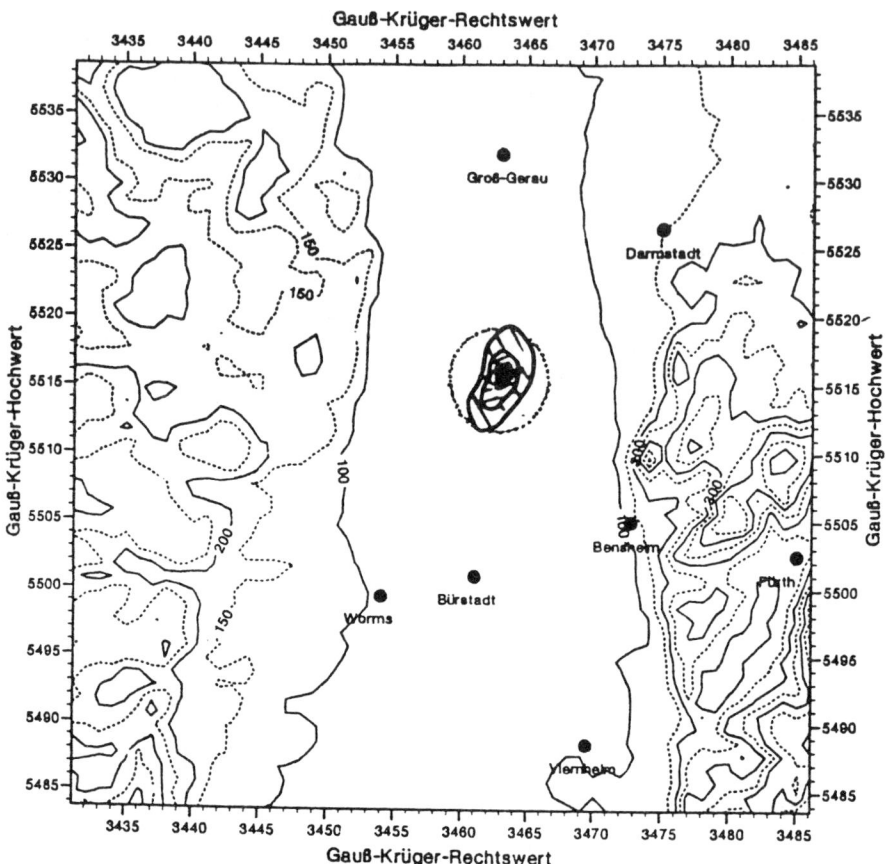

Abb. 11. Räumliche Verteilung der mittleren jährlichen Immissionszusatzbelastung durch NO$_x$ im Raum Biebesheim, berechnet mit dem TA-Luft-Verfahren. (Nach Ergebnissen aus HLfU 1994)
Schornsteinhöhe: 75 m; Quellstärke; 1500 lkg/h; Konzentration in µg/m^3 am Boden (max. 0,39): ▓▓▓▓ 0,40-0,50, ▨▨▨ 0,30-0,40, ▩▩▩ 0,10-0,20, ········· Beurteilungsgebiet nach TA Luft

Über diese beiden Punkte hinaus birgt das neue Verfahren ein Fülle von neuen Ansätzen, die für die Meteorologie der atmosphärischen Ausbreitung von Schadstoffen bedeutend werden können. Es wäre wichtig, daß sich eine Diskussion entwickelt, wie das neue Verfahren in Genehmigungsverfahren umgesetzt werden kann. Nach dieser Veröffentlichung verliert die TA Luft den Anspruch, das einzige Verfahren zur Bestimmung von Ganzjahresprognosen zu sein.

2.3 Emissions- und Immissionsbegrenzungen

Als die TA Luft vor etwa 30 Jahren entstand, ging es vor allem um die Genehmigung von großen Kraftwerken. Die Schadstoffe Schwefeldioxid, Stickstoffoxide, Staub und andere sogenannte klassische Schadstoffe waren damals relevant. Das spiegelt sich heute noch in den Emissions- bzw. den Immissions(grenz)werten wieder. Heutzutage sind die Emissionsmassenströme bei diesen Schadstoffen so niedrig, daß z.b. eine typische Müllverbrennungsanlage niedrigere Emissionen bei den klassischen Schadstoffen hat als die Massenströme nach Punkt 2.3.1.1 der TA Luft. Das würde bedeuten, daß eine Vorbelastungsmessung und eine Immissionsprognose nicht erforderlich wäre.

Die Schadstoffkomponenten, die bei typischen aktuellen Genehmigungsverfahren (z.b. von Müllverbrennungsanlagen) die relevante Rolle haben, sind Schwermetalle, Dioxine/Furane, PAK und einige Leitsubstanzen von chlororganischen Verbindungen. Deren Emissions- und Immissionsbegrenzungen sind in der TA Luft äußerst unvollständig geregelt.

Diese Lücken werden ausgefüllt durch die 17. Verordnung zum Bundesimmissionsschutzgesetz (bei den Emissionswerten) und teilweise durch die Orientierungsmaßstäbe der Länderarbeitsgemeinschaft für Immissionsschutz (bei den Immissionswerten) (17. BImSchV 1990, LAI 1992; Tabelle 1).

Tabelle 1. LAI-Beurteilungsmaßstäbe für die Schadstoffe der LAI-Liste. (Nach LAI 1992)

Schadstoff	Maßeinheit	LAI-Beurteilungsmaßstab
Arsen	ng/m^3	5
Asbestfasern	$Fasern/m^3$	88
Benzol	$\mu g/m^3$	2,5
Cadmium	ng/m^3	1,7
Dieselruß	$\mu g/m^3$	1,5
Benzo-a-pyren	ng/m^3	1,3
2,3,7,8-TCDD	fg/m^3	16

Zu Punkt 3: Wie kann man die TA Luft zu einem brauchbaren Entscheidungsinstrument machen?

3.1 Standortspezifische meteorologische Datenbasis

Eine standortspezifische meteorologische Datenbasis ist die Grundlage für eine realistische Immissionsprognose. Meist muß im Planfeststellungs- oder Genehmigungsverfahren darum gekämpft werden, daß zumindest Windmessungen am Standort vorgenommen werden.

3.2 Verwendung eines modernen Ausbreitungsmodells

Die TA Luft eröffnet mit den Vorschriften des Punktes 2.4.6.1 a-e die Möglichkeit für Sonderfallprüfungen. Über den Punkt 2.4.6.1 a (Berücksichtigung des Geländereliefs) und den über den Punkt 2.4.6.1 c (sehr häufige Schwachwindlagen) kommt man zur Anwendung moderner Berechnungsverfahren der atmosphärischen Ausbreitung.

3.3 Emissions- und Immissionsbegrenzungen

Es ist unstrittig, daß die Emissionsbegrenzungen der 17. Verordnung zum Bundesimmissionsschutzgesetz anzuwenden sind und daß sie Vorrang vor den Emissionsbegrenzungen der TA Luft haben, soweit sie konkurrieren.

Nicht unstrittig, aber in mehreren Klageverfahren umkämpft, ist die Forderung nach Anwendung der Orientierungsmaßstäbe des Länderausschusses für Immissionsschutz. Dabei ist zu bemerken, daß die LAI-Werte keine Vorsorgewerte sind. Sie sind Orientierungsmaßstäbe für das Sterberisiko von 1:2500 und damit noch erheblich höher als echte Vorsorgewerte, die eine Größenordnung von 1:1 000 000 bis 1:100 000 haben (Kühling u. Peters 1994).

Seit der Veröffentlichung der Bewertungsmaßstäbe von Kühling u. Peters stehen Vorsorgewerte zur Beurteilung von Immissionsbelastungen zur Verfügung, die in Konkurrenz zu den Immissionswerten der TA Luft treten, wie auch schon die LAI-Orientierungsmaßstäbe (Tabelle 1).

Zusammenfassung

Es ist deutlich geworden, daß die provokative Frage nach der Anwendbarkeit der TA Luft zweifelsfrei mit Ja beantwortet werden muß.

So schlecht ist diese Verordnung ja auch nicht. Schlecht, weil völlig veraltet und in ihren Ergebnissen oft unrealistisch, ist das Berechnungsverfahren der atmosphärischen Ausbreitungsrechnung. Verbesserungsbedürftig sind

– die meteorologische Datenbasis und
– das Ausbreitungsmodell (inkl. Schornsteinüberhöhungsformeln).

Das Berechnungsverfahren der TA Luft ist seit der Anwendung der Windfeldmodelle und insbesondere der Vergleichsrechnungen von HLfU/DWD überholt. Es ist eine Frage der Zeit, wann das Berechnungsverfahren der TA Luft einem neuen Verfahren weichen muß.

Schließlich sind die Emissions- und Immissionsbegrenzungen der TA Luft nicht mehr aktuell. Die Emissionsbegrenzungen der 17. Verordnung zum Bundesimmissionsschutzgesetz haben Vorrang, und Emissionsbegrenzungen aus anderen Genehmigungsverfahren (soweit sie unter den Werten der 17. BImSchV liegen) konkurrieren mit den TA Luft-Emissionswerten und lassen sich in Genehmigungsverfahren durchsetzen.

Bei den Immissionsbegrenzungen konkurrieren die LAI-Orientierungsmaßstäbe und die Bewertungsmaßstäbe von Kühling u. Peters mit den Immissionswerten der TA Luft. Die Durchsetzung dieser Werte ist allerdings zur Zeit noch nicht unstrittig.

Literatur

Dilger, H. (1977) Statistik besonderer Ausbreitungssituationen, Kernforschungszentrum Karlsruhe

DWD (Deutscher Wetterdienst) (1989a) Europäischer Wetterbericht, Amtsblatt des Deutschen Wetterdienstes Offenbach

DWD (Deutscher Wetterdienst) (1989b) Wetterkarte des Deutschen Wetterdienstes Offenbach

HLfU (Hessische Landesanstalt für Umwelt) (1991) Dioxine und Furane in der Hessischen Umwelt – Meßergebnisse aus Hessen, Schriftenreihe der HLfU, Heft Nr. 126, Wiesbaden

HLfU (Hessische Landesanstalt für Umwelt) (1994) Umweltplanung, Arbeits- und Umweltschutz, Heft 173, Vergleich von Ausbreitungsrechnungen mit der Modellkombination FITNAH/Lagrangesches Partikeldispersionsmodell und dem Verfahren nach TA Luft, Wiesbaden

Kühling, W., Peters, H.-J. (1994) Die Bewertung der Luftqualität bei Umweltverträglichkeitsprüfungen, Dortmund

Kumm, H., Angelow, G. (1994) Berechnung der Emissionszusatzbelastung durch Emissionen der HIM-Sondermüllverbrennungsanlage in Biebesheim, Gutachten, Offenbach

LAI (Länderausschuß für Immissionsschutz) (1992) Arbeitsgruppe „Krebsrisiko durch Luftverunreinigungen", Entwicklung von „Beurteilungsmaßstäben für kanzerogene Luftverunreinigungen", Düsseldorf

TA Luft (Technische Anleitung zur Reinhaltung der Luft) (1986) Erste allgemeine Verwaltungsvorschrift zum Bundes-Immissionsschutzgesetz vom 27. Februar 1986, BGBl. I, S. 95, Bonn

Unger, H.-J. (1993) Industrieschnee-Ereignis im Hessischen Ried am 04. Februar 1993. Kartierte Verteilung der Schneehöhe nach dem Industrieschnee-Ereignis vom 04. Februar 1993, vermessen in der Zeit von 8:30 bis 10:15 Uhr (MEZ), Riedstadt

17. Verordnung zur Durchführung des Bundesimmissionsschutzgesetzes, (Verordnung über Verbrennungsanlagen für Abfälle und ähnliche brennbare Stoffe – 17. BImSchV) vom 23. November 1990, BGBl. I, S. 2545, zuletzt geändert in BGBl., S. 2832, Bonn

Bürgerbeteiligung an der Abfallplanung in der Region Nordschwarzwald – ein Modell zur Beteiligung von Bürgern und seine Anwendung

Bettina Oppermann, Ortwin Renn

1 Ausgangslage und Problemstellung

Die Abfallplanung ist in der Umweltschutzpolitik ein relativ junges Thema, das jedoch als besonders brisant gilt. Bis zum Jahr 2005 müssen alle Landkreise und kreisfreien Städte ein funktionierendes Abfallwirtschafts- und Abfallbehandlungskonzept verwirklichen. Ab diesem Zeitpunkt muß der gesamte Hausmüll vor der Deponierung zuerst technisch behandelt werden (Technische Anleitung Siedlungsabfall). Zur Zeit existieren erst wenige Restabfallbehandlungsanlagen, um die rechtlich gesetzten Anforderungen zu erfüllen. Die Situation ist von daher durch einen eindeutigen Handlungsbedarf für die entsorgungspflichtigen Kreise gekennzeichnet. Erschwerend kommt für alle Akteure eine große Unsicherheit hinsichtlich der sachlichen Rahmenbedingungen hinzu. Diese beziehen sich auf

- die Schwierigkeiten zur Voraussage der zukünftigen Menge und Zusammensetzung der zu behandelnden Abfälle (unsichere Prognosen),
- die Geschwindigkeit der Technikentwicklung, bei der vielversprechende Techniken über ein Versuchs- und Experimentalstadium hinaus zu anwendungsreifen Techniksystemen reifen (Thermoselect, High-tech-Rotte),
- ökonomische Kalküle angesichts fallender Preise und neuer Mindestbaugrößen von Behandlungsanlagen.

Dazu kommt, daß alle Techniken der Abfallbehandlung auf Vorbehalte in der Bevölkerung treffen, die in Form von Bürgerinitiativen ein erhebliches Protestpotential mobilisieren kann. Die Genehmigungsverfahren und rechtlich gebotenen Beteiligungsmöglichkeiten, die im Rahmen der Beschleunigungsdiskussion zum Teil wieder eingeschränkt wurden, ermöglichen den Bürgern erst zu einem sehr späten Zeitpunkt, ihre Bedenken in die Debatte zu werfen. Das Anhörungsverfahren ist für die meisten Bürger entmutigend. Die Konfrontationssituation zwischen Antragstellern und Betroffenen wird zu einem Zeitpunkt inszeniert, an dem die Konflikte nicht mehr aufgefangen und gelöst werden können, weil aus der Sicht der Bürger alle wichtigen Untersuchungen und Vorabsprachen dann schon gelaufen sind. Das zuta-

ge tretende Konfliktfeld legt es deshalb nahe, ein Projekt zur Technikfolgenabschätzung in der Abfallplanung frühzeitig zu beginnen und partizipativ anzulegen.

Mit dem Bau von Abfallbehandlungsanlagen sind auch räumlich relevante Vertei-
lungsprobleme verbunden. Dabei geht es nicht nur um das vielzitierte Sankt-
Florians- oder NIMBY-Phänomen (not in my backyard). Eine weitere Herausforderung für die Infrastrukturplaner ist die Organisation räumlicher Kooperationen unter
den Kreisen, um genügend große Entsorgungsgebiete mit sinnvollem Zuschnitt zu
bilden. Eine Konzeptentwicklung im regionalen Maßstab birgt große Chancen hinsichtlich der Technikauswahl und stellt gleichzeitig eine große Herausforderung
bezüglich der fairen Aushandlung von Vor- und Nachteilen für die Bevölkerung der
Standortgemeinden in der Region dar.

Die Akademie für Technikfolgenabschätzung hat den Auftrag, mit den Bürgern in
einen Dialog einzutreten. Sie ist dabei von der Bereitschaft der Bürger und der
Projektträger abhängig, sich auf innovative Konzepte einzulassen. Die Initiierung
eines ambitionierten Bürgerbeteiligungsverfahrens bedeutet für alle Akteure vor Ort
immer auch das Wagnis eines Experimentes mit unsicherem Ausgang. Das Unter-
fangen ist jedoch nicht so chancenlos, wie man auf den ersten Blick denken könnte.
Es sind auch Aspekte zu berücksichtigen, die für die Lösungsfähigkeit des Problems
sprechen. Zum Beispiel herrscht in der Bevölkerung durchaus Einigkeit darüber,
daß die bisher praktizierte Art und Weise unseres Umgangs mit Abfall, d.h. Abfall
zu deponieren oder zu exportieren, nicht mehr zeitgemäß ist.

2   Grundsätzliche Möglichkeiten zur Beteiligung von Bürgern

Je nach Problemstellung können für partizipative Verfahren sehr unterschiedliche
Beteiligungsformen gewählt werden (Renn u. Oppermann 1995). Ideal für die
Kommunikationsfähigkeit einer Gruppe sind Teilnehmerzahlen zwischen 15 und 25
Personen, wobei in einem Beteiligungsverfahren auch mehrere Gruppen parallel
arbeiten können. Die Notwendigkeit einer Beschränkung der Diskutanten am Tisch
lenkt den Blick auf das Einladungsverfahren zur Beteiligung. Der Charakter eines
Beteiligungsverfahrens unterscheidet sich erheblich, je nach dem, ob Interessen-
gruppen mit ihren Delegierten oder nichtorganisierte Bürger als Einzelpersonen am
Tisch sitzen. Die Motivationslage der Teilnehmer spielt eine ebenso wichtige Rolle.
Es ist nicht jedermanns Sache, ein aufwendiges Lern- und Gesprächsprogramm im
Vorfeld einer fernen Entscheidung zu absolvieren. Wenn aber die persönlichen
Lebensumstände durch geplante Maßnahmen, wie z.B. Abfallbehandlungsanlagen,
tangiert werden, sind viele Bürger bereit, ihre Interessen vehement wahrzunehmen.
Bei der Auswahl von Teilnehmern können sehr unterschiedliche Modelle praktiziert
werden:

Direkte und indirekte Ansprache von Gruppen nach dem Freiwilligkeitsprinzip
Hier werden direkt oder z.b. über Zeitungsanzeigen Gruppen zur Teilnahme am Verfahren aufgefordert, so daß man davon ausgehen kann, daß sich hochmotivierte und am Thema interessierte Personen, die durch ihre Gruppenzugehörigkeit legitimiert sind, für ein Beteiligungsverfahren finden. Eine gezielte Ansprache erfolgt häufig unter dem Aspekt, gesellschaftlich wichtige oder mit dem anstehenden Problem befaßte Gruppen mit unterschiedlichen Interessen zusammenzuführen. Die so gewonnene Vielfalt der Sichtweisen soll ein möglichst breites Interessenspektrum abdecken.

Auswahl von Bürgern per Los
Durch die Auswahl mit einem Stichprobenverfahren können Einzelpersonen zur Teilnahme aufgefordert werden. Dienel (1978) hat dieses Verfahren unter dem Namen „Planungszelle" in den 70er Jahren vorgeschlagen. Dabei geht es ihm gerade darum, die nicht direkt von einer Maßnahme betroffenen Bürger zu einem Urteil zu führen. Er spricht von der Etablierung einer neuen Rolle des „Bürgergutachters", in der die Bürger ohne Interessengebundenheit über eine Sache entscheiden sollen. Die durch die Erprobung des Verfahrens seit den 70er Jahren gewonnenen Erfahrungen zeigen, daß die Zusagequoten der eingeladenen (aus der Einwohnermeldekartei gelosten) Bürger sehr unterschiedlich sind (2-50 % Zusagen). Im Ergebnis kommt in der Regel keine repräsentative Auswahl von Teilnehmern zustande. Trotzdem gelingt es, eine sehr breite Palette an unterschiedlichen Personen mit ihren Berufen, Sichtweisen und Lebenslagen zu beteiligen. Hier liegt ein großer Vorteil des Verfahrens gegenüber den an Interessengruppen orientierten Beteiligungsverfahren. In diesen sind nämlich oft bestimmte Gesellschaftsgruppen überdurchschnittlich häufig vertreten (z.B. männliche Lehrer mittleren Alters).

Festzuhalten ist, daß das sogenannte Zufallsprinzip genau wie alle anderen Verfahren der Teilnehmerrekrutierung auf keinen Fall zufällige Ergebnisse produziert. Es ergeben sich jeweils Teilnehmerstrukturen mit kalkulierbaren Charakteristika. Jedes Teilnehmerauswahlkonzept weist spezifische Stärken und Schwächen und je nach Problembezug unterschiedliche legitimatorische Ansprüche auf.

3 Die Konzeption des kooperativen Diskurses mittels des Dreistufenmodells der Partizipation

Das von Renn et al. (1994) entwickelte Dreistufenmodell (Abb. 1) kombiniert verschiedene Formen der Beteiligung von Interessengruppen und Laien miteinander. Alle Beteiligten unterwerfen sich dabei gemeinsamen Diskussionsregeln, indem sie sich verpflichten, ihr Wissen, ihre Argumente und Bewertungen den Gegeninformationen und Gegenargumenten Andersdenkender auszusetzen.

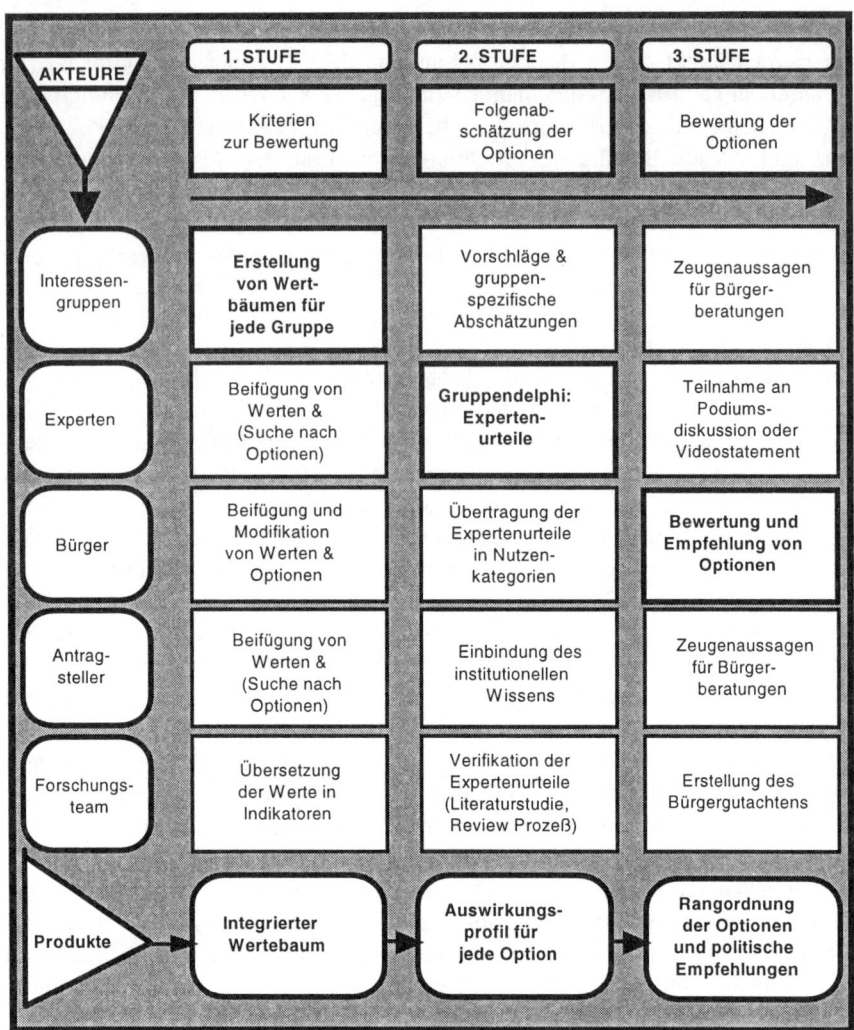

Abb. 1. Das Dreistufenmodell des kooperativen Diskurses

Nicht zuletzt soll eine soziale Verhandlungskultur begünstigt werden, die den Teilnehmern die Änderung ihrer ursprünglichen Einstellungen und Standpunkte erleichtert.

– In einem ersten Schritt werden verschiedene mit der Fragestellung bereits vertraute Interessengruppen zusammengeführt, um ein Wertegerüst (sog. Wertbaum; Keeny et al. 1984) zu ermitteln. Die unterschiedlichen Betrachtungsweisen der Beteiligten helfen dabei, ein möglichst vollständiges Bild der relevanten Bewertungskriterien für eine Technik zu erstellen.

– In der zweiten Stufe soll die Einbeziehung des Sachverstandes von Experten die Validität des Verfahrens fördern. Sie sollen den Werte- und den konkreteren Kriterienkatalog mit möglichst objektiven Informationen füllen und so die Voraussetzung für eine kompetente und fundierte Bewertung zwischen unterschiedlichen Optionen schaffen.

– Als drittes Element wird für den Planungsprozeß die unmittelbare Einbeziehung von Bürgern vorgeschlagen. Ihre Aufgabe ist das Erarbeiten einer Rangfolge unter den verschiedenen Optionen. Die Bürger werden nach dem Stichprobenverfahren ausgewählt. So hat jeder Bürger eine Chance zur Teilnahme am Verfahren. In mehreren parallel arbeitenden Gruppen mit ca. 20 Teilnehmern werden jeweils die gleichen Aufgaben bearbeitet.

4   Konzeption des Projektes „Bürgerbeteiligung an der Abfallplanung in der Region Nordschwarzwald" im Rahmen eines kooperativen Diskurses

Um auch technisch aufwendige Lösungen, die sich bei hohen Kosten nur für große Abfallmengen rechnen, nicht aus der Betrachtung auszuschließen, haben die Landkreise Freudenstadt, Calw, der Enzkreis und die Stadt Pforzheim gemeinsam die „Planungsgesellschaft zur Restabfallbehandlung in der Region Nordschwarzwald (P.A.N.)" gegründet. Im Nordschwarzwald sollen die anstehenden Entscheidungen beispielhaft in einem neuen Verfahren der Konfliktlösung zusammen mit den betroffenen Bürgern vorbereitet werden. Dieses sogenannte Mediationsverfahren (Mediation: Konfliktvermittlung zwischen Interessengruppen durch einen neutralen Vermittler/Mediator) nimmt den Politikern nicht die Entscheidung und die Verantwortung für die Problemlösung ab. Die einbezogenen Bürger ergänzen (obwohl sie im politischen Sinne nicht in der Verantwortung stehen) als Planungslaien die Diskussion durch ihre Beiträge und Empfehlungen.

Die Akademie führt das Projekt eigenverantwortlich und unabhängig als Kooperationspartnerin der P.A.N. durch. Das Verfahren ist zur Zeit noch nicht abgeschlossen. Die Konzeption sieht insgesamt 3 Phasen vor, die mit unterschiedlichen Teilzielen verknüpft sind. Die ersten beiden Phasen sind abgeschlossen, die dritte Phase der Standortauswahl befindet sich derzeit in der Durchführung. In dem Verfahren wird das Modell von Renn et al. nicht strikt und buchstabengläubig durchgeführt. Da insgesamt zu 3 Themen Empfehlungen (Bürgergutachten) ausgearbeitet werden, müßte das Modell theoretisch auch 3mal durchlaufen werden. Dies ist aus organisatorischen Gründen aber nicht zu leisten. In jeder Phase des Projekts wird deshalb ein besonderer Schwerpunkt gelegt. So waren die Phasen I und II als Mediationsverfahren organisiert, d.h. hier wurden an Abfallfragestellungen interessierte Gruppen der Region an einem Runden Tisch nach dem Freiwilligkeitsprinzip

zusammengeführt. Die Phase III „Standortauswahl" folgt dem Prinzip der Zu-
fallsauswahl, wobei Personen aus betroffenen Standortgemeinden eingeladen wurden. Für das gesamte Projekt gelten jedoch einige gemeinsame konstituierende
Merkmale, wie z.B. die Orientierung auf konsensuale Beschlüsse und die Einbeziehung eines neutralen Vermittlerteams, dessen Aufgabe die Mitarbeiter der Akademie wahrnehmen. Die Bürger arbeiten parallel zu den befugten Entscheidungsgremien der Kreistage. Ihre Arbeit ersetzt nicht die Arbeit der Politiker. Allerdings
wird erwartet, daß sich die Politiker, um glaubwürdig zu bleiben, vor ihrer Entscheidung intensiv mit den Ergebnissen aus dem Beteiligungsverfahren beschäftigen und auseinandersetzen (Abb. 2).

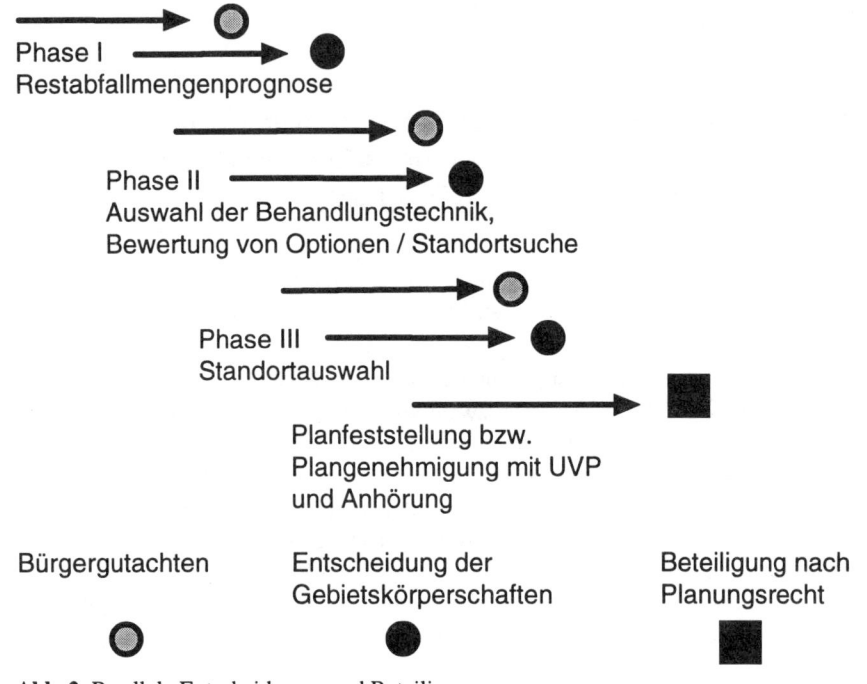

Abb. 2. Parallele Entscheidungs- und Beteiligungsprozesse

Phase I: Restabfallmengenprognose
Zunächst waren umfangreiche organisatorische Arbeiten in der Vorphase zu treffen,
wie z.B. die Koordinierungsgespräche mit der Projektträgerin P.A.N. und die allgemeine Aufklärung über das Verfahrensmodell. Als beratende Gremien wurden
zwei Beiräte, ein wissenschaftlich orientiertes Gremium und eine regionale Berater-
gruppe für das Projekt ins Leben gerufen.

Die Mediationsgruppen wurden per Zeitungsannonce zur Mitarbeit aufgefordert.
Insgesamt meldeten sich 56 Gruppen, die über das Projekt informiert wurden. Als
Teilnahmevoraussetzung für das Projekt wurde ein stetiges Engagement über eine

längere Zeitdauer erwartet. Allein aufgrund der zu erwartenden Arbeitsbelastung erklärten sich viele Gruppen bereit, lieber einen Beobachterstatus als "zu informierende Gruppe" wahrzunehmen. Durch die Aufteilung in Informationsgruppen und an den Verhandlungen teilnehmende Gruppen (die sogenannten Mediationsgruppen) verringerte sich die Anzahl der am Runden Tisch versammelten Gruppen auf 16 (dies waren: Handwerkskammer, Industrie-und Handelskammer, Einzelhandelsverband, Bauernverband, landwirtschaftlicher Maschinenring, Landfrauen, BUND, Das Bessere Müllkonzept und verschiedene Bürgervereine und Bürgerinitiativen). Je Gruppe wurden 2-3 Vertreter zu den Diskussionsrunden, die als Konsensuskonferenzen bezeichnet wurden, erwartet.

Im Vorfeld hatten die Teilnehmer und die Gruppen den Gesprächsregeln in Form einer auf sachliche Kommunikation zielenden Geschäftsordnung zugestimmt. Zusätzlich waren in den Sitzungen Verwaltungsfachleute und das mit der Prognose beauftragte Ingenieurbüro als Informanten und Beobachter präsent.

Die an der Konsensuskonferenz beteiligten Gruppen wollten und konnten keine eigene Prognose der im Jahr 2005 anfallenden Restmüllmenge erarbeiten. Das Vorgehen war deshalb vom Nachvollzug und der Auseinandersetzung mit der vorliegenden Prognose des Ingenieurbüros geprägt. Die meisten Annahmen, die der Schätzung des Büros zugrundelagen, konnten von den Teilnehmern nachvollzogen und akzeptiert werden. In einigen Bereichen wurden allerdings alternative Argumentationsstränge entwickelt und andere Annahmen zugrundegelegt. In einigen wichtigen Teilfragestellungen, wie z.B. der Prognose der Gewerbeabfallmenge, hielten die Gruppen die angenommenen Einsparpotentiale für noch nicht ausgeschöpft und daraus folgend die Prognose als zu unsicher. Hier wurden Arbeitsgruppen gebildet, die außerhalb der Sitzungen im Plenum diese Fragen behandeln sollten. Ehrlicherweise muß man aber zugestehen, daß die Bildung von arbeitsfähigen Unterarbeitsgruppen selten gelingt, da der zusätzliche Zeit- und Arbeitsaufwand auf einem „Nebenschauplatz" schwer einzufordern ist.

Phase II: Technik der Restabfallbehandlung
In der zweiten Phase wurden alle Gruppen gebeten, ihre Ansprüche und Kriterien zur Bewertung der möglichen Restabfallbehandlungstechniken darzulegen. In Gesprächen mit den Gruppenvertretern wurde ein umfangreiches Wertgerüst und ein daraus abgeleiteter Kriterienkatalog erstellt. Als Leitfaden der Diskussion diente die im Modell empfohlene Wertbaumanalyse nach Keeny et al. (1984).

Durch Informationsveranstaltungen wurde gleichzeitig das nötige Fachwissen vermittelt. Die Veranstaltungen waren auch für die Kollegen und Kolleginnen der Mediationsteilnehmer geöffnet, um die Diskussion in diese Gruppen hineinzutragen. Mit jeder Sitzung schälte sich so der Gegenstand der Entscheidung, nämlich 4 grundsätzlich verschiedene Optionen zu bearbeiten, genauer heraus. Die Optionen waren: reine biologisch-mechanische Behandlung, reine thermische Behandlung, die Behandlung mit einer vorgeschalteten biologisch-mechanischen Anlage und danach mit einer thermischer Anlage (Kombination „Volumenreduktion") und die abfallsortenspezifische Behandlung je nach dem „heiß" oder „kalt" (Kombination „Splitting"). Von allen Gruppen wurde konstatiert, daß weder die sogenannten „kalten" Verfahren noch die Verbrennungstechniken nur Vor- oder nur Nachteile aufweisen.

Die Mehrzahl der Gruppen plädierte für eine Behandlung des Abfalls mit biologisch-mechanischen Anlagen auf einem hohen technischen Standard und begründete dies mit einem umfangreichen Kriterienkatalog. Dabei betonten die Gruppen die Notwendigkeit, die regionalen Bemühungen um die weitere Abfallvermeidung durch die auszuwählende Technik nicht zu behindern. Zudem waren sich die Gruppen durchaus bewußt, daß die derzeitige Gesetzeslage (TASi) die Gebietskörperschaften dazu zwingt, Standorte für thermische Anlagen zu suchen. 3 Gruppen konnten sich dem Mehrheitsvotum nicht anschließen und plädierten für eine zentrale Verbrennungsanlage in der Region. Auch dieses Votum wurde ausführlich begründet.

Zwischenphase
Nach der Aufbereitung der Ergebnisse ging es um die Weitergabe des Bürgergutachtens an die Politiker der Kreistage. Es stellte sich heraus, daß die Vermittlung der Ergebnisse an bestimmte Zielgruppen (Politiker) und an eine breite Öffentlichkeit eine häufig unterschätzte und schwierige Aufgabe ist. Die Presse spielt eine wichtige Rolle in dem Geschehen, das dann auf einer öffentlichen Bühne stattfindet. Die Aufgabe der Mediatoren war es, einerseits die Ergebnisse der Konsenskonferenz treuhänderisch vor den verschiedensten Gremien zu vertreten und andererseits den beteiligten Gruppen eine Diskussion mit den Adressaten ihres Gutachtens zu ermöglichen. Diese Aufgabe wurde dadurch erschwert, daß in der Phase II kein Konsens erreicht werden konnte.

Die Gruppen maßen den Erfolg ihrer Arbeit an den konkreten Wirkungen im politischen Prozeß. Im Nordschwarzwald entschied man sich für ein weiterhin sehr offenes und unbestimmtes Technikkonzept. Die inhaltliche Entscheidung wurde, da sie nicht eindeutig ausformuliert ist, recht unterschiedlich und je nach Blickwinkel der Beteiligten interpretiert. Die Gruppen, die sich für das Mehrheitsvotum ausgesprochen hatten, waren mit dieser Entscheidung unzufrieden.

Nach dem ursprünglichen, oft kritisierten Modell sollten die Gruppen als Verfahrensbegleiter und Zeugen für das vorangegangene Mediationsverfahren fungieren. So hätten die Gruppen in der dritten Phase also keine Funktion als Empfehlungsgremium mehr gehabt. Nach den politischen Entscheidungen entschlossen sie sich jedoch, das Projekt in der dritten Phase nicht mehr zu begleiten.

Konzeption der Phase III: Standortsuche und Standortbewertung
Nachdem das beteiligte Ingenieurbüro 10 mögliche Standorte für biologisch-mechanische Behandlungsanlagen und 6 mögliche Standorte für thermische Behandlungsanlagen durch eine schrittweise Eingrenzung der Möglichkeiten gefunden hatte, konnte die Auswahl von Laiengutachtern aus den potentiell betroffenen Standortgemeinden erfolgen. Da auf die Bürger eine erhebliche Belastung ihres Zeitbudgets zukommt, erhalten sie für die Sitzungen eine Aufwandsentschädigung.

Auch hier stieß das Verfahren auf einige Schwierigkeiten. Angestrebt war eine paritätische Besetzung der Bürgerforen, so daß in den Gruppen für den Prozeß der Standortbewertung und Konfliktlösung ein Gleichgewicht der Kräfte herrschen sollte. Durch recht unterschiedliche Zusagequoten in den einzelnen Orten konnten die Foren nur annähernd paritätisch besetzt werden. Die Akademie hofft, daß die Bürger in den Gruppen in respektvoller Weise miteinander umgehen, und daß sie mit dem Ziel, einen Konsens zu finden diese Schwierigkeiten überwinden werden. Insgesamt tagen ca. 200 Bürger in 10 verschiedenen Gruppen, die in diesem Projekt Bürgerforen genannt werden. 6 Gruppen beschäftigen sich mit der Festlegung einer Rangfolge für „kalte" Anlagen, 4 Gruppen debattieren über die beste Rangfolge für thermische Anlagen. Im Anschluß werden die beiden Listen in einer Veranstaltung mit Delegierten aus allen Bürgerforen noch einmal unter dem Aspekt der Kombinierbarkeit von Standorten beleuchtet.

Von den in den Foren versammelten Bürgern wird erwartet, daß sie aufgrund einer gemeinsam entwickelten Argumentation auch ihren eigenen Wohnort als Standort für eine Abfallbehandlungsanlage zur Disposition stellen. Hieran kann ermessen werden, daß die Ansprüche des gewählten Vorgehens sehr hoch sind. Der Erfolg eines solchen Verfahrens ist immer offen.

5   Konstituierende Elemente

Konkrete Projekte entsprechen in der Regel nicht den idealtypischen Modellen. Es muß ein meist drängendes Problem, hier das der Abfallbehandlung, eher pragmatisch und weniger theoretisch gelöst werden. Dazu soll eine Konzeption gewählt werden, die den Bedürfnissen der Beteiligten vor Ort entspricht. Zusammenfassend können für alle 3 Phasen folgende konstituierende Merkmale dieses Projekts festgehalten werden:

Freiwillige Teilnahme und klares Mandat:
Niemand muß an dem Verfahren teilnehmen. Die Organisatoren gehen dennoch von einem hohen Motivationsniveau der Teilnehmer aus. Dazu muß die Aufgabenstellung und die Reichweite des Beteiligungsangebotes allen klar und deutlich sein.

Die Verabschiedung einer gemeinsamen Geschäftsordnung:
Sie hilft, sich grundsätzlich über die gewählten Arbeitsformen zu einigen und einen fairen Umgang miteinander einzuüben und zu praktizieren. Ziel ist die Schaffung einer Gesprächsatmosphäre, in der jeder seine Meinungen, Ängste und Werte offen den anderen Teilnehmern darlegen kann. Eine Geschäftsordnung, die nicht den üblichen politischen Gepflogenheiten eines „inszenierten Kampfes" entspricht, ermöglicht es dem Mediatorenteam, das Verfahren konstruktiv zu einem klar definierten Ende zu bringen.

Konsensorientierung bei der Entscheidung:
Von den Interessengruppenvertretern, den Bürgern und den Experten wird ein hohes Maß an Lernbereitschaft und sozialer Kompetenz verlangt. Die Konfliktlösung kann nur erfolgreich sein, wenn niemand als Verlierer aus dem Verfahren geht. Deshalb wird der Konsens als Ziel der Dialoge und Diskussionen in allen Beteiligungsphasen immer wieder hervorgehoben.

Die Rolle der Laien und die Einbindung von Expertensachverstand:
Sie muß in Beteiligungsverfahren besonders sorgfältig konzipiert werden. Dies liegt daran, daß mit der Expertenrolle oft Macht- und Geltungsansprüche verbunden sind, die in einem Beteiligungsverfahren ja gerade relativiert werden sollen. Deshalb sollte genau überlegt werden, welchen Charakter die Empfehlungen der Laien haben und wo evtl. besondere Stärken (aber auch Schwächen) der Laiengutachterarbeit liegen (z.B. Alltagswissen und Unvoreingenommenheit als Bereicherung der fachlichen Informationsssysteme). Ähnlich wie Schöffen in gerichtlichen Prozessen als Laienrichter fungieren, bereichern die Laien als vollwertige zusätzliche Institution den Planungsprozeß.

Vermittlung der Ergebnisse an die Adressaten und begleitende Öffentlichkeitsarbeit:
Eine allgemeine Schwierigkeit von Mediationsprojekten ist der Transfer der Ergebnisse in die Öffentlichkeit. Durch die relative Abgeschlossenheit der Diskussion in einem „geschützten Raum" bedarf die Bekanntmachung der Projektziele und der Ergebnisse besonderer Bemühungen der Informationsvermittlung gegenüber Politikern und in der Presse- und Öffentlichkeitsarbeit.

6   Folgerungen

Eine endgültige Darstellung der Ereignisse im Nordschwarzwald wird erst im Verlauf des Jahres 1996 möglich sein. Die dritte Phase soll im Mai abgeschlossen werden. Daran schließt sich wieder eine Phase intensiver Diskussion in der Region an. Es bleibt spannend, ob es die Bürgergutachter schaffen werden, im Mai eine konsensuale Empfehlung an die Gesellschaft zur Planung der Restabfallbehandlung in der Region Nordschwarzwald abzugeben. Im politischen Planungskontext wollen und können die Bürger die Politik beeinflussen. Damit aber auch praktisch realisierbare Ergebnisse produziert werden, steht und fällt der Erfolg des Verfahrens mit der Integration von Sachargumenten, politischen Rahmenbedingungen und den lebensweltlichen Erfahrungen der Bürger. Die Parallelität der Entscheidungsstränge, die in Abb. 2 aufgezeigt wurde, entpuppt sich bei näherem Hinsehen als miteinander verquicktes turbulentes und spannendes Miteinander aller Akteure vor Ort (Abb. 3).

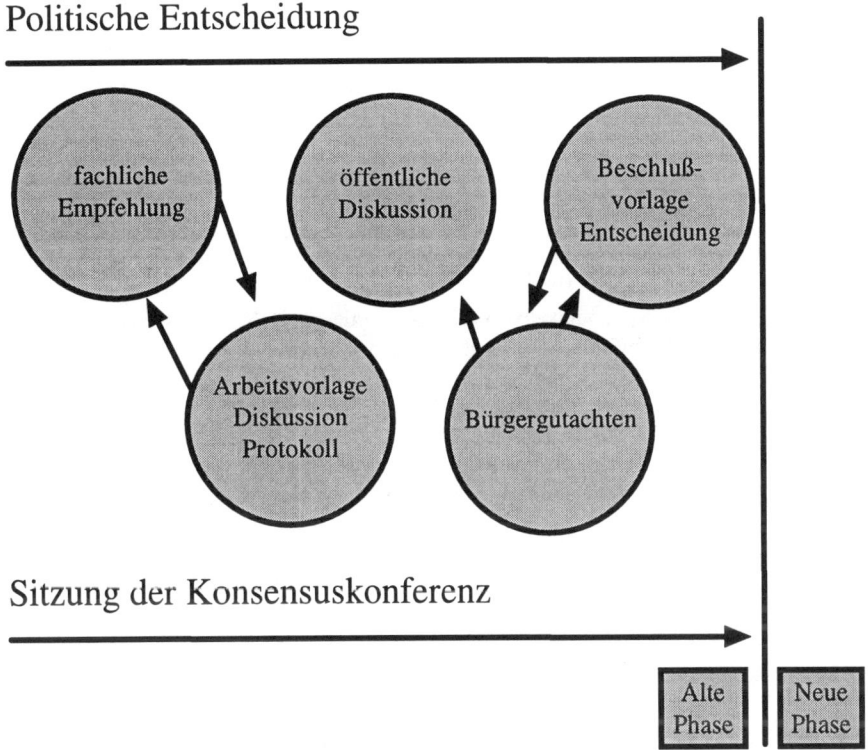

Abb. 3. Die Parallelität von Bewertungs-, Empfehlungs- und Entscheidungsprozessen und deren gegenseitige Beeinflussung

Die anstehenden Entscheidungen sind komplex und schwierig. Das Bürgerbeteiligungsverfahren trägt nach unseren Erfahrungen nicht unbedingt zu einer Vereinfachung der Dinge bei. In den Augen der Akademie kommen die Entscheidungen aber nicht nur in einer faireren Art und Weise zustande, die Entscheidungen sind auch qualitativ besser, weil nämlich nicht nur politisches Kalkül, sondern auch der Alltagssachverstand, die Lernbereitschaft und das Augenmaß der Bürger in sie eingeflossen sind.

Literatur

Besemer, C. (1993) Mediation, Vermittlung in Konflikten, Stiftung Gewaltfreies Leben, Werkstatt für gewaltfreie Aktion, Baden

Böhret, C., Kestermann, R., Reiser, M. (1989) Folgenanalysen im verwaltungspolitischen Prozeß der Technikgestaltung, Forschungsinstitut für öffentliche Verwaltung bei der Hochschule für Verwaltungswissenschaften Speyer, Speyerer Forschungsberichte 79

Bundeszentrale für politische Bildung (1991) Methoden in der politischen Bildung – Handlungsorientierung, Schriftenreihe 304

Bürgergutachten (1994) Bürgerbeteiligung an der Abfallplanung für die Region Nordschwarzwald, Bürgergutachten Teil I: Restabfallmengenprognose, Band 1: Empfehlungen; Band 2: Dokumentation

Bürgergutachten (1995,1996) Bürgerbeteiligung an der Abfallplanung für die Region Nordschwarzwald, Bürgergutachten Teil II: Technik der Restabfallbehandlung, Band 1: Empfehlungen; Band 2: Dokumentation

Dienel, P. C. (1992) Die Planungszelle, eine Alternative zur Establishmentdemokratie, 3. erweiterte Auflage, Westdeutscher Verlag

Gaßner, H., Holznagel, B., Lahl, U. (1992) Mediation, Verhandlungen als Mittel der Konsensfindung bei Umweltstreitigkeiten, Economica Verlag, Reihe Planung und Praxis im Umweltschutz

Gleim-Egg, H. (1995) Kommunikative Problembewältigung in Staat und Privatwirtschaft, Forschungsinstitut für öffentliche Verwaltung bei der Hochschule für Verwaltungswissenschaften, Speyer, Speyerer Forschungsberichte 148

Hekler, G., Kaltenbacher, W., Krautter, H., Zimmer, G. (1992) Mit dem Bürger planen, 2. Auflage, Verlag C.F. Müller, Umwelt aktuell

Jungermann, H., Pfaffenberger, W., Schäfer, G., Wild, F. (Hrsg.) Die Analyse der Sozialverträglichkeit für Technologiepolitik, Perspektiven und Interpretationen, HTV Edition, Technik und sozialer Wandel

Keeny, R., Renn, O., von Winterfeldt, D., Kotte, E. U. (1984) Die Wertbaumanalyse, Entscheidungshilfe für die Politik, HTV-Edition, Technik und Sozialer Wandel

Mussel, C., Philipp, U. (1992) Beteiligung von Betroffenen bei Rüstungsaltlasten, Entwicklung eines standortbezogenen Beteiligungsmodells, Wissenschaftliches Zentrum GhK Kassel, Arbeitsberichte 19, 22 und 23

Oikos (Umweltökonomische Studenteninitiative an der Hochschule St. Gallen) (Hrsg.) (1994) Kooperationen für die Umwelt, Im Dialog zum Handeln, Verlag Rüegger

Rittel, H. (1972) Zur Planungskrise: Systemanalyse der „ersten und zweiten Generation", in: Rittel, Horst (1992) Planen, Entwerfen, Design, Facility Management 5, Kohlhammer, S. 37-58

Renn, O., Oppermann, B. (1995) „Bottom-up" statt „Top-down" – Die Forderung nach Bürgermitwirkung als (altes und neues) Mittel zur Lösung von Konflikten in der räumlichen Planung, in: Zeitschrift für angewandte Umweltforschung, Sonderheft Stadtökologie, S. 257-276, Analytica Verlag, Berlin

Renn, O., Albrecht, G., Kotte, E. U., Peters, H. P., Stengelmann, H. U. (1985) Sozialverträgliche Energiepolitik, ein Gutachten für die Bundesregierung HTV Edition, Technik und sozialer Wandel

Renn, O., Webler, T., Rakel, H., Dienel, P., Johnson, B. (1993) Public participation in the decision making: A three-step procedure, in: Policy Sciences 26, pp. 189-214

Webler, T., Kastenholz, H., Renn, O. (1995) Public participation in impact assessment: A social learning perspective, in: Environmental Impact Assessment Review, Elsevier Science Inc., 15, pp. 443-463

zifix

Jetzt kostenlos testen

bayrisch: um Ärgernis auszudrücken

nuamoi nei

wo is´mei umwelttechnik

Ja, ja das liebe Warten auf's Umlaufexemplar. Entweder Sie warten jetzt noch länger, oder Sie gönnen sich endlich Ihr eigenes Abo. Nur so können Sie sicher sein, daß Sie besser und regelmäßig informiert sind.

an der Linie

umwelt technik

Das aktuelle Branchenmagazin für Umweltschutzbeauftragte und das für Umweltschutz verantwortliche Management. Anspruchsvoll, informativ und kompetent.

Coupon

☐ **Ja,** ich gönne mir mein eigenes Abo.
Ich erhalte die nächsten zwei Ausgaben kostenlos; ganz ohne Risiko. Wenn ich mich nicht 4 Wochen nach Erhalt der zweiten Ausgabe schriftlich bei Ihnen melde, erhalte ich umwelttechnik zweimonatlich inklusive aller Sonderausgaben zum Preis von **DM 124,–** (Inland inkl. Porto)

Abt. Vertrieb / umwelttechnik
86895 Landsberg

mi verlag moderne industrie

FAX-SERVICE 08191/125-483

Name / Vorname

Firma / Abteilung

Funktion

Straße / Telefon

PLZ / Ort

Datum / Unterschrift

Diese Bestellung kann ich innerhalb 10 Tagen beim verlag moderne industrie, 86895 Landsberg widerrufen. Zur Wahrung der Frist genügt das rechtzeitige Absend

Datum / Unterschrift

Firmenprofil

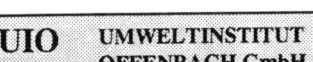

UIO **UMWELTINSTITUT**
OFFENBACH GmbH
Nordring 82 B, 63067 Offenbach a.M.
Tel.: 069-810679; Fax: 069-823493

Geschäftsführer: Dr. Lutz Schimmelpfeng
Herbert Pfaff-Schley
Gründung: 1988
Rechtsform: GmbH
Registergericht: Offenbach a.M., HRB 7165
Mitarbeiter: 20

Das Umweltinstitut Offenbach arbeitet mit zwei unternehmerischen Schwerpunkten: Zum einen werden Dienstleistungen in den Bereichen Erfassung, Darstellung und Untersuchung von Umweltauswirkungen angeboten. Zum anderen werden regelmäßig Fachtagungen und Seminare zu aktuellen Umweltthemen durchgeführt.

DIENSTLEISTUNGSBEREICH

Bereich Altlasten
Erfassung, Erkundung und Untersuchung von altlastenverdächtigen Flächen
Durchführung von Rammkernsondierungen
Messungen, Probenahmen, Analysen

Bereich Umweltverträglichkeitsprüfungen
Anlagen- und Planungs-UVP
Festlegung des Untersuchungsrahmens
Durchführung von Umweltverträglichkeitsuntersuchungen
Behördenmanagement
Öffentlichkeitsarbeit, Mediationsverfahren

Bereich Standortplanung
Standortsuche, Standortbewertung
Stellungnahmen zu bestehenden Planungen

Bereich Messungen
Raumluftmessungen, Faserbestimmungen
Lärmmessungen, Emissionsmessungen

Bereich Umwelt-Audit
Praktische Unterstützung bei der Durchführung von Öko-Audits
Umsetzung des Umweltmanagementsystems im Unternehmen

Bereich EDV
ALADIN Geographisches *Altl*asten-*D*okumentations-und *In*formationssystem
ÖKO-AUDITOR Software zur Durchführung von Öko-Audits nach der EG-Öko-Audit-Verordnung

FORTBILDUNGSBEREICH

Umweltbetriebsprüfer und Umweltgutachter
Modular aufgebautes Fortbildungskonzept nach der EG-Öko-Audit-Verordnung

Einwöchige Seminare:
Betriebsbeauftragte/r für Abfall
Betriebsbeauftragte/r für Gewässerschutz
Betriebsbeauftragte/r für Immissionsschutz
Beauftragte/r für die Bearbeitung von Altlasten
Beauftragte/r für die Umweltverträglichkeitsprüfung

Zweitägige Fachtagungen zu den Themen:
Altlasten
Rüstungsaltlasten
Grundwasserschadensfälle
Wasser/Abwasser
Umweltverträglichkeitsprüfung
Umwelt-Audit
Abfallwirtschaft

Inhouse-Schulungen
Umweltschutz, Umweltmanagement
Firmen- und branchenspezifische Umweltberatung

Umweltbetriebsprüfer / Umweltgutachter
Fortbildungskonzept des Umweltinstituts Offenbach nach EG-Öko-Audit-Verordnung

**UMWELTINSTITUT
OFFENBACH GmbH**
Nordring 82 B
63067 Offenbach am Main
Telefon: (069) 81 06 79
Telefax: (069) 82 34 93

Seit April 1995 gilt europaweit die EG-Öko-Audit-Verordnung. Sie betont die Eigenverantwortung der Industrie für die Bewältigung der Umweltfolgen ihrer Tätigkeit und fordert aktive Konzepte zur kontinuierlichen Verbesserung des betrieblichen Umweltschutzes.

Regelmäßige Umweltbetriebsprüfungen und Begutachtungen sind zentraler Bestandteil des in der Verordnung geforderten Umweltmanagementsystems.

Die EU-Kommission hat durch diese Verordnung ("über die freiwillige Beteiligung gewerblicher Unternehmen an einem Gemeinschaftssystem für das Umweltmanagement und die Umweltbetriebsprüfung") zwei völlig neue Berufsbilder geschaffen:

Umweltbetriebsprüfer und Umweltgutachter

Aufgaben und Qualifikationen der Umweltbetriebsprüfer und -gutachter ergeben sich einerseits aus der Verordnung selbst, den relevanten Normen und aus den Bestimmungen des Umweltauditgesetzes (UAG). Auf dieser Basis hat das Umweltinstitut Offenbach ein modulares Fortbildungskonzept entwickelt, das der "Deutschen Akkreditierungs- und Zulassungsgesellschaft für Umweltgutachter (DAU)" zur Anerkennung vorgelegt ist und der Vorbereitung auf die Zulassungsprüfung für Umweltgutachter dient.

Aufbauend auf den gesetzlich definierten Einzelnachweisen der Fach/Sachkunde als Betriebsbeauftragte für Abfall, Gewässerschutz und Immissionsschutz werden die Fachkenntnisse über "Methodik und Durchführung der Umweltbetriebsprüfung" vermittelt.

Umweltbetriebsprüfer belegen zudem das Modul "Kommunikation im Betrieblichen Umweltschutz". Umweltgutachter belegen das Modul "Betriebliches Management und Organisation des Umweltschutzes".

Pflichtmodule für Umweltbetriebsprüfer und Umweltgutachter

Modul 1: Betriebsbeauftragte/r für Abfall - 5-täg. Sachkunde-Seminar

Modul 2: Betriebsbeauftragte/r für Gewässerschutz - 5-täg. Fachkunde-Seminar

Modul 3: Betriebsbeauftragte/r für Immissionsschutz - 5-täg. Fachkunde-Seminar

Modul 4: Methodik und Durchführung der Umweltbetriebsprüfung (Umwelt-Auditor) - 5-täg. Sem.

sowie zusätzlich:

Pflichtmodul für Umweltbetriebsprüfer	**Pflichtmodul für Umweltgutachter**
Modul 5: Kommunikation im betrieblichen Umweltschutz - 4-tägiges Praxisseminar *(für Umweltgutachter freiwillig)*	**Modul 6**: Betriebliches Management und Organisation des Umweltschutzes - 4-tägiges Seminar *(für Umweltbetriebsprüfer freiwillig)*

Fordern Sie die aktuellen Termine und das ausführliche Kursprogramm an !

Das Umweltinstitut Offenbach hat die **Software "Öko-AUDITOR"** zur praktischen Unterstützung des gesamten Audit-Prozesses entwickelt. Sie führt den Anwender durch die Umweltprüfung und zeigt die nach EG-Verordnung zu bearbeitenden Aufgaben an. Ebenso erhältlich ist ein **"Leitfaden zur Umsetzung des EG-Öko-Audt-Systems im Unternehmen"**. Fordern Sie Informationen an!

Umweltinstitut Offenbach, Nordring 82B, 63067 Offenbach,

Telefon (069) 81 06 79, Telefax (9069) 823493

Geographisches Altlasten-Dokumentations- und Informationssystem
ALADIN® Version 2.0
- neue Version mit erheblich reduzierten Preisen! -

ALADIN®, das *AltLA*sten-*D*okumentations- und *IN*formationssystem liegt jetzt in der Version 2.0 vor. Mit der neuen Version wurden auch **anwendungsspezifische Variationen** und **neue Preise** eingeführt.

Das Geographische Informationssystem **ALADIN® 2.0** ist eine Anwendung für PCs unter WINDOWS 3.x, WINDOWS-NT oder WINDOWS 95 auf Basis von ArcView 2.1.

Die Anwendung ist auch zusammen mit dem Bohrprofilsystem TK-PLOT zur Darstellung von Bohrprofilen erhältlich.

ALADIN® 2.0 ist eine Zusammenfassung zahlreicher Einzelfunktionsmodule zur komfortablen und zweckmäßigen Erfüllung umweltrelevanter Aufgaben und geht über die reine altlastenspezifische Betrachtungsweise weit hinaus.

ALADIN® 2.0 ist erhältlich als

ALADIN®-BUIS
für den Aufbau oder die Ergänzung eines **Betrieblichen Umweltinformationssystems (BUIS).**
Für mittlere bis größere produzierende Betriebe als Hilfsmittel zur Erfüllung ihrer umweltpolitischen Aufgaben.

ALADIN®-KOMM
für den Aufbau oder die Ergänzung eines **Kommunalen Umweltinformationssystems (KOMM).**
Für kommunale, regionale und Landes-Behörden als Hilfsmittel zur Erfüllung ihrer umweltpolitischen Aufgaben.

ALADIN®-CONSULT
für den Aufbau oder die Ergänzung von spezifischen Umweltinformationssystemen, wie sie bei **Umwelt-Consulting-Büros** oder im Auftrag von Behörden oder Firmen tätigen Büros benötigt werden.

ALADIN® ist als Demo-Version verfügbar.

Weitere Informationen zur Anforderung der Demo-Version sind beim Umweltitutinstitut Offenbach erhältlich.

UMWELTINSTITUT OFFENBACH GmbH

Nordring 82 B
63067 Offenbach am Main
Telefon: (069) 81 06 79
Telefax: (069) 82 34 93

O Beauftragte/r für die Bearbeitung von Altlasten

Absender:

Fünftägiger Zertifikats-Grundkurs zur Erlangung der Fachkenntnisse für die Erfassung, Erkundung, Untersuchung und Sanierung von Altlasten.

Fortbildungsveranstaltung im Hinblick auf den Nachweis der erforderlichen Sachkunde nach dem Referentenentwurf für ein Bundes-Bodenschutzgesetz.

Die explosionsartig gestiegene Zahl von Altlastenverdachtsflächen stellt die Behörden vor enorme Aufwendungen für die Erfassungs-, Untersuchungs-und Sanierungsmaßnahmen. Die Sachbearbeiter, aber auch die Mitarbeiter der beauftragten Ingenieurbüros, sind oftmals durch die Begriffsvielfalt, die unterschiedlichen Rechtsgrundlagen, die verschiedenen Untersuchungsschritte und Sanierungsverfahren sowie mit der praktischen Umsetzung ihrer Fachkenntnis überfordert. Das Umweltinstitut Offenbach bietet einen fünftägigen Zertifikatskurs an. der grundlegend das Fachwissen der Altlastenbearbeitung vermittelt. Angesprochen werden sowohl kommunale Mitarbeiter als auch Mitarbeiter aus Industrie, Gewerbe und Ingenieurbüros.

O Umweltbetriebsprüfer und Umweltgutachter

Seit April 1995 gilt europaweit die **EG-Öko-Audit-Verordnung**. Regelmäßige Umweltbetriebsprüfungen sind zentraler Bestandteil des in der Verordnung geforderten Umweltmanagementsystems. Die EU-Kommission hat durch diese Verordnung zwei völlig neue Berufe geschaffen: **Umweltbetriebsprüfer und Umweltgutachter.**

Ihre Aufgaben ergeben sich aus der Verordnung selbst und aus den Bestimmungen des Umweltauditgesetzes. Auf dieser Basis hat das Umweltinstitut Offenbach ein Fortbildungskonzept entwickelt. Aufbauend auf den gesetzlich definierten Einzelnachweisen der Fachkunde als Betriebsbeauftragte für Abfall, Gewässerschutz und Immissionsschutz werden die Fachkenntnisse über "Methodik der Umweltbetriebsprüfung" sowie über "Betriebliches Management und Organisation des Umweltschutzes" vermittelt.

Das Konzept wurde der "Deutschen Akkreditierungs- und Zulassungsgesellschaft für Umweltgutachter (DAU) zur Anerkennung vorgelegt und dient neben der Ausbildung zum Umweltbetriebsprüfer der Vorbereitung auf die Zulassungsprüfung für Umweltgutachter.

O Beauftragte/r für die Vorbereitung und Durchführung der Umweltverträglichkeitsprüfung (UVP)

Allgemeine Verwaltungsvorschrift zur UVP, Investitionserleichterungs- und Wohnbaulandgesetz, EG-Richtlinie über die integrierte Vermeidung und Verminderung der Umweltverschmutzung (IVU-Richtlnie)

Nach wie vor bestehen seitens der Projektträger, der Gutachter und der Behörden Unsicherheit in Bezug auf Prüfverfahren, Art und Umfang der Umweltverträglichkeitsuntersuchung, Ablauf und Bewertung der Ergebnisse. Das einwöchige Praxis-Seminar wird diese Themenkomplexe grundlegend aufarbeiten. Neben Referenten aus Ingenieurbüros werden Behördenvertreter ihre spezifischen Probleme und Anforderungen darstellen. Intensiv werden dabei die juristischen Grundlagen erarbeitet, insbesondere die gesetzlichen Änderungen der vergangenen Jahre.

O Grundwasserschadensfälle
Untersuchung, Probenahme und Sanierung

Tagung mit begleitender Ausstellung

O Betriebsbeauftragte/r für Gewässerschutz, Immissionsschutz und Abfall Zertifikats-Kurse zur Erlangung der gesetzlich geforderten Sach- bzw. Fachkunde

Es hat sich noch immer ausgezahlt, gut informiert zu sein! *Als Leser dieser Fachzeitschrift*

können Sie sich dessen sicher sein

uwf

bietet Ihnen als betriebswirtschaftlich ökologisch-orientierte Fachzeitschrift

→ Umfassende Informationen zu aktuellen Schwerpunktthemen:

Öko-Audit
Produktintegrierter Umweltschutz
Umwelt- und Qualitätsmanagement

→ Allgemeingültige Lösungsansätze für betriebliche Problemstellungen

→ Neueste wissenschaftliche Erkenntnisse und Forschungsergebnisse

→ Diskussionsbeiträge aus erster Hand von Fachleuten aus Wirtschaft, Recht und Politik

→ Besprechungen aktueller Fachbücher und wissenschaftlicher Publikationen

→ Termine von Messen, Konferenzen und Seminaren

Denken Sie daran, es lohnt sich!

Kontaktadresse:
IUWA,
Institut für Umweltwirtschaftsanalysen Heidelberg e.V.,
Tiergartenstr. 17, 69121 Heidelberg.
Tel. 06221/487-630, Fax: 06221/487-683.

d&p.3202.MNTZ/E/1

BESTELLSCHEIN uwf UmweltWirtschaftsForum ISSN 0943-3481 Titel Nr. 550

☐ Bitte liefern Sie gegen Rechnung
☐ Bitte belasten Sie meine Kreditkarte
  ☐ Eurocard/Access/Mastercard
  ☐ American Express
  ☐ Visa/Barclaycard/BankAmericard

Nummer:
| | | | | | | | | | | | | | | | |

Gültig bis: _____

Bitte bestellen Sie bei Ihrem Buchhändler
oder bei :
Springer-Verlag, Postfach 31 13 40,
D-10643 Berlin
Fax: 0 30 / 82 07 - 3 01 / 4 48
e-mail: subscription@springer.de

☐ Ich abonniere die Zeitschrift ab 1996, Bd. 4 (4 issues) DM 132,- (unverbindliche Preisempfehlung)
Studierende mit Nachweis erhalten 50% Ermäßigung!
zuzüglich Versandkosten: BRD DM 10,80 andere Länder DM 29,20

☐ Bitte senden Sie mir ein kostenloses Probeheft

Name/Adresse:
....
....

Datum: Unterschrift:

* **Garantie:** Ich weiß, daß ich Bestellungen von Zeitschriften innerhalb 10 Tagen schriftlich bei der Bestelladresse widerrufen kann, wobei die rechtzeitige Absendung des Widerrufschreibens zur Wahrung der Frist genügt. Ich bestätige die Kenntnis dieser Erklärung durch meine zweite Unterschrift.

ZweiteUnterschrift:

Preisänderungen vorbehalten. 7% MWSt. im Preis enthalten.
In EG Ländern gilt die landesübliche Mehrwertsteuer.

Die größte Zeitschrift **Europas** für Angewandte **Geographie!**

STANDORT

berichtet über aktuelle Entwicklungen der Angewandten Geographie und verwandter Fachgebiete.

Inhalt Heft 4/95:

Tarner; Wittke; Mager; Marquardt-Kuron:
STANDORT-Gespräch: Geographen in der Politik

Franck:
Arbeitslosigkeit und Region

Henkel:
Arbeitsplätze im ländlichen Raum

Helmstädter:
Beschäftigtenstruktur deutscher Großstadtregionen

Klecker:
Arbeitsmarkt für Geographen

Klecker; Marquardt-Kuron:
45 Jahre DVAG

Herausgeber
Deutscher Verband für Angewandte Geographie e.V. (DVAG), Bonn; Mitglied im Zentralverband der Deutschen Geographen

Schriftleitung
A. Marquard-Kuron
P.M. Klecker
Redaktionsassistentin
M. Huch

Springer

rb.3332.MNTZ/E/1

▌BESTELLSCHEIN

☐ Bitte liefern Sie gegen Rechnung
☐ Bitte belasten Sie meine Kreditkarte
  ☐ Eurocard/Access/Mastercard
  ☐ American Express
  ☐ Visa/Barclaycard/BankAmericard

Nummer:
| | | | | | | | | | | | | | | | | | |

Gültig bis: _____

Bitte bestellen Sie bei Ihrem Buchhändler
oder bei :
Springer-Verlag, Postfach 31 13 40,
D-10643 Berlin
Fax: 0 30 / 82 07 - 3 01 / 4 48
e-mail: subscription@springer.de

Standort

ISSN 0174-3635   Titel Nr. 548

☐ Ich abonniere die Zeitschrift ab 1996, Band 20 (4 Hefte) DM 118,-
(unverbindliche Preisempfehlung)
zzgl. Versandkosten: BRD DM 10,80 andere Länder DM 19,40
☐ Bitte senden Sie mir ein kostenloses Probeheft

Name/Adresse:
....
....
....

Datum: Unterschrift:
....

* **Garantie:** Ich weiß, daß ich Bestellungen von Zeitschriften innerhalb von 10 Tagen schriftlich bei der Bestelladresse widerrufen kann, wobei die rechtzeitige Absendung des Widerrufschreibens zur Wahrung der Frist genügt. Ich bestätige die Kenntnis dieser Erklärung durch meine zweite Unterschrift.

Zweite Unterschrift:
....

Preisänderungen vorbehalten. 7% MWSt. im Preis enthalten.
In EG Ländern gilt die landesübliche Mehrwertsteuer.

Ziel des DVAG ...

... ist die Interessenvertretung der Angewandten Geographie und somit all jener, die Geographie in der Praxis als querschnittsorientierte Anwendung und Umsetzung geographischer Erkenntnisse in Gesellschaft, Wirtschaft, Planung, Politik und Verwaltung begreifen.

Der DVAG vertritt die Interessen der Berufstätigen und Studierenden und engagiert sich dafür, die Leistungen der Angewandten Geographie als Anbieter praxisnaher Lösungsmöglichkeiten zur Vorbereitung und Umsetzung unternehmerischer und politischer Entscheidungen noch weiter in das Bewußtsein der Öffentlichkeit zu rükken.

Dadurch fördert der DVAG Bedeutung und Image der Geographie und somit der Geographinnen und Geographen.

Leistungen des DVAG ...

... sind Fachtagungen und Weiterbildungsveranstaltungen, die im Dialog mit Fachleuten und Interessenten anderer Disziplinen aktuelle Themen in Diskussionen, Vorträge und Workshops aufgreifen.

... sind in bestimmten Fachgebieten kontinuierlich tätige Facharbeitsgruppen (FAG), die Stellungnahmen erarbeiten und Fachtagungen organisieren. Die FAGs sind fachliche Anlaufstelle für Mitglieder und Interessenten.

... sind Regionale Arbeitsgruppen (RAG), die Ansprechpartner des DVAG vor Ort. In Studienfragen sind die RAGs in Kooperation mit den Geographischen Instituten Kontaktstelle für die Studierenden. Die RAGs führen in regelmäßigen Abständen Diskussionsveranstaltungen und Exkursionen durch.

... sind Publikationen, in denen Tagungs- und Diskussionsergebnisse dokumentiert werden. Nachrichten und Trends aus allen Bereichen der Angewandten Geographie erscheinen vierteljährlich im STANDORT – Zeitschrift für Angewandte Geographie.

⚫DVAG

DEUTSCHER VERBAND FÜR ANGEWANDTE GEOGRAPHIE

Die 1700 Mitglieder des DVAG ...

... nutzen das Netzwerk beruflicher Kontakte und Anregungen durch aktive und berufsfeldbezogene Mitarbeit in RAGs und FAGs.

... erhalten Service- und Beratungsleistungen in allen Fragen der Angewandten Geographie einschließlich Arbeitsmarkt, Studium und Praktikum.

... beziehen kostenlos den STANDORT – Zeitschrift für Angewandte Geographie und ermäßigt die Schriftenreihen Material zur Angewandten Geographie und Material zum Beruf der Geographen.

... nehmen vergünstigt an allen Veranstaltungen des DVAG-Tagungs- und Weiterbildungsprogramms teil einschließlich Geographentag und geotechnica.

... sind in allen Bereichen von Wirtschaft, Politik und Verwaltung, als Freiberufler, in Forschungsinstitutionen und Hochschulen, in Verbänden und Stiftungen tätig.

Der DVAG ...

... wurde 1950 von Walter Christaller, Paul Gauss und Emil Meynen als Verband Deutscher Berufsgeographen gegründet.

... ist Mitglied in der Deutschen Gesellschaft für Geographie e.V., in der die etwa 8.000 Mitglieder der geographischen Fachverbände und Gesellschaften Deutschlands vertreten sind.

Deutscher Verband für Angewandte Geographie e.V. (DVAG)
Königstraße 68
53115 Bonn
☎ 0228 / 914 88 11
📠 0228 / 914 88 49

Veröffentlichungen des DVAG

Der Deutsche Verband für Angewandte Geographie (DVAG) dokumentiert regelmäßig die Ergebnisse seiner Tagungen in der Reihe "**Material zur Angewandten Geographie**" (MAG) – Bezugsanschrift: DVAG, Königstraße 68, 53115 Bonn, Fax 0228 / 914 88 49 –. In den letzten Jahren sind darin erschienen:

MAG 20 **Umweltplanung – Reparaturunternehmen oder ökologische Raumentwicklung?**
hrsg. 1991 im Auftrag des DVAG von Burghard Rauschelbach und Jan Jahns

MAG 21 **Die Vereinigten Staaten von Europa – Anspruch und Wirklichkeit**
hrsg. 1991 im Auftrag des DVAG von Arnulf Marquardt-Kuron, Thomas J. Mager und Juan-J. Carmona-Schneider

MAG 22 **Die Region Leipzig–Halle im Wandel – Chancen für die Zukunft**
hrsg. 1993 im Auftrag des DVAG von Juan-J. Carmona-Schneider und Petra Karrasch

MAG 23 **Raumbezogene Informationssysteme in der Anwendung**
hrsg. 1995 im Auftrag des DVAG von Peter Moll

MAG 24 **Umweltschonender Tourismus –**
Eine Entwicklungsperspektive für den ländlichen Raum
hrsg. 1995 im Auftrag des DVAG von Peter Moll

MAG 25 **Umweltverträglichkeitsprüfung – Umweltqualitätsziele – Umweltstandards**
hrsg. 1994 im Auftrag des DVAG von Thomas J. Mager, Astrid Habener und Arnulf Marquardt-Kuron

MAG 26 **Angewandte Verkehrswissenschaften – Anwendung mit Konzept**
hrsg. 1995 im Auftrag des DVAG von Arnulf Marquardt-Kuron und Konrad Schliephake

MAG 27 **Regionale Leitbilder – Vermarktung oder Ressourcensicherung?**
hrsg. 1995 im Auftrag des DVAG von Burghard Rauschelbach

MAG 28 **Land unter – Bedeutungswandel und**
Entwicklungsperspektiven "Ländlicher Räume"
hrsg. 1995 im Auftrag des DVAG von Frank Hömme

MAG 29 **Stadt- und Regionalmarketing – Irrweg oder Stein der Weisen?**
hrsg. 1995 im Auftrag des DVAG von Rolf Beyer und Irene Kuron

MAG 30 **Regionalisierte Entwicklungsstrategien**
hrsg. 1995 im Auftrag des DVAG von Achim Momm, Ralf Löckener, Rainer Danielzyk und Axel Priebs

MAG 31 **UVP und UVS als Instrumente der Umweltvorsorge**
hrsg. 1995 im Auftrag des DVAG von Werner Veltrup und Arnulf Marquardt-Kuron